Minerva
BE

Minervaベイシック・エコノミクス

経済数学 線形代数編

Linear Algebra

Tōru Nakai
中井 達 著

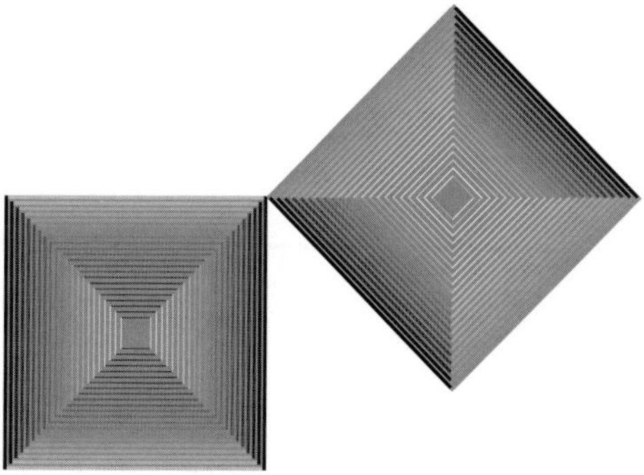

ミネルヴァ書房

はじめに

対象とするシステムを数学的に表すことにより直面する問題に対する最適な解を見つけることは，経済のみならず多くの分野で行われている。また，そこで使われる数学の理論は幅広い。本書では，経済を理解するために必要な数学のなかで，線形代数あるいは行列と行列式について基礎から順を追って学べるテキストとして書かれたものである。そのため，高等学校で学んだベクトルなどの知識を前提として，固有値と固有ベクトルと，その応用としての対角化について触れている。

「行列と行列式」でも，入力に対して出力を対応させる関数という意味では，姉妹編の「経済数学（微分積分編）」であつかう対象と同じであるが，その内容や雰囲気が異なっているため，関連は少ないように感じられる。その違いは，「微分と積分」は複数の入力に対して１つの値が対応する関数であるのに対し，「行列と行列式」では複数の入力に対して複数の値が対応する関数をあつかうことである。しかし，そのままでは複雑になってしまうので，１次変数の関数であれば，中学で最初にでてくる $y=ax$ という簡単な1次関数に限定するのである。そのため，「微分と積分」で問題になるようなことは全てクリアされてしまい，その反対に変数が多くなることにより，いろいろな性質が出てくるのである。本書の内容は，１次関数という簡単な関数を対象としていることから，統計学の因子分析や主成分分析をはじめ，産業関連分析など多くの分野で用いられている。その意味で，「経済数学」というタイトルではあるが，経済だけでなく広く一般的に，行列・行列式を学ぶためにも使えるものと思う。

このテキストシリーズで，「経済数学」の話をいただいたとき，編者の室山義正先生と，テキストではあっても全体としてストーリーになっている方が良いのではないか，と言った内容を話し合った記憶がある。そのとき，「経済数学（線形代数編）」では，高等学校の復習から初めて，固有値と固有ベクトルの性質を理解することを１つの目標としようと考えた。思ったようになっているかどうかは，読者の判断にゆだねたい。また，本書を著すに当たって，できるだけ「なぜ」，「どうして」といった疑問に応えるよう心がけたつもりである。そのため，厳密性を犠牲にしても，わかりやすさを優先した部分もあり，数学的には疑問符がつくような説明もあるかと思うわれるが，その点はご容赦いただきたい。

本書では，はじめから読み進んでもらえれば，高校数学で理解できるように著したつもりである。分かり切ったことと思っていることでも，学生にとってわかっていないこともあり，詳しく説明することを心がけた。とくに，縦ベクトルは縦ベクトルとして表示し，行列や行列式も一部を除いてベクトルを使わない表現にした。そのため，煩雑になり読みにくくなった部分もあるかと思うが，その点はご容赦願いたい。また，説明もくどく感るかもしれないが，そのことによって内容の理解が進めば幸いである。

「行列・行列式」に限らず，「数学」を理解することと，「数学」を使えることは異なるものである。「数学」を使うためには自分の手で計算することが必要であり，計算を繰り返すことで「数学」を理解することにつながる。数学に限ったことではないが，文章を読み進めるだけでなく，自ら議論や計算の過程を逐一追っていく努力も必要である。本書が，数学の理解を深め，その応用に少しでも役立つことができることを希望している。

本書を執筆するにあたり，意見を交換し議論してきた編集責任者である拓殖大学の室山義正先生と，温かい助言を与えてくださった九州大学大学院経済学研究院の同僚である田北廣道先生に，心から謝意を表したい。最後に，本書の出版に当たり，ミネルヴァ書房編集部の堀川健太郎氏に大変お世話になった。心からお礼を申し上げたい。

2007年12月

中井　達

経済数学

線形代数編

目　次

第1章　用語と記号

はじめに、本書に限らず数学に関連するテキストや書籍・論文などを読むときに必要となる用語や記号、記述方法などを、簡単にまとめておくことにしよう。すでに学んだ内容もあれば、初めて接するものもあると思われる。しかし、これらの内容を改めて確認しておくことは必要なことであり、その内容を知っていることが望ましい。しかし、先を急いで本書の内容を読みたいときには、用語や記号など必要に応じて、ここへ戻って確認することも可能である。

1.1　集合と集合演算

数学では、

自然数全体、正の数、0 より大きく 1 より小さい数

など、考える対象が何かをハッキリさせなければならない。そこで、考える対象としての、「もの」の集まりを集合として表す。例えば、考える対象が偶数だけのときは偶数の集合であり、1 より大きく 2 より小さい数の中で考えるときは、1 より大きく 2 より小さい数の集合として表される。このような「もの」の集まりである集合は、必ずしも整数や実数などの数だけではなく、関数やベクトル、あるいは行列などの集合もある。

この「もの」の集まりである集合の個々の対象は要素とよばれる。このとき、a が集合 A の要素であることを、「a は集合 A に属する」、あるいは「a は集合 A に含まれる」といい、$a \in A$ と表す。その否定、すなわち要素 a は集合 A に属さない、あるいは集合 A に含まれないことは、$a \notin A$ と表す。たとえば、A を 0 より大きく 1 より小さい数の集合とすれば、0.5 はこの集合 A の要素だか

ら $0.5 \in A$ と表し、2 はこの集合に含まれないから $2 \notin A$ と表す。また、全く要素を含まないものも集合と考え、この集合を空集合といい、$\emptyset$ で表す。

つぎに、2 つの集合 A と B に対して、集合 A に含まれる要素はすべて集合 B に含まれるとき、$A \subset B$ と表し、集合 A を集合 B の部分集合という。例えば、A を自然数全体からなる集合とし、B を整数全体からなる集合とすれば、自然数は整数だから、$A \subset B$ となっている。さらに、集合 A に含まれる要素は、すべて集合 B に含まれ、集合 B に含まれる要素もすべて集合 A に含まれるとき、集合 A と B は等しく、$A = B$ と表す。これらをまとめれば、つぎのようになる。

$a \in A$: 要素 a は集合 A に含まれる。あるいは、要素 a は集合 A に属する。

$a \notin A$: 要素 a は集合 A に含まれない。あるいは、要素 a は集合 A に属さない。

$\emptyset$: 空集合

$A \subset B$: 集合 A は集合 B の部分集合である。あるいは、集合 A は集合 B に含まれる。

また、集合や集合の演算を視覚的に表す方法としてベン図があり、これらの関係をベン図で表せば図 1.1 のようになる。ただし Ω は 1.1.2 節の全体集合とする。

1.1.1　集合を表す

集合 A の要素が a, b, c の 3 つであるとき、$A = \{a, b, c\}$ と書いて、集合 A は要素 a, b, c からなるという。同じように、集合 A の要素が $a, b, c, \cdots$ のとき、集合 A は要素 $a, b, c, \cdots$ からなり、$A = \{a, b, c, \cdots\}$ と表す。したがって、正の偶数の集合は $\{2, 4, 6, 8, \cdots\}$ であり、素数全体の集合は $\{2, 3, 5, 7, 11, \cdots\}$ である。

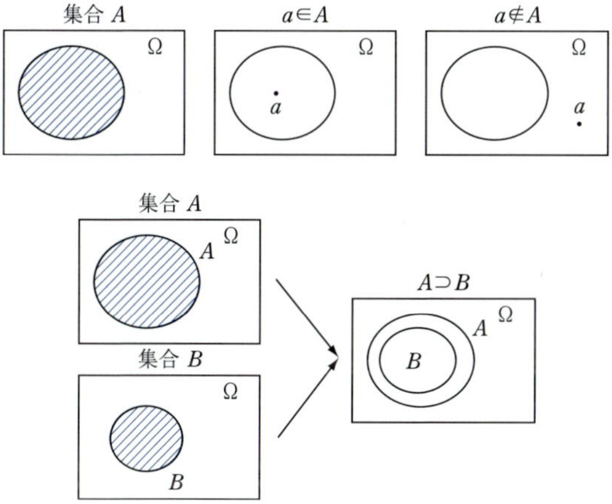

図 1.1　集合の関係

しかし、$\cdots$ のところが曖昧なので、性質 $A(x)$ を持つ対象から成り立つ集合を、

$$\{x \mid A(x)\}$$

と表す。例えば、正の数全体は $\{x \mid x > 0\}$ と表し[1)]、1 以上で (1 より大きく)2 未満の数 (2 より小さい数で 2 を除いた数) の集合は $\{x \mid 1 \leq x < 2\}$ と表す。また、2 次方程式 $x^2-3x+2=0$ の (実数) 解の集合を、簡単に $\{x \mid x^2-3x+2=0\}$ と表せば、この集合は $\{1,2\}$ と等しい。しかし、正しく表そうとすれば、この 2 次方程式の解をどの範囲で考えるのかによって、$\{x \mid x^2-3x+2=0, x$ は実数$\}$、$\{x \mid x^2-3x+2=0, x$ は複素数$\}$、$\{x \mid x^2-3x+2=0, 0 \leq x \leq 1\}$ などと条件をつける。これらの集合の中で、集合 A が $\{1,2,3\}$ などのように有限個の要素からなるとき有限集合といい、集合 A が「すべての自然数」のように無限個の要素を含むとき無限集合という。

1)　実数 x が、$x > 0$ のとき「x は正の数である」といい、$x \geq 0$ のとき負でない数であるという意味で、「x は非負の数である」という。このように、不等式に等号が含まれるかどうかについては、注意が必要である。

1.1.2 集合の演算

2つ以上の集合のあいだの演算を考えてみよう。2つの集合 A と B に対して、「A または B に含まれる要素全体」からなる集合を和集合または合併集合といい、$A \cup B$ と表す。また、2つの集合 A と B に対して、「A および B に含まれる要素全体」からなる集合を積集合または共通集合といい、$A \cap B$ と表す。たとえば、$A = \{2, 4, 6\}$ とし $B = \{1, 2, 3\}$ とする。このとき、$A \cup B = \{1, 2, 3, 4, 6\}$ であり $A \cap B = \{2\}$ となる。

さらに、2つの集合 A と B に対して、「A に含まれて、B に含まれない要素全体」からなる集合を $A - B$ で表す。また、$A \supset B$ のとき、$A - B$ を差集合という。しかし、$A \not\supset B$ であっても、「A に含まれて、B に含まれない要素全体」からなる集合 $A - B$ も、同じように差集合という。たとえば、$A = \{2, 4, 6\}$ とし $B = \{1, 2, 3\}$ とすれば、$A - B = \{4, 6\}$ であり $B - A = \{1, 3\}$ となる。

ところで、すべての整数の集合や、すべての正の実数の集合などのように、ある1つの定まった集合 Ω の要素や部分集合のみを考えることが多い。このとき、Ω を全体集合または普遍集合という。この Ω の部分集合 A に対して、$\Omega - A$ を、A の補集合といい、A^c と表す。

これらをまとめれば、つぎのようになる。

$A \cup B$：集合 A と集合 B の和集合または合併集合。

$A \cap B$：集合 A と集合 B の積集合または共通集合。

$A - B$：集合 A と集合 B の差集合。共通集合を使えば、$A - B = A \cap B^c$ となる。

A^c：集合 A の補集合 $(A \cup A^c = \Omega)$

これらの集合をベン図で表せば図 1.2 のようになる。

さらに、A, B, C を3つの集合とするとき、これらの演算に関して、つぎの性質が成り立つ。

- $A \cup A = A$ であり $A \cap A = A$ である。

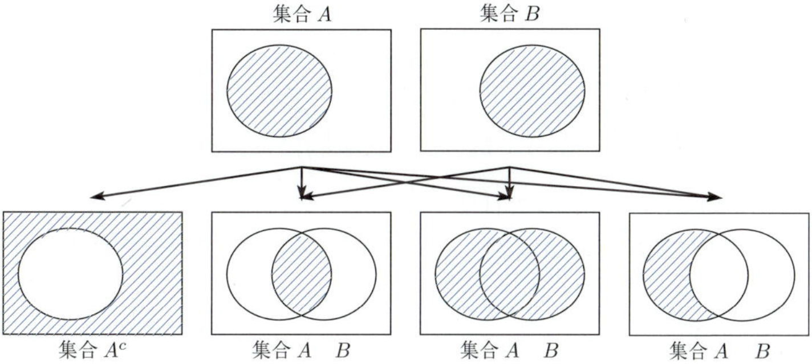

図 1.2　集合の演算

- $A \cup \Omega = \Omega$ であり $A \cap \Omega = A$ である。
- $A \cup \emptyset = A$ であり $A \cap \emptyset = \emptyset$ である。
- $A \cup B = B \cup A$ であり $A \cap B = B \cap A$ である (交換法則)。
- $A \cup (B \cup C) = (A \cup B) \cup C$ であり $A \cap (B \cap C) = (A \cap B) \cap C$ である (結合法則)。
- $A \cup (B \cap C) = (A \cup B) \cap (A \cup C)$ であり $A \cap (B \cup C) = (A \cap B) \cup (A \cap C)$ である (分配法則)。
- $(A \cup B)^c = A^c \cap B^c$ であり $(A \cap B)^c = A^c \cup B^c$ である (ド・モルガン (De Morgan) の法則)。

これらの性質は、ベン図を用いれば簡単に理解できる。また、$\cup$ は加法に、$\cap$ は乗法に対応する演算に似ているが、必ずしも同じではないので、注意が必要である。

1.2 数

一般的に「数 (スウ)」というときには、数学では定義に従っていろいろな議論があるが[2)]、本書であつかう「数」は、基本的には、実数と複素数の世界までである。また、自然数・整数・有理数などは、実数や複素数に含まれるが、必要に応じて実数や複素数とは区別することもある。このような「数」の集合は、つぎの記号で表す。

$\boldsymbol{N}$: 自然数全体の集合、すなわち $\{1, 2, 3, \cdots\}$。

$\boldsymbol{Z}$: 整数全体の集合、すなわち $\{0, \pm 1, \pm 2, \pm 3, \cdots\}$。

$\boldsymbol{Q}$: 有理数全体の集合。有理数とは、整数 n と、0 でない整数 m によって $\dfrac{n}{m}$ と表せる数をいう。

$\boldsymbol{R}$: 実数全体の集合。実数とは、小数で表したとき、有限あるいは無限小数として表せる数をいう。

$\boldsymbol{C}$: 複素数全体の集合。複素数は、虚数単位 i と[3)]、2 つの実数 a, b によって $a + bi$ と表せる数をいう[4)]。

また、これらの集合のあいだには、よく知られているように、

$$\boldsymbol{N} \subset \boldsymbol{Z} \subset \boldsymbol{Q} \subset \boldsymbol{R} \subset \boldsymbol{C}$$

の関係がある。したがって、実数には、整数や有理数も含まれている。

さらに、「数」の中に特別な数がある。それは、0 と 1 である。1 の特徴は、どの数に掛けても、その値は変わらない。同じように、0 は、どの数に加えても、

---

2) 「数」の概念については、高木 貞治 (1970)「数の概念 – 改版 – 」(岩波書店, 東京)、Dedekind, R. (1912), *Stetigkeit und Irrationale Zahlen – 4., unveranderte Aufl.*, Frieder. Vieweg, Brawnschweig (邦訳:「数について – 連続性と数の本質」, 河野伊三郎訳 (1961), 岩波書店, 東京) などが古典的なものである。

3) 実数の 2 乗は正なので、$x^2 + 1 = 0$ の解は実数には含まれない。そこで、$x^2 + 1 = 0$ を満たす解を $i = \sqrt{-1}$ と $-i = -\sqrt{-1}$ で表し、この i を虚数単位という。

4) a を実部、b を虚部という。

その値は変わらない。さらに、0 は、どの数に掛けても 0 となる。そのため、0 には注意が必要である。

ところで、実数全体の集合 $\boldsymbol{R}$ を、図 1.3 のような「数直線」で表すことがあった。この「数直線」は原点と 1 単位の長さを決めれば、実数に対して直線上の点の位置が定まるという性質を使ったものである。また、この数直線では右の方向を「正の方向」とし、左の方向を「負の方向」と考えれば、正負を含めて実数を表すことができる。 このとき、a より大きく b より小さい数は (ただし、

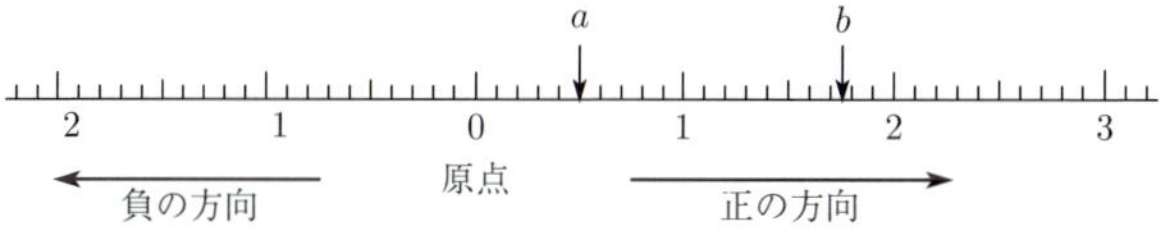

図 1.3　数直線

$a < b$)、「数直線」上の a を表す点と b を表す点のあいだにあらわせる。したがって、実数の部分集合で、2 つの実数 a と b(ただし、$a < b$) に対して、「a より大きい」、「a より小さい」あるいは「a より大きく b より小さい」といったことを、数直線にならって区間で表すことができる。そこで、「a より大きく b より小さい」といったことを a や b を含むかどうかによって、つぎのような記号を使って表す。これらの集合は、区間という。

$(a, b) = \{x \mid a < x < b\}$ を開区間という。(a も b も含まない)

$[a, b] = \{x \mid a \leq x \leq b\}$ を閉区間という。(a も b も含む)

$(a, b] = \{x \mid a < x \leq b\}$ を、半開区間という。(a は含まないが、b は含む)

$[a, b) = \{x \mid a \leq x < b\}$ を半開区間という。(a は含むが、b は含まない)

これらの区間では、a を区間の左端、b を区間の右端という[5)]。ところで、無限大を表す記号 $\infty, -\infty$ を使えば、区間をもっと広くとらえることができる。この無限大は、どのような実数 x に対しても、$-\infty < x, x < \infty, -\infty < \infty$ とす

5)　左端、右端をあわせて端点という。

る。このとき、∞ を正の無限大といい、$-\infty$ を負の無限大という[6)]。この記号を用いれば、つぎのような集合が考えられる。

$$(a, \infty) = \{x \mid a < x < \infty\}$$
$$[a, \infty) = \{x \mid a \leq x < \infty\}$$
$$(-\infty, b] = \{x \mid -\infty < x \leq b\}$$
$$(-\infty, b) = \{x \mid -\infty < x < b\}$$

これらもまた区間であり、(a, ∞) なども開区間という[7)]。また、実数全体の集合は数直線全体で表せるから、$\boldsymbol{R} = (-\infty, \infty)$ とも表す。

つぎに、2 つの実数 x, y に対して、これらの実数の組 (x, y) を考えよう。実数全体を数直線を使って表したように、原点と 1 単位の長さを決め、x を横軸に y を縦軸にとれば、図 1.4 のように平面上に表すことが出来る。そこで、こ

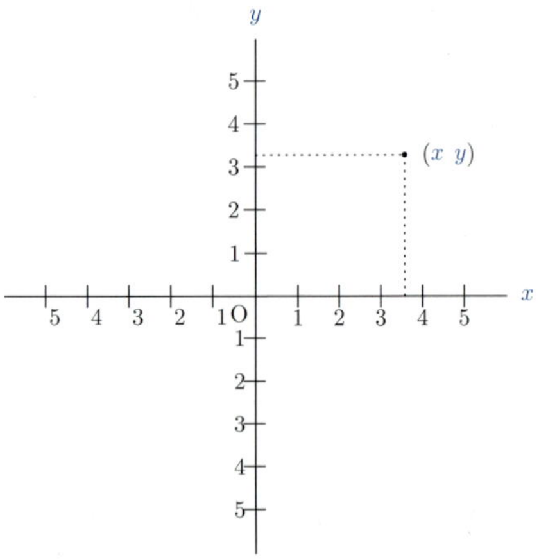

図 1.4　座標平面

れらの 2 つの実数の組み合わせの全体を $\boldsymbol{R}^2 = \{(x, y) \mid x, y \in (-\infty, \infty)\}$ とあ

---

6) 無限大を表す ∞ は、「限りなく大きい」ということを表す記号であって、数字ではない。したがって、通常の数字のように計算できない。すなわち、$\infty - \infty$、$0 \times \infty$、$\dfrac{\infty}{\infty}$、$\dfrac{0}{0}$ などは決めることはできない。

7) $(a, \infty]$ などの、無限大を含む区間は考えない。

らわせば、平面上の点全体と考えることができる。このとき、x と y をそれぞれ $\boldsymbol{x}$– 座標と $\boldsymbol{y}$– 座標という。この平面を座標平面という。

同じように、n 個の実数 $x_1, x_2, \cdots, x_n$ に対して、これらの実数の組 $(x_1, x_2, \cdots, x_n)$ を考えれば、これらの組み合わせの全体を

$$\boldsymbol{R}^n = \{(x_1, x_2, \cdots, x_n) \mid x_1, x_2, \cdots, x_n \in (-\infty, \infty)\}$$

と表し、$x_1, x_2, \cdots, x_n$ が、n 方向のそれぞれの座標と考えることができる。たとえば、$n = 3$ のときは、縦・横・高さの 3 つの方向である。このように、この集合は n 次元 (実数) 空間を表すと考えられる。

さらに、必要に応じて複素平面 $\boldsymbol{C}^2$ や複素空間 $\boldsymbol{C}^n$ を使うこともある。

1.3　論理記号と論理関係

数学では、方程式を解いたり、行列や行列式の計算をすることばかりではなく、「7 は素数である」とか、「$5 > 0$ である」とか、「三角形の 2 辺の和は、残りの 1 辺より長い」といった種々の事柄に対して「正しい」か「正しくない」かの判断を行う。このような内容を表すものは命題といい、このような命題が正しい (真である) か、正しくない (偽である) かを判断するのである。

ところで、p と q を 2 つの命題としたとき、これら 2 つの命題から、「p または q である」、「p かつ q である」、「p ならば q である」、「p でない」という新しい命題を作ることができる。これらの新しい命題は、それぞれ $p \vee q$、$p \wedge q$、$p \rightarrow q$、$\neg p$ と表される。さらに、「p ならば q」であり、「q ならば p」であるとき、これら 2 つの命題 p と q は同値であるといい、$p \leftrightarrow q$ と表す。これらの記号をまとめれば、つぎのようになる。

$p \vee q$: p または q である。

$p \wedge q$: p かつ q である。

$p \rightarrow q$: p ならば q である。

$\neg p$: p でない。

$p \leftrightarrow q$: p と q は同値である。

また、これらの命題が正しい (真である) か、正しくない (偽である) かは、2つの命題 p と q の真・偽によって決まり、つぎのようになる[8)]。ただし、T は真であることを意味し、F は偽であることを意味する。また、$p \vee q$、$p \wedge q$ の否定は、

表 1.1　命題の真と偽

p	q	$p \vee q$	$p \wedge q$	$p \to q$	$\neg p$
T	T	T	T	T	F
T	F	T	F	F	F
F	T	T	F	T	T
F	F	F	F	T	T

$$\neg(p \vee q) = \neg p \wedge \neg q \quad \text{および} \quad \neg(p \wedge q) = \neg p \vee \neg q$$

となり、ド・モルガン (De Morgan) の法則という[9)]。

つぎに、「$5 > 0$」という命題で、数字の 5 の代わりに実数を表す x で置き換えた「$x > 0$」を考えてみよう。これは、x の値によって「正しい」と判断されたり、「正しくない」と判断されるので命題とはいえない。

しかし、「すべての x に対して $x > 0$」は、$x = -1$ に対しては成り立たないので、「正しくない」と判断できる。したがって、「命題」といえる。このような命題を、記号 $\forall$ を用いて、「$\forall x(x > 0)$」と表す[10)]。同じように、「$x > 0$ となる x が存在する」ことは、$x = 2$ のときには成り立つので、正しいと判断できる。したがって、やはり「命題」といえる。このような命題を、記号 $\exists$ を用いて、「$\exists x(x > 0)$」と表す[11)]。このとき、「$\forall x(x > 0)$」は、「任意の x に対して

8)　表 1.1 のような表を真理表という。また、命題 p が偽のとき、$p \to q$ の真・偽は表 1.1 のように定義する。

9)　$p \to q$ は $\neg p \vee q$ だから $\neg(p \to q)$ は $\neg q \wedge p$ となる。

10)　記号 $\forall$ は全称記号という。

11)　記号 $\exists$ は存在記号という。

$x > 0$ である」と表現する。同じように、「$\exists x(x > 0)$」は、「適当な x が存在して、$x > 0$ となる」と表現する。

いま、「$x > 0$」のように変数 x を含むものを $p(x)$ とおけば、「すべての x に対して $x > 0$」という命題は、「すべての x に対して $p(x)$ である」と表せる。この記号を使って、まとめればつぎのようになる。

$\forall x(p(x))$:「すべての x に対して $p(x)$ である」
「任意の x に対して $p(x)$ である」

$\exists x(p(x))$:「$p(x)$ となる x が存在する」
「適当な x が存在して、$p(x)$ となる」

また、これらの命題の否定は、

$$\neg\{\forall x(p(x))\} = \exists x(\neg p(x)) \quad \text{および} \quad \neg\{\exists x(p(x))\} = \forall x(\neg p(x))$$

となる。すなわち、「すべての x に対して $p(x)$ である」の否定は、「$p(x)$ とならない x が存在する」であり、「$p(x)$ となる x が存在する」の否定は、「すべての x に対して $p(x)$ でない」と表すことができることに注意しよう。

2つの命題 p と q に対して、「p ならば q である」すなわち、「$p \to q$」は1つの命題である。このとき、「q ならば p である」あるいは、「$q \to p$」をこの命題の逆という。さらに、「q でないならば p でない」あるいは、「$\neg q \to \neg p$」をこの命題の対偶という。また、命題「$p \to q$」と、その対偶「$\neg q \to \neg p$」は同値なので、「$p \to q$」を示す代わりに、対偶「$\neg q \to \neg p$」を示すこともある[12)]。

最後に、p と q という2つの命題に対して、「p ならば q である」すなわち、「$p \to q$」が正しいとしよう。このとき、命題 p を命題 q であるための十分条件といい、命題 q を命題 p であるための必要条件という。また、「$p \to q$」であり、「$q \to p$」であるとき、$p \leftrightarrow q$ と表す。このとき、命題 p は命題 q であるための必要十分条件という。

---

12)　真理表を用いれば、簡単に確認することができる。

1.4　定数と変数

2 次関数 $y = x^2$ や指数関数 $y = e^x$ のように、関数を $y = f(x)$ と表す。この x のように、整数や実数・複素数などを代入することが許されているものを文字で表し、それを変数という。この変数を表す文字は x に決まっているわけではない。

また、この変数がとることができる集合の要素は、この変数の値という。たとえば、x を変数とし、「変数 x は正の実数をとる」ことが、これに当たる。このとき、この変数 x のとる値の集合は $(0, \infty)$ である。とくに、変数が実数の集合の値をとるときには実変数といい、複素数をとる場合には複素変数という。

それに対して、特定の要素 (数) を文字であらわし、これを定数という。たとえば、$1, 0.1, \pi, e$ などの整数や実数の特定の値も定数である。数学では、アルファベットを使って、これらの定数や変数を表す。

1.4.1　定数や変数を表す記号

数学では変数や定数をアルファベットなどの記号で表すが、アルファベットの i から n まで（すなわち、i, j, k, l, m, n）は整数を表すことが慣例となっている。それに対し、それ以外のアルファベット、a から h および p から z は実数を表すことが多い。とくに、a から h はどちらかといえば定数を表すときに用いられ、p から z は変数を表すときに用いられることが多い。変数や定数の数が多くなれば、x_1, x_2 や a_1, a_2 のように、添え字を使って区別することも多い。数学では変数や定数は 1 文字で表し、添え字で区別するが、経済学などでは複数の文字を使って変数や定数を表すことが多いので、注意が必要である。また、o は 0 と間違われることが多いので、あまり用いられない。これらのことは、あくまで慣習であって決まっているものではない。また、変数や定数にどのような文字を当てるかについては、分野によって特定の意味を持たせることもある。たとえば、経済では価格は p を、所得は y を用いることが多い。さらに、変数や定数は小文字を使うのが普通であるが、大文字を使うこともある。本書では、数学における基本的な記述法に従う。しかし、一般的には、対象となる式でどれが変数を表し、どれが定数を表すのかを確認することが必要である。

1.4.2　ギリシャ文字

数学では、a から z のアルファベットだけでなく、変数や定数を表すためにギリシャ文字を使うこともある。ギリシャ文字は 24 文字あるが、よく使われるのは表 1.2 のようなものである。

表 1.2　ギリシャ文字

小文字	大文字	読み	小文字	大文字	読み
α	A	alpha(アルファ)	ν	N	nu(ニュー)
β	B	beta(ベータ)	ξ	Ξ	xi(クシイ)
γ	Γ	gamma(ガンマ)	π	Π	pi(パイ)
δ	Δ	delta(デルタ)	ρ	P	rho(ロー)
ϵ, ε	E	epsilon(イプシロン)	σ	Σ	sigma(シグマ)
ζ	Z	zeta(ゼータ)	τ	T	tau(タウ)
η	H	eta(エータ)	ϕ	Φ	phi(ファイ)
θ, ϑ	Θ	theta(シータ, テータ)	χ	X	chi(カイ)
λ	Λ	lambda(ラムダ)	ψ	Ψ	psi(プサイ)
μ	M	mu(ミュー)	ω	Ω	omega(オメガ)

1.5　和と積

和と積を表す場合、とくに無限和や無限積を表すときには、特別な記号で表すことが多く、和の記号 $\sum$ と積の記号 $\prod$ を用いる。これらの用法は、つぎのようなものであるが、右辺のように表すことに慣れている場合には、左辺の記号が出てきたときには、右辺のように解釈すればよい。

$$\sum_{i=1}^{n} a_i = a_1 + a_2 + \cdots + a_n$$

$$\sum_{i=1}^{\infty} a_i = a_1 + a_2 + a_3 + \cdots$$

$$\prod_{i=1}^{n} a_i = a_1 \times a_2 \times \cdots \times a_n$$

$$\prod_{i=1}^{\infty} a_i = a_1 \times a_2 \times a_3 \times \cdots$$

このことから、よく知られた等差級数や等比級数の和は、つぎのようになる。

$$\sum_{i=1}^{n} k = 1 + 2 + \cdots + n = \frac{n(n+1)}{2}$$

$$\sum_{i=1}^{n} k^2 = 1^2 + 2^2 + \cdots + n^2 = \frac{n(n+1)(2n+1)}{6}$$

$$\sum_{i=1}^{n} k^3 = 1^3 + 2^3 + \cdots + n^3 = \frac{n^2(n+1)^2}{4}$$

$$\sum_{i=0}^{n} r^k = \begin{cases} 1 + r + r^2 + r^3 + \cdots + r^n = \dfrac{1 - r^{n+1}}{1 - r} & (r \neq 1) \\ 1 + 1 + 1 + 1 + \cdots + 1 = n + 1 & (r = 1) \end{cases}$$

$$\sum_{i=0}^{\infty} r^k = 1 + r + r^2 + r^3 + \cdots = \frac{1}{1 - r} \qquad (|r| < 1)$$

また、n を自然数とするとき、$(a+b)^n$ を展開したものは 2 項定理として知られ、つぎのようになる。

$$\begin{aligned} (a+b)^2 &= a^2 + 2ab + b^2 \\ (a+b)^3 &= a^3 + 3a^2b + 3ab^2 + b^3 \\ (a+b)^4 &= a^4 + 4a^3b + 6a^2b^2 + 4ab^3 + b^4 \\ &\vdots \\ (a+b)^n &= \sum_{k=0}^{n} {}_nC_k a^k b^{n-k} \end{aligned}$$

ただし、${}_nC_k = \dfrac{n!}{k!(n-k)!}$ であり、2 項係数という。ここで、$0! = 1$ と定義する。

第2章　平面と空間のベクトル

「数直線」では、原点と1単位の長さを決めれば、実数によって直線上の点の位置が定まることを使ったものである。言い換えれば、直線は原点を基準にして「正の方向」を決めれば、「負の方向」は、原点を越えて反対の方向になる。また、点の位置は、原点から1単位の長さを基準にして何倍のところにあるかで決まる。ここでは、この考え方を平面や空間で考えることにし、それをもとに平面や空間のベクトルを考えることにしよう。

2.1　平面のベクトル

(座標) 平面上の点は、ある点 (原点) と1単位の長さを決めれば、直線と同じように平面上の位置が定まる。ただし、直線のときは、正負の方向だけであったが、平面のときは縦と横の2方向で決まる。すなわち、原点を基準にして横方向への長さと、横方向と直交する縦方向への長さによって、その位置が表せる。平面では、横方向を $x-$ 軸、縦方向を $y-$ 軸とよび、原点を $x-$ 軸方向と $y-$ 軸方向への長さがともに0の点とする。

このように平面上の点は、$x-$ 軸方向への原点からの長さ (距離) を x、$y-$ 軸方向への原点からの長さ (距離) を y としたとき、(x, y) と表す。このとき (x, y) をこの点の座標という。また、原点は $(0, 0)$ である。原点をはさんで、ある方向を正で表せば、他の方向へは負の値で表す。このとき、$\boldsymbol{R}^2 = \{(x, y) \mid x, y \in (-\infty, \infty)\}$ は、平面上の点全体と考えることができ、実平面ともいう。同じように、空間内の点は3つの方向で定めることができるので、$x-$ 軸と $y-$ 軸のほかに、$z-$ 軸を加えて、(x, y, z) で表す。

2.1.1 線分とベクトル

平面上の 2 点 $P(x_1, y_1)$ と $Q(x_2, y_2)$ を考えよう。この 2 点を直線で結んだものが線分である。いっぽう、これらの 2 点に対して、点 P から点 Q への矢線を $\overrightarrow{PQ}$ で表し、始点を P、終点を Q とするベクトルという。すなわち、線分とは異なりベクトルには「向き」がある。また、線分 PQ の長さを、ベクトル $\overrightarrow{PQ}$ の大きさといい、$|\overrightarrow{PQ}|$ と表す1)。

ところで、ベクトルの終点の位置は、ベクトルの始点を基準にすれば、平面上の点と同じように $x-$ 軸方向へどれだけ進んだかという距離と、$y-$ 軸方向へ進んだ距離で定まる。いいかえれば、始点とベクトルによって終点が定まる。

このように、ベクトルは $x-$ 軸方向への距離と、$y-$ 軸方向への距離で表せる。したがって、点 P の座標が (x_1, y_1) であり、点 Q の座標が (x_2, y_2) のとき、点 P から点 Q までの $x-$ 軸方向への距離は $x_2 - x_1$ であり、$y-$ 軸方向への距離は $y_2 - y_1$ である。このことから、ベクトル $\overrightarrow{PQ}$ を、

$$\begin{pmatrix} x_2 - x_1 \\ y_2 - y_1 \end{pmatrix}$$

と表し、これをベクトル $\overrightarrow{PQ}$ の成分による表示という。また、$x_2 - x_1$ や $y_2 - y_1$ をベクトル $\overrightarrow{PQ}$ の成分という。

この成分による表示を使えば、ピタゴラスの定理から、

$$|\overrightarrow{PQ}| = \sqrt{(x_2 - x_1)^2 + (y_2 - y_1)^2} \tag{2.1}$$

となっている。

また、始点と終点が同一の点であるベクトルは、$x_2 - x_1 = y_2 - y_1 = 0$ となっているから、大きさは 0 である。このようなベクトルを零ベクトルという。

---

1) ベクトルの大きさは、長さあるいは絶対値ともいう。

2.1.2　等しいベクトル

2 つのベクトル $\overrightarrow{PQ}$ と $\overrightarrow{P'Q'}$ を考えよう。これら 2 つのベクトルが等しいとは、これら 2 つのベクトルの大きさが等しく、向きも一致しているときを言う。すなわち、P' と Q' を、それぞれ (x'_1, y'_1) と (x'_2, y'_2) とすれば、$\overrightarrow{PQ} = \overrightarrow{P'Q'}$ だから、$x-$ 軸方向への距離と、$y-$ 軸方向への距離は等しい。よって、$\begin{pmatrix} x_2 - x_1 \\ y_2 - y_1 \end{pmatrix} = \begin{pmatrix} x'_2 - x'_1 \\ y'_2 - y'_1 \end{pmatrix}$ となっている。このことを図示すれば、図 2.1 の関係である。

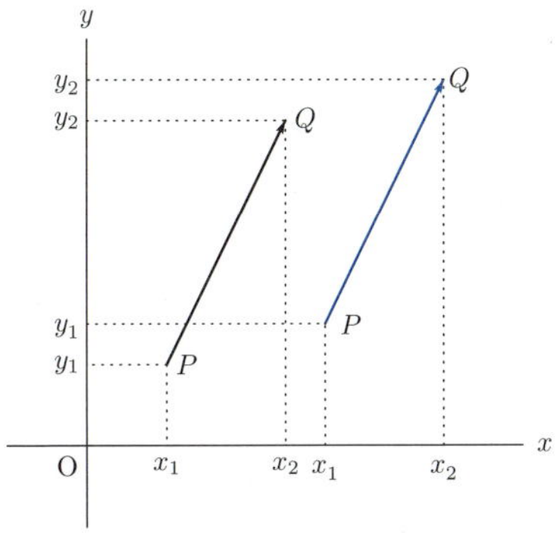

図 2.1　等しいベクトル

2.1.3　ベクトルの和

2 つのベクトル $\overrightarrow{PQ}$ と $\overrightarrow{P'Q'}$ を考えよう。これら 2 つのベクトルに対して、点 R を、

$$\overrightarrow{P'Q'} = \overrightarrow{QR}$$

となる点としよう。すなわち、Q を始点として、ベクトル $\overrightarrow{P'Q'}$ と同じ向きに、同じ大きさ $|\overrightarrow{P'Q'}|$ のベクトルをとれば、その終点が点 R である。

このとき、ベクトル $\overrightarrow{PR}$ を 2 つのベクトル $\overrightarrow{PQ}$ と $\overrightarrow{P'Q'}$ の和といい、$\overrightarrow{PQ} + \overrightarrow{P'Q'}$ と表す。この関係は図 2.2 のようになる。

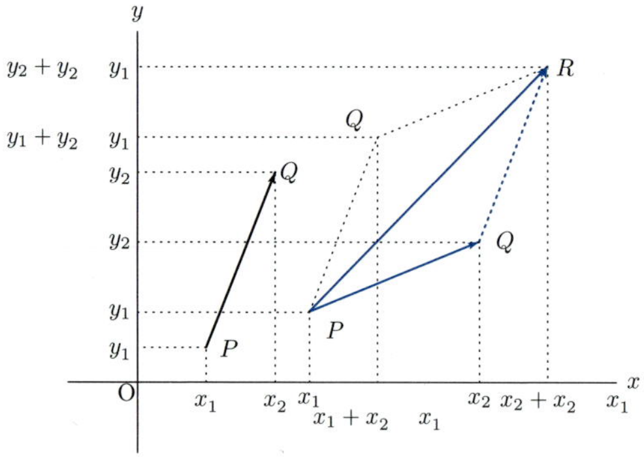

図 2.2　2 つのベクトルの和

例 2.1.1　点 P の座標を (x_1, y_1) とし、点 Q の座標を (x_2, y_2) としよう。このときベクトル $\overrightarrow{PQ}$ を成分で表して $\begin{pmatrix} a_1 \\ b_1 \end{pmatrix}$ としよう。このとき、

$$\overrightarrow{PQ} = \begin{pmatrix} x_2 - x_1 \\ y_2 - y_1 \end{pmatrix} = \begin{pmatrix} a_1 \\ b_1 \end{pmatrix} \tag{2.2}$$

となっている。同じように、点 P' の座標を (x'_1, y'_1) とし、点 Q' の座標を (x'_2, y'_2) としたとき、ベクトル $\overrightarrow{P'Q'}$ を成分で表して $\begin{pmatrix} a_2 \\ b_2 \end{pmatrix}$ とすれば、

$$\overrightarrow{P'Q'} = \begin{pmatrix} x'_2 - x'_1 \\ y'_2 - y'_1 \end{pmatrix} = \begin{pmatrix} a_2 \\ b_2 \end{pmatrix}$$

である。

つぎに、これら 2 つのベクトルの和を考えよう。これらのベクトルの和 $\overrightarrow{PQ} + \overrightarrow{P'Q'}$ を成分で表して、$\begin{pmatrix} a \\ b \end{pmatrix}$ とおく。

まず、点 R の座標を(x, y)とおこう。ベクトル $\overrightarrow{QR}$ は成分で表せば、

$\begin{pmatrix} x-x_2 \\ y-y_2 \end{pmatrix}$ となる。ここで、$\overrightarrow{P'Q'}=\overrightarrow{QR}$ となるように点 R をとるので、

$$\overrightarrow{QR}=\begin{pmatrix} x-x_2 \\ y-y_2 \end{pmatrix}=\begin{pmatrix} a_2 \\ b_2 \end{pmatrix}=\overrightarrow{P'Q'}$$

とすればよい。したがって、

$$\begin{aligned} x-x_2 &= a_2 \\ y-y_2 &= b_2 \end{aligned}$$

である。ここで (2.2) 式より、

$$\begin{cases} x_2-x_1 = a_1 \\ y_2-y_1 = b_1 \end{cases}$$

だから、

$$\begin{aligned} x &= a_2+x_2 = a_2+a_1+x_1 \\ y &= b_2+y_2 = b_2+b_1+y_1 \end{aligned}$$

となっている。したがって、ベクトル $\overrightarrow{PR}$ を成分で表せば、

$$\overrightarrow{PR}=\begin{pmatrix} x-x_1 \\ y-y_1 \end{pmatrix}=\begin{pmatrix} a_1+a_2 \\ b_1+b_2 \end{pmatrix}=\begin{pmatrix} a_1 \\ b_1 \end{pmatrix}+\begin{pmatrix} a_2 \\ b_2 \end{pmatrix} \tag{2.3}$$

である。

このことから、2 つのベクトルの和の成分は、2 つのベクトルの対応する成分の和で表せる。

2.1.4　スカラー倍

ベクトルは大きさと向きで定まった。それに対して、定数のように大きさだけで定まるものをスカラーという。いま、ベクトル $\overrightarrow{PQ}$ と、実数 (スカラー)c

に対して、2 点 P と Q を通る直線上に、点 R を、$|\overrightarrow{PR}|$ が $|\overrightarrow{PQ}|$ の c 倍となるように定める。このとき、ベクトル $\overrightarrow{PR}$ を $\overrightarrow{PQ}$ のスカラー倍 (c 倍) といい、$c\overrightarrow{PQ}$ と表す。ここで、$c>0$ ならば、ベクトル $\overrightarrow{PR}$ と $\overrightarrow{PQ}$ の向きは一致し、$c<0$ ならば、ベクトル $\overrightarrow{PR}$ と $\overrightarrow{PQ}$ の向きは正反対となる。この関係は図 2.3 のようになる。

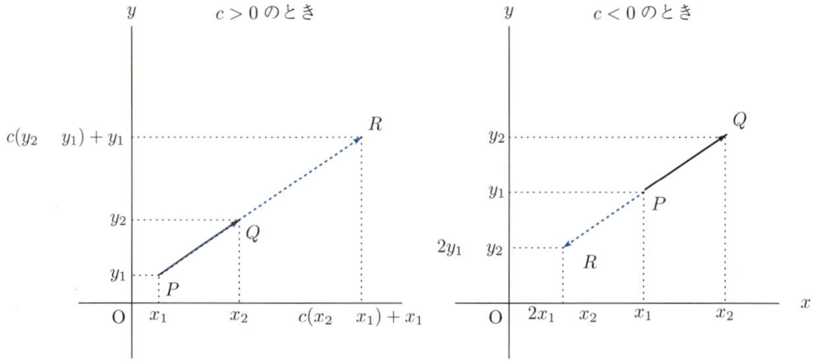

図 2.3　ベクトルのスカラー倍

例 2.1.2　点 P の座標を (x_1, y_1) とし、点 Q の座標を (x_2, y_2) としよう。ベクトル $\overrightarrow{PQ}$ と、実数 c に対して、スカラー倍 $\overrightarrow{PR} = c\overrightarrow{PQ}$ を考える。ベクトル $\overrightarrow{PQ}$ を成分で表して $\begin{pmatrix} a_1 \\ b_1 \end{pmatrix}$ とし、ベクトル $\overrightarrow{PR}$ を成分で表して $\begin{pmatrix} a \\ b \end{pmatrix}$ とする。

このとき、

$$\overrightarrow{PQ} = \begin{pmatrix} x_2 - x_1 \\ y_2 - y_1 \end{pmatrix} = \begin{pmatrix} a_1 \\ b_1 \end{pmatrix} \tag{2.4}$$

であり、点 R の座標を (x, y) とすれば、

$$\overrightarrow{PR} = \begin{pmatrix} x - x_1 \\ y - y_1 \end{pmatrix} = \begin{pmatrix} a \\ b \end{pmatrix}$$

である。ここで、$\overrightarrow{PR} = c\overrightarrow{PQ}$ だから、

$$
\begin{aligned}
x - x_1 &= c(x_2 - x_1) \\
y - y_1 &= c(y_2 - y_1)
\end{aligned}
$$

となっている。したがって、

$$
\overrightarrow{PR} = \begin{pmatrix} c(x_2 - x_1) \\ c(y_2 - y_1) \end{pmatrix} = \begin{pmatrix} ca_1 \\ cb_1 \end{pmatrix} = c \begin{pmatrix} a_1 \\ b_1 \end{pmatrix} \tag{2.5}
$$

となる。

このことから、ベクトルの c 倍 (スカラー倍) は、ベクトルの成分をそれぞれ c 倍したものを成分とするベクトルとなっている。

2.1.5　ベクトルの差

2 つのベクトル $\overrightarrow{PQ}$ と $\overrightarrow{P'Q'}$ を考えよう。ベクトル $\overrightarrow{P'Q'}$ を -1 倍したベクトル $-\overrightarrow{P'Q'}$ は、もとのベクトル $\overrightarrow{P'Q'}$ と大きさは等しく、向きが正反対のベクトルである。これら 2 つのベクトルの和 $\overrightarrow{PQ} + (-\overrightarrow{P'Q'})$ を $\overrightarrow{PQ} - \overrightarrow{P'Q'}$ と表し、$\overrightarrow{PQ}$ と $\overrightarrow{P'Q'}$ の差という。このベクトル $\overrightarrow{PQ} - \overrightarrow{P'Q'}$ は、どのようなベクトルであるかをつぎの例で見てみよう。

例 2.1.3　点 P の座標を (x_1, y_1) とし、点 Q の座標を (x_2, y_2) としよう。いま、ベクトル $\overrightarrow{PQ}$ を成分で表して $\begin{pmatrix} a_1 \\ b_1 \end{pmatrix}$ としよう。このとき、

$$
\overrightarrow{PQ} = \begin{pmatrix} x_2 - x_1 \\ y_2 - y_1 \end{pmatrix} = \begin{pmatrix} a_1 \\ b_1 \end{pmatrix} \tag{2.6}
$$

となっている。同じように、点 P' の座標を (x'_1, y'_1) とし、点 Q' の座標を

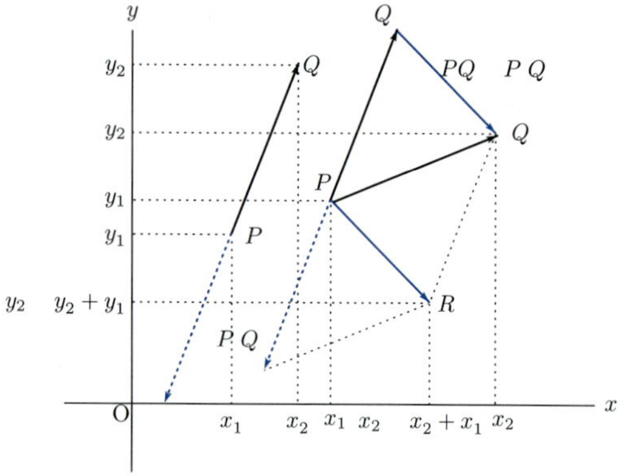

図 2.4　2 つのベクトルの差

(x'_2, y'_2) としたとき、ベクトル $\overrightarrow{P'Q'}$ を成分で表して $\begin{pmatrix} a_2 \\ b_2 \end{pmatrix}$ とすれば、

$$\overrightarrow{P'Q'} = \begin{pmatrix} x'_2 - x'_1 \\ y'_2 - y'_1 \end{pmatrix} = \begin{pmatrix} a_2 \\ b_2 \end{pmatrix}$$

なので、

$$-\overrightarrow{P'Q'} = \begin{pmatrix} -x'_2 + x'_1 \\ -y'_2 + y'_1 \end{pmatrix} = \begin{pmatrix} -a_2 \\ -b_2 \end{pmatrix}$$

である。

いま、これら 2 つのベクトルの差 $\overrightarrow{PQ} - \overrightarrow{P'Q'}$ を成分で表して、$\begin{pmatrix} a \\ b \end{pmatrix}$ とおく。このとき、例 2.1.1 より、

$$\begin{aligned} \overrightarrow{PQ} - \overrightarrow{P'Q'} &= \begin{pmatrix} a_1 \\ b_1 \end{pmatrix} + \begin{pmatrix} -a_2 \\ -b_2 \end{pmatrix} \\ &= \begin{pmatrix} a_1 - a_2 \\ b_1 - b_2 \end{pmatrix} = \begin{pmatrix} (x_2 - x'_2 + x'_1) - x_1 \\ (y_2 - y'_2 + y'_1) - y_1 \end{pmatrix} \end{aligned} \tag{2.7}$$

である。

ここで、$\overrightarrow{PQ} - \overrightarrow{P'Q'} = \overrightarrow{PR}$ とおけば、

$$\overrightarrow{P'Q'} + \overrightarrow{PR} = \overrightarrow{PQ}$$

となっている。ここで、ベクトル $\overrightarrow{P'Q'}$ に対して、点 Q'' を $\overrightarrow{P'Q'} = \overrightarrow{PQ''}$ となる点とする。すなわち、P を始点として、ベクトル $\overrightarrow{P'Q'}$ と同じ向きに、同じ大きさのベクトルをとれば、その終点が点 Q'' である。したがって、

$$\overrightarrow{PQ''} + \overrightarrow{PR} = \overrightarrow{PQ}$$

だから、図 2.4 のように、ベクトル $\overrightarrow{PR}$ は、ベクトル $\overrightarrow{Q''Q}$ と等しい。

2.1.6　内　積

2 つのベクトル $\overrightarrow{PQ}$ と $\overrightarrow{P'Q'}$ を考えよう。これらのベクトルに対して、点 R を $\overrightarrow{P'Q'} = \overrightarrow{PR}$ となるようにとったとき、2 つのベクトルでできる角度 $\angle QPR = \theta$ を 2 つのベクトル $\overrightarrow{PQ}$ と $\overrightarrow{P'Q'}$ のなす角という (図 2.5)。

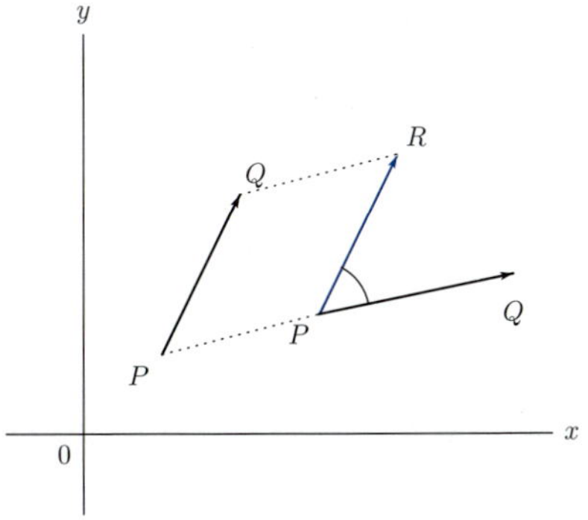

図 2.5　ベクトルの内積

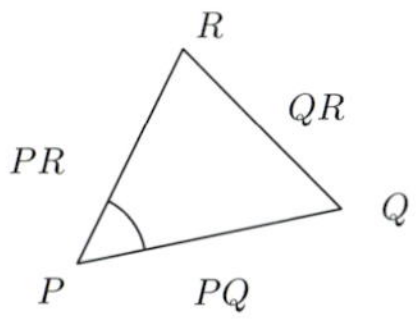

図 2.6　三角形 PQR

このとき、ベクトル $\overrightarrow{PQ}$ と $\overrightarrow{P'Q'}$ の内積を、

$$(\overrightarrow{PQ}, \overrightarrow{P'Q'}) = |\overrightarrow{PQ}|\,|\overrightarrow{P'Q'}|\cos\theta \tag{2.8}$$

と定義する。

いま、ベクトル $\overrightarrow{PQ}$ と $\overrightarrow{P'Q'}$ を成分で表して、それぞれ $\begin{pmatrix} a \\ b \end{pmatrix}, \begin{pmatrix} c \\ d \end{pmatrix}$ としよう。$\overrightarrow{PR} = \overrightarrow{P'Q'}$ だから $\overrightarrow{PR}$ を成分で表せば $\begin{pmatrix} c \\ d \end{pmatrix}$ であり、$\overrightarrow{QR}$ を成分で表せば $\begin{pmatrix} c-a \\ d-b \end{pmatrix}$ となっている[2)]。したがって、$|\overrightarrow{PQ}| = \sqrt{a^2+b^2}, |\overrightarrow{PR}| = \sqrt{c^2+d^2}, |\overrightarrow{QR}| = \sqrt{(c-a)^2+(d-b)^2}$ だから、余弦定理より、

$$\cos\theta = \frac{|\overrightarrow{PQ}|^2 + |\overrightarrow{PR}|^2 - |\overrightarrow{QR}|^2}{2|\overrightarrow{PQ}|\,|\overrightarrow{PR}|} \tag{2.9}$$

となっている。したがって、内積は $|\overrightarrow{P'Q'}| = |\overrightarrow{PR}|$ だから、

$$\begin{aligned}(\overrightarrow{PQ}, \overrightarrow{P'Q'}) &= |\overrightarrow{PQ}|\,|\overrightarrow{P'Q'}|\cos\theta = \frac{|\overrightarrow{PQ}|^2 + |\overrightarrow{PR}|^2 - |\overrightarrow{QR}|^2}{2} \\ &= \frac{(a^2+b^2)+(c^2+d^2)-((c-a)^2+(d-b)^2)}{2} \\ &= ac+bd\end{aligned}$$

となる。ここで、$|\overrightarrow{PQ}|^2 + |\overrightarrow{PR}|^2 - |\overrightarrow{QR}|^2 = 2(ac+bd)$ である。さらに、(2.9) 式より、

$$\cos\theta = \frac{ac+bd}{\sqrt{a^2+b^2}\sqrt{c^2+d^2}}$$

である。

つぎに、$\overrightarrow{PQ} = \overrightarrow{P'Q'}$ とすれば、$\theta = 0$ だから $\cos\theta = 1$ となる。よって $(\overrightarrow{PQ}, \overrightarrow{PQ}) = |\overrightarrow{PQ}|^2$、すなわち、

$$|\overrightarrow{PQ}| = \sqrt{(\overrightarrow{PQ}, \overrightarrow{PQ})}$$

となる。

---

2) $\overrightarrow{PR} = \overrightarrow{PQ} + \overrightarrow{QR}$ だから、$\overrightarrow{QR} = \overrightarrow{PR} - \overrightarrow{PQ} = \begin{pmatrix} c \\ d \end{pmatrix} - \begin{pmatrix} a \\ b \end{pmatrix} = \begin{pmatrix} c-a \\ d-b \end{pmatrix}$ となる。

最後に、零ベクトルでない 2 つのベクトル $\overrightarrow{PQ}$ と $\overrightarrow{P'Q'}$ が直交するときは、$\theta = \dfrac{\pi}{2}$ のときである。したがって、2 つのベクトルが直交すれば、$\cos\theta = 0$ だから、内積で表せば、

$$(\overrightarrow{PQ}, \overrightarrow{P'Q'}) = 0$$

となる。このように、2 つのベクトル $\overrightarrow{PQ}$ と $\overrightarrow{P'Q'}$ が、$(\overrightarrow{PQ}, \overrightarrow{P'Q'}) = 0$ となっているとき、これら 2 つのベクトルは直交するという。

2.2　空間のベクトル

平面上の点は x と y という 2 つの座標によって、その位置を表した。同じように、空間内の点は、原点から 3 つの方向への距離を表す 3 つの座標でその位置を表し、それらの座標を x, y, z とすれば、空間内の点は (x, y, z) と表せる。また、平面と同じように、原点は $(0, 0, 0)$ である。また、これらの座標全体の集合 $\boldsymbol{R}^3 = \{(x, y, z) \mid x, y, z \in \boldsymbol{R} = (-\infty, \infty)\}$ によって、空間内の点全体を表すと考えられる。この集合は、実空間ともいう。

平面でのベクトルと同じように、空間のベクトルを考える。いま、空間内の点 P の座標を (x_1, y_1, z_1) とし、点 Q の座標を (x_2, y_2, z_2) とする。この 2 点に対して、図 2.7 のように、始点を P とし終点を Q とするベクトル $\overrightarrow{PQ}$ を考えよう。このベクトルに対して、点 P と点 Q の座標を使って、平面のベクトルと同じように、このベクトルを、

$$\begin{pmatrix} x_2 - x_1 \\ y_2 - y_1 \\ z_2 - z_1 \end{pmatrix}$$

と表すとき、これをベクトル $\overrightarrow{PQ}$ の成分による表示という。平面のベクトルと同じように空間のベクトルに対しても、長さ・成分・和・差なども考えることができる。

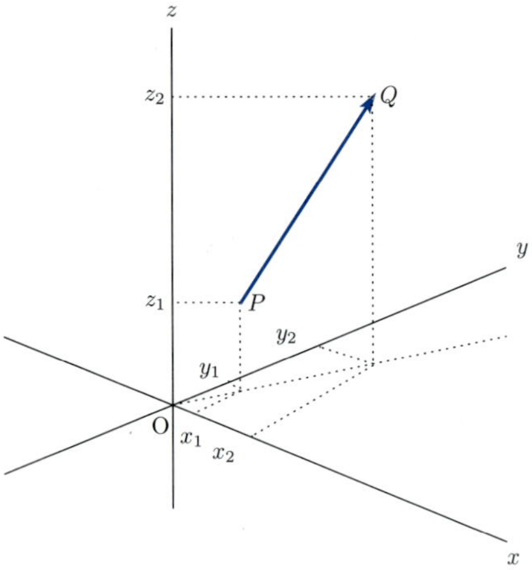

図 2.7　空間とベクトル

いま、2 点 P と Q を結ぶ線分の長さをベクトル $\overrightarrow{PQ}$ の大きさといい、$|\overrightarrow{PQ}|$ と表す。したがって、ベクトル $\overrightarrow{PQ}$ の成分による表示を使えば、ピタゴラスの定理より、

$$|\overrightarrow{PQ}| = \sqrt{(x_2 - x_1)^2 + (y_2 - y_1)^2 + (z_2 - z_1)^2} \tag{2.10}$$

となっている。

2.2.1　内　積

2 つのベクトル $\overrightarrow{PQ}$ と $\overrightarrow{P'Q'}$ に対して、図 2.8 のように、点 R を $\overrightarrow{P'Q'} = \overrightarrow{PR}$ となる点とする。このとき、2 つのベクトル $\overrightarrow{PQ}$ と $\overrightarrow{PR}$ のなす角を $\angle QPR = \theta$ とする。このとき、ベクトル $\overrightarrow{PQ}$ と $\overrightarrow{P'Q'}$ の内積を、

$$(\overrightarrow{PQ}, \overrightarrow{P'Q'}) = |\overrightarrow{PQ}|\,|\overrightarrow{P'Q'}| \cos\theta \tag{2.11}$$

と定義する。

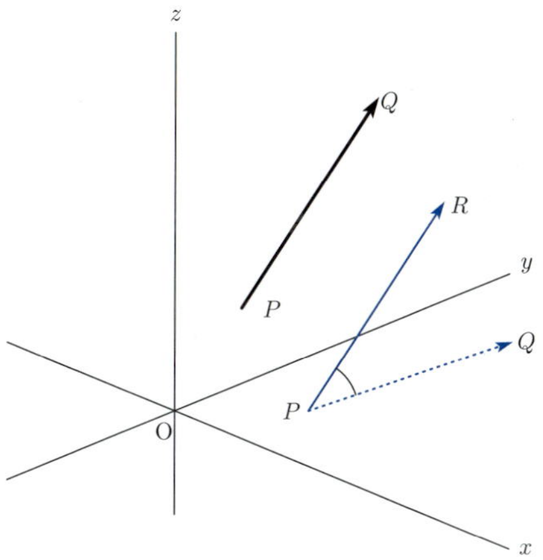

図 2.8　ベクトルの内積

いま、ベクトル $\overrightarrow{PQ}$ と $\overrightarrow{P'Q'}$ の成分による表示を、それぞれ $\begin{pmatrix} a \\ b \\ c \end{pmatrix}, \begin{pmatrix} d \\ e \\ f \end{pmatrix}$ とする。このとき、$\overrightarrow{PR} = \overrightarrow{P'Q'}$ だから、ベクトル $\overrightarrow{PR}$ を成分で表示すれば、$\begin{pmatrix} d \\ e \\ f \end{pmatrix}$ となる。したがって、平面ベクトルと同じように $\overrightarrow{QR}$ を成分で表示すれば $\begin{pmatrix} d-a \\ e-b \\ f-c \end{pmatrix}$ である。いっぽう、$|\overrightarrow{PQ}| = \sqrt{a^2+b^2+c^2}$, $|\overrightarrow{PR}| = \sqrt{d^2+e^2+f^2}$, $|\overrightarrow{QR}| = \sqrt{(d-a)^2+(e-b)^2+(f-c)^2}$ だから、余弦定理より、

$$\cos\theta = \frac{|\overrightarrow{PQ}|^2 + |\overrightarrow{PR}|^2 - |\overrightarrow{QR}|^2}{2|\overrightarrow{PQ}|\,|\overrightarrow{PR}|} \qquad (2.12)$$

となる。よって、

$$\begin{aligned}
&(\overrightarrow{PQ}, \overrightarrow{P'Q'}) \\
&= |\overrightarrow{PQ}|\,|\overrightarrow{P'Q'}|\cos\theta = \frac{|\overrightarrow{PQ}|^2 + |\overrightarrow{PR}|^2 - |\overrightarrow{QR}|^2}{2} \\
&= \frac{(a^2+b^2+c^2) + (d^2+e^2+f^2) - ((d-a)^2 + (e-b)^2 + (f-c)^2)}{2} \\
&= ad + be + cf
\end{aligned}$$

となる。$(\overrightarrow{PQ}, \overrightarrow{P'Q'}) = ad + be + cf$ だから、(2.12) 式より、

$$\cos\theta = \frac{ad+be+cf}{\sqrt{a^2+b^2+c^2}\sqrt{d^2+e^2+f^2}}$$

である。

平面のベクトルと同じように、$\overrightarrow{PQ} = \overrightarrow{P'Q'}$ とすれば、$\theta = 0$ だから $(\overrightarrow{PQ}, \overrightarrow{PQ}) = |\overrightarrow{PQ}|^2$、すなわち、

$$|\overrightarrow{PQ}| = \sqrt{(\overrightarrow{PQ}, \overrightarrow{PQ})}$$

となる。また、零ベクトルでない 2 つのベクトル $\overrightarrow{PQ}$ と $\overrightarrow{P'Q'}$ が直交するときは $\theta = \dfrac{\pi}{2}$ のときだから、$\cos\dfrac{\pi}{2} = 0$ である。よって、

$$(\overrightarrow{PQ}, \overrightarrow{P'Q'}) = 0$$

となっている。このように、2 つのベクトルが $\overrightarrow{PQ}$ と $\overrightarrow{P'Q'}$ が、$(\overrightarrow{PQ}, \overrightarrow{P'Q'}) = 0$ となっているとき、これら 2 つのベクトルは直交するという。

第3章　行　列

資本や労働をもとに製品を作り利潤を得る場合のように、資本や労働などの量が増加すれば、利潤も増加するという関係がある。すなわち、資本や労働と

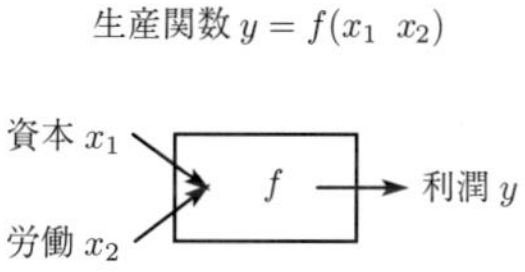

図 3.1　生産関数

利潤のあいだには、図 3.1 のような関係がある。これらの資本や労働、利潤の量を変数で表し、これらの変数の関係を数式で表したものは生産関数と呼ばれる。資本や労働などの投入量を入力とし、製品や利潤などの生産した産出量を出力とすれば、投入量を表す変数 x_1 や x_2 と産出量を表す変数 y のあいだの関係式として表され、関数という。また、複数の原材料を使って、複数の製品が製造されるといった関係もまた関数である。このときは、複数の投入量を表す変数を $x_1, x_2, \cdots, x_n$ とし、複数の産出量を表す変数を $y_1, y_2, \cdots, y_m$ とすればよい。

「微分・積分」では、1 次関数や 2 次関数を始め、指数関数・対数関数・三角関数などからできる関数など、いろいろな関数の性質を扱う。これらの関数は、変数の数が 1 変数であっても、複数であっても出力を表す変数が 1 つの関数である。

ここでは、複数の入力に対して複数の出力が対応する関数を考えることにしよう。しかし、一般的な関数では、複雑になるので、関数の形を限定して、関数はすべて 1 次関数で、原点は原点に対応するという「線形」と呼ばれる特別なものに限定することにする。このような関数は、この節で定義する行列を使っ

て表せる。また、微分可能性や連続といった、「微分・積分」で問題となる性質は明らかに成り立つ。ところが、関数が複数の値をとることからくる別の問題が生じてくる。

また、本書では、繰り返しになることを覚悟して、変数の数が 2、すなわち $n=2$ のときを説明して、その後で一般の場合に話を進めることにしよう。

3.1 関　数

3.1.1 1 変数関数

1 つの入力 x に対して、1 つの出力 y が対応する関係を見てみよう。すなわち、図 3.2 にあるように、x の値を 1 つ決めれば、y が 1 つ定まる。このような対応関係を f を使って、

$$f : x \mapsto y \tag{3.1}$$

のように表し、この f を関数という。また、(3.1) 式のような対応関係を、

$$y = f(x)$$

と表す。このとき、x として取ることができる値の集合を D と表し、この集合

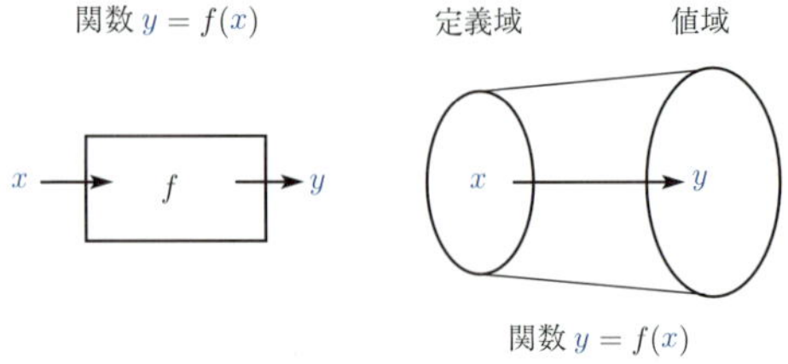

図 3.2　関数 $y=f(x)$ と定義域・値域

を (関数 f の) 定義域という。経済で扱う関数では、一般的に実数しかとらないので、D は実数の集合と考えて良い。これからは特に断らない限り x は実数とする。このとき、x を独立変数といい、簡単に変数ともいう。また、y は従属変数という。さらに、x が、定義域 D の値をとったとき、関数 f によって定まる

y の値の全体を R で表し、この集合を値域という。定義域と値域の関係は、図 3.2 のようになる[1]。

このように変数 x の値を 1 つ定めれば、y の値が 1 つ定まる図 3.2 のような関数は 1 変数関数という。

3.1.2　多変数関数

変数 x を 1 つ定めれば、y が 1 つ定まる 1 変数関数ばかりを考えるわけではない。資金を使って利潤を得る関係だけでなく、資金と労働力で製品を作って利潤を得ると考えることもある。このような関係は、2 つの変数 x と y の値を 1 つ定めれば、

$$f : x, y \mapsto z \tag{3.2}$$

のように z が定まる。この関係を、

$$z = f(x, y)$$

と表し、このような関数を 2 変数関数という。一般的に、複数の値の組を 1 つ定めればそれらの値に対応して 1 つの値が定まる図 3.3 のような関数を多変数関数という。また、変数の数 n を明示するときには n 変数関数という。

図 3.3 のように、独立変数は数が少ないときには、x あるいは x, y などを用いることが多いが、変数の数が増えれば添え字を使って $x_1, x_2, \cdots$ と表す。したがって、本書では複数の独立変数と複数の従属変数のあいだの関係を考える「線形代数」すなわち「行列と行列式」を扱うので、基本的に変数は添え字を使った表現を使うことになるが、独立変数と従属変数の数が少ないときには、必要に応じて添え字を使わないこともある。

3.1.3　一般的な関数

「微分と積分」では、複数の入力に対して 1 つの出力が定まる多変数関数を考えた。しかし、入力と出力の関係を表す関数としては、一般的に複数の入力

1)　定義域 (domain) と値域 (range)。

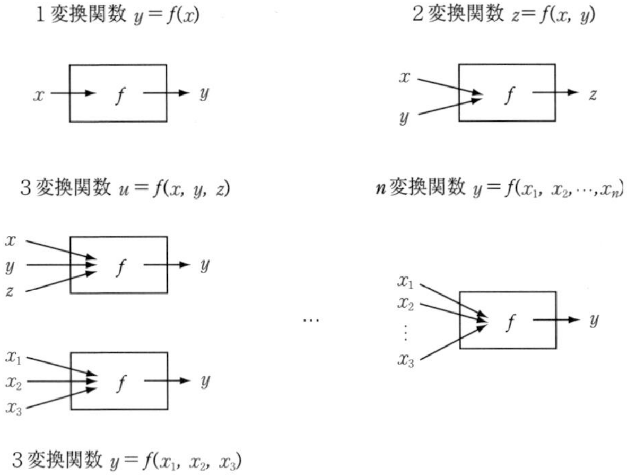

図 3.3　1 変数関数, 2 変数関数, $\cdots$, n 変数関数

と複数の出力の関係を考えることができる。すなわち、図 3.4 のように、入力

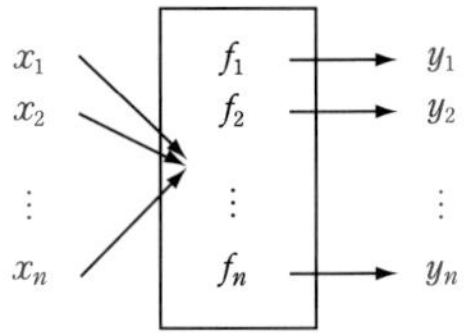

図 3.4　一般的な関数

を表す n 個の変数 $x_1, x_2, \cdots, x_n$ と、出力を表す m 個の変数 $y_1, y_2, \cdots, y_m$ の関係を、

$$(f_1, f_2, \cdots, f_m) : (x_1, x_2, \cdots, x_n) \mapsto (y_1, y_2, \cdots, y_m) \tag{3.3}$$

と表す。このとき、(3.1) 式のように、$x_1, x_2, \cdots, x_n$ は n 個の 入力の大きさを表す独立変数であり、$y_1, y_2, \cdots, y_m$ は m 個の出力の大きさを表す従属変数であ

る。このような関数は、それぞれの $y_1, y_2, \cdots, y_m$ に対して、

$$\left\{\begin{array}{lcl} y_1 & = & f_1(x_1, x_2, \cdots, x_n), \\ y_2 & = & f_2(x_1, x_2, \cdots, x_n), \\ \vdots & \vdots & \qquad \vdots \\ y_m & = & f_m(x_1, x_2, \cdots, x_n) \end{array}\right. \tag{3.4}$$

と表せる。すなわち、関数 f_1 により $x_1, x_2, \cdots, x_n$ と y_1 の関係が、関数 f_2 により $x_1, x_2, \cdots, x_n$ と y_2 の関係が、…、関数 f_m により $x_1, x_2, \cdots, x_n$ と y_m の関係が表される。このように関数 $f_1, f_2, \cdots, f_m$ によって、n 個の独立変数 $x_1, x_2, \cdots, x_n$ と、m 個の従属変数 $y_1, y_2, \cdots, y_m$ との関係を表し、このような関数を多価関数という。

3.1.4　1対1対応と逆関数

n 個の実数の組み合わせ $(x_1, x_2, \cdots, x_n)$ の全体を $\boldsymbol{R}^n$ と表すことにしよう。このとき、関数 $(f_1, f_2, \cdots, f_m)$ が、$(x_1, x_2, \cdots, x_n)$ としてとることができる値の組の集合 D もまた、1変数のときと同じように定義域とよぶ。したがって、D の要素 $(x_1, x_2, \cdots, x_n)$ に対して、m 個の $(y_1, y_2, \cdots, y_m)$ を対応させるものが、D を定義域とする関数である。さらに、$(x_1, x_2, \cdots, x_n)$ が、定義域 D の値をとったとき、関数 $(f_1, f_2, \cdots, f_m)$ によって定まる $(y_1, y_2, \cdots, y_m)$ の値全体 R を値域という。このとき、1変数関数と同じように、$(x_1, x_2, \cdots, x_n)$ と $(y_1, y_2, \cdots, y_m)$ は実数の組み合わせとし、$D \subset \boldsymbol{R}^n$, $R \subset \boldsymbol{R}^m$ とする。

いま、(3.4) 式で表される関数を、簡単に、

$$f(x_1, x_2, \cdots, x_n) = (y_1, y_2, \cdots, y_m)$$

と表すことにしよう。このとき、値域 R に属する任意の $(y_1, y_2, \cdots, y_m)$ に対して、$f(x_1, x_2, \cdots, x_n) = (y_1, y_2, \cdots, y_m)$ となる $(x_1, x_2, \cdots, x_n)$ が定義域 D のなかにただ1つ存在するとき、この関数 $(f_1, f_2, \cdots, f_m)$ は1対1対応という。さらに、R に属する $(y_1, y_2, \cdots, y_m)$ に対して、$(y_1, y_2, \cdots, y_m) = f(x_1, x_2, \cdots, x_n)$ となる $(x_1, x_2, \cdots, x_n)$ を対応させる関数を、逆関数といい、f^{-1} で表す。

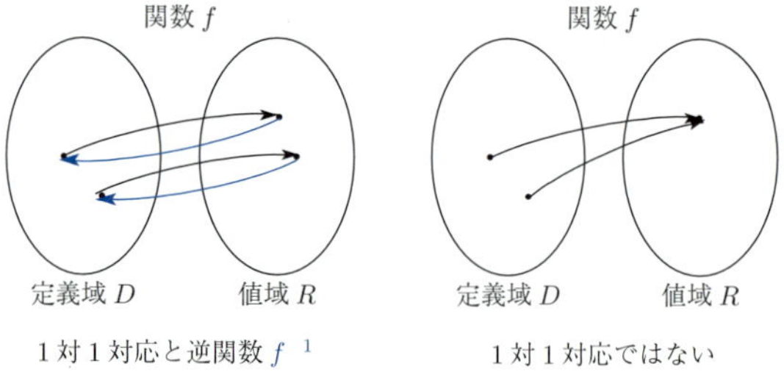

図 3.5　1 対 1 対応

3.1.5　「微分と積分」と「線形代数」

中学校や高等学校で学んだ関数は、$y = ax^2 + bx + c$ や $y = e^{x+1}$ のように、入力の要素の数も出力の要素の数も 1 つの $y = f(x)$ の形をした 1 変数関数である。また、一般的な「微分と積分」であつかう関数は、$y = \sin x + \cos x$ や $y = f(x_1, x_2) = cx_1^a x_2^b$ のように、入力の要素は 1 つに限らないが、出力の要素は 1 つの場合である。しかし、関数の形には特別な条件はなかったので、関数の連続性や微分可能性という収束や極限に関連する問題がある。

いっぽう、「行列と行列式」あるいは「線形代数」では、入力の要素の数も出力の要素の数も複数の場合である。しかし、「微分と積分」とは異なり、出力の要素の数を増やす代わりに、関数の形を限定して、強い条件の下での性質を考えるのである。つまり、m 個の関数 $f_1(x_1, x_2, \cdots, x_n), \cdots, f_m(x_1, x_2, \cdots, x_n)$ は、

(1)　すべて 1 次関数である。

(2)　原点 $(x_1, x_2, \cdots, x_n) = (0, 0, \cdots, 0)$ に対して、原点 $(y_1, y_2, \cdots, y_m) = (0, 0, \cdots, 0)$ が対応する。すなわち $f_1(0, 0, \cdots, 0) = \cdots = f_m(0, 0, \cdots, 0) = 0$ である。

したがって、これらの条件を満たす関数は、すべての i に対して $(i = 1, 2, \cdots, m)$、

$$y_i = f(x_1, x_2, \cdots, x_n) = a_{i1}x_1 + a_{i2}x_2 + \cdots + a_{in}x_n = \sum_{j=1}^{n} a_{ij}x_j$$

となっている。このような関係を線形関係といい、このような関数をあつかうことから、「線形代数」と呼ばれるのである。

経済で用いられる基本的な数学は、「微分と積分」と「行列と行列式」(あるいは「線形代数」) である。これらの「微分と積分」や「線形代数」では、これらの関数が、どの様な性質を持っているのかを知るためのものである。また、テキストとしての「経済数学」の多くには、これらの内容が含まれている。

3.2 線形写像

「微分・積分」で考えたのは、$y = f(x)$ や $z = f(x, y)$ のように、変数の数が複数であっても、とる値が1つの関数である。しかし、関数の形には特別な条件はなかったので、関数の連続性や微分可能性という収束や極限に関連する問題がある。しかし、これから考える「行列・行列式」では、

$$\begin{cases} y_1 = f_1(x_1, x_2) \\ y_2 = f_2(x_1, x_2) \end{cases}$$

といった、複数の (独立) 変数に対して複数の値 (従属変数) をとる関数の組を考えるが、関数に条件をつけなければ、大変複雑になるので、関数の形を限定する。すなわち、$f_1(x_1, x_2), f_2(x_1, x_2)$ といった関数はすべて1次関数で、$f_1(0,0) = f_2(0,0) = 0$ とする。たとえば、(独立) 変数の数が2で (従属) 変数が2の関数、すなわち $m = n = 2$ のときは、

$$\begin{cases} y_1 = ax_1 + cx_2 \\ y_2 = bx_1 + dx_2 \end{cases}$$

あるいは、添え字を使って係数を表して、

$$\begin{cases} y_1 = a_{11}x_1 + a_{12}x_2 \\ y_2 = a_{21}x_1 + a_{22}x_2 \end{cases}$$

となる。また、$m=2, n=3$ のときは、

$$\begin{cases} y_1 &= ax_1 + cx_2 + ex_3 \\ y_2 &= bx_1 + dx_2 + fx_3 \end{cases}$$

あるいは、添え字を使って係数を表して、

$$\begin{cases} y_1 &= a_{11}x_1 + a_{12}x_2 + a_{13}x_3 \\ y_2 &= a_{21}x_1 + a_{22}x_2 + a_{23}x_3 \end{cases}$$

である。このように、関数が１次関数なので、微分可能性や連続性も考える必要がなく、極大や極小なども問題にならない。しかし、変数の数や、複数の値を一度に考えなければならないので、その意味で複雑になる。

このように、１次関数 $f_1(x_1, x_2, \cdots, x_n), \cdots, f_m(x_1, x_2, \cdots, x_n)$ で、原点 $(x_1, x_2, \cdots, x_n) = (0, 0, \cdots, 0)$ は原点 $(y_1, y_2, \cdots, y_m) = (0, 0, \cdots, 0)$ に対応する関数を一般的に表せば、

$$\begin{cases} y_1 &= a_{11}x_1 + a_{12}x_2 + \cdots + a_{1n}x_n &= \sum_{j=1}^{n} a_{1j}x_j \\ y_2 &= a_{21}x_1 + a_{22}x_2 + \cdots + a_{2n}x_n &= \sum_{j=1}^{n} a_{2j}x_j \\ \vdots & \vdots \qquad \vdots & \vdots \qquad \vdots \\ y_m &= a_{n1}x_1 + a_{n2}x_2 + \cdots + a_{nn}x_n &= \sum_{j=1}^{n} a_{mj}x_j \end{cases} \tag{3.5}$$

と表せる。これらの式は、まとめて、

$$y_i = f_i(x_1, x_2, \cdots, x_n) = a_{i1}x_1 + a_{i2}x_2 + \cdots + a_{in}x_n = \sum_{j=1}^{n} a_{ij}x_j \tag{3.6}$$

とも表す $(i = 1, 2, \cdots, m)$。

また、(3.5) 式のように、点 $(x_1, x_2, \cdots, x_n)$ に対して１つの点 $(y_1, y_2, \cdots, y_m)$ が対応しているとき、「点 $(x_1, x_2, \cdots, x_n)$ は点 $(y_1, y_2, \cdots, y_m)$ に移る」、あるい

は「点 $(x_1, x_2, \cdots, x_n)$ は点 $(y_1, y_2, \cdots, y_m)$ に写る」という。そのため、このような対応関係を写像という。とくに、(3.6) 式のような 1 次関数で対応関係が定まっているとき、線形写像あるいは線形変換という。よって、これからはこのような関数を写像ということにしよう。

さらに、(3.6) 式で表される線形写像は、ベクトルと 3.4 節で定義する行列を使って表すことができる。このことから、このような関数の性質をみることを、「線形代数」あるいは「行列・行列式」と呼ぶのである。経済では、多変量のデータをあつかう数理統計学や、産業連関表を用いた投入産出分析などで用いられている。

3.3　n 次元空間とベクトル

(3.6) 式を表すために行列を用い、行列式はその性質をみるために必要なものである。しかし、ベクトル空間からベクトル空間への写像と見ることで、行列や行列式の意味が理解できる。そのため、2 章の平面や空間のベクトルを一般化した、n 次元ベクトルと n 次元空間から始めることにしよう。

平面や空間の点は、原点から、平面では $x-$ 方向と $y-$ 方向の 2 方向、空間では $x-$ 方向と $y-$ 方向に加えて $z-$ 方向の 3 方向への距離で位置を表すことができた。同じように、原点から n 方向への距離を使って位置を表し、それら n 個の数の組 $(x_1, x_2, \cdots, x_n)$ で表される点全体を n 次元空間という。したがって、平面は 2 つの数の組で表されるので 2 次元空間であり、空間は 3 次元空間といえる。また、平面や空間の 2 点を、それぞれ始点と終点とするベクトルを、成分を使って表した。さらに、2 章では、平面と空間のベクトルについて、演算や内積を定義した。同じように、n 次元空間でもベクトルや、その性質を考えることができる。このように次元が多くなっても、基本的には平面や 3 次元空間と同じなので、平面や空間をイメージして考えればよい[2)]。

2) また、平面や空間のベクトルは、向きと大きさで決まった。同じように、n 次元空間のベクトルもまた、向きと大きさで定まる。

いま、原点から n 方向への距離を使って位置を表すとき、原点から i(番目の) 方向への距離を x_i とする $(i = 1, 2, \cdots, n)$。このとき、この点を $(x_1, x_2, \cdots, x_n)$ と表すことにしょう。このように表した点全体が n 次元空間であり、$\boldsymbol{R}^n$ と表す[3)]。また $(x_1, x_2, \cdots, x_n)$ をこの点の座標という。

平面上の 2 つの点 $P(x_1, x_2)$ と $Q(x'_1, x'_2)$ に対して、P を始点とし Q を終点とするベクトル $\overrightarrow{PQ}$ を、成分で表して、

$$\begin{pmatrix} x'_1 - x_1 \\ x'_2 - x_2 \end{pmatrix}$$

と表した。平面のベクトルと同じように、n 次元空間の 2 つの点 $P(x_1, x_2, \cdots, x_n)$, $Q(x'_1, x'_2, \cdots, x'_n)$ に対して、P を始点とし Q を終点とするベクトル $\overrightarrow{PQ}$ を、成分で表して、

$$\begin{pmatrix} x'_1 - x_1 \\ x'_2 - x_2 \\ \vdots \\ x'_n - x_n \end{pmatrix}$$

とする。しかし、ベクトルは向きと大きさで決まるから、始点の位置が異なっても、成分が同じであれば等しいことは 2 章と同じである。したがって、n 次元空間のベクトル (n 次元ベクトル) を $\boldsymbol{a}$ で表し、成分を使って、

$$\boldsymbol{a} = \begin{pmatrix} a_1 \\ a_2 \\ \vdots \\ a_n \end{pmatrix}$$

3) 位置を表すために 2 章で用いた記号と、ここで用いる記号は異なっているので注意が必要である。すなわち、平面や 3 次元空間では、方向がたかだか 3 なので、それぞれの方向に異なる記号をあてて x, y, z などとしたが、一般の次元にすると方向の数が増えるので、$x_1, x_2, \cdots, x_n$ としている。

となる[4)]。ここで注意が必要なことは、ベクトルとスカラーを区別することである。本書ではベクトルを太字で表し、$\boldsymbol{a}, \boldsymbol{b}, \boldsymbol{c}, \cdots$ などで表す。それに対しスカラーは、$a, b, c, \cdots$ と表すことにする。必要な場合には、ベクトルの成分を横に並べて、$(a_1\, a_2\, \cdots\, a_n)$ と表すこともある。このように表したベクトルを横ベクトルという。

このように、ベクトルを成分で表せば、このベクトルに対して n 次元空間 $\boldsymbol{R}^n$ の点が対応する。また、n 次元空間の点に対して、この座標を成分とするベクトルが1つ存在する。このことから、n 次元空間のベクトルと n 次元空間の点は1対1に対応する。よって、n 次元空間 $\boldsymbol{R}^n$ の点が、ベクトルを成分で表したものと考えれば、$\boldsymbol{R}^n$ は n 次元空間のベクトル全体である。したがって、$\boldsymbol{a} \in \boldsymbol{R}^n$ と表す[5)]。

平面上の2つのベクトルを $\boldsymbol{a} = \begin{pmatrix} a_1 \\ a_2 \end{pmatrix}$ と $\boldsymbol{b} = \begin{pmatrix} b_1 \\ b_2 \end{pmatrix}$ とすれば、これら2つのベクトルの和を、

$$\boldsymbol{a} + \boldsymbol{b} = \begin{pmatrix} a_1 + b_1 \\ a_2 + b_2 \end{pmatrix}$$

と定義した。同じように、n 次元空間の2つのベクトル $\boldsymbol{a} = \begin{pmatrix} a_1 \\ a_2 \\ \vdots \\ a_n \end{pmatrix}$ と $\boldsymbol{b} = \begin{pmatrix} b_1 \\ b_2 \\ \vdots \\ b_n \end{pmatrix}$ に対しても、ベクトルの和を、

4)　ベクトルを表す場合、成分を縦に並べた縦ベクトルの形をとるものと、成分を横に並べた横ベクトルの形をとるものとがあるが、本書では成分を縦に並べて表示する。

5)　この $\boldsymbol{R}^n$ を n 次元ベクトル空間という。

$$\boldsymbol{a}+\boldsymbol{b}=\begin{pmatrix} a_1+b_1 \\ a_2+b_2 \\ \vdots \\ a_n+b_n \end{pmatrix}$$

と定義しよう。また、スカラー c に対して、スカラー倍は、

$$c\boldsymbol{a}=\begin{pmatrix} ca_1 \\ ca_2 \\ \vdots \\ ca_n \end{pmatrix}$$

である。

全ての成分が 0 のベクトル $\begin{pmatrix} 0 \\ 0 \\ \vdots \\ 0 \end{pmatrix}$ は零ベクトルといい、$\mathbf{0}$ で表す。これは、実数全体での 0 に当たるものと考えてよい。つぎに、ベクトル $\boldsymbol{a}$ を -1 倍したベクトル $(-1)\boldsymbol{a}$ を $-\boldsymbol{a}$ と表す。すなわち、ベクトルを $\boldsymbol{a}=\begin{pmatrix} a_1 \\ a_2 \\ \vdots \\ a_n \end{pmatrix}$ とすれば、

$-\boldsymbol{a}=\begin{pmatrix} -a_1 \\ -a_2 \\ \vdots \\ -a_n \end{pmatrix}$ である。したがって、$\boldsymbol{a}+(-1)\boldsymbol{a}=\mathbf{0}$ となるので、$-\boldsymbol{a}$ は実数における負の数に対応する。また、$\boldsymbol{a}-\boldsymbol{b}$ は $\boldsymbol{a}+(-1)\boldsymbol{b}$ のことであり、これを使えばベクトルの引き算が考えられる。

3.3.1　内　積

平面上の 2 つのベクトル $\boldsymbol{a} = \begin{pmatrix} a_1 \\ a_2 \end{pmatrix}$ と $\boldsymbol{b} = \begin{pmatrix} b_1 \\ b_2 \end{pmatrix}$ の内積は、

$$(\boldsymbol{a}, \boldsymbol{b}) = a_1b_1 + a_2b_2$$

であった。また、空間内の 2 つのベクトル $\boldsymbol{a} = \begin{pmatrix} a_1 \\ a_2 \\ a_3 \end{pmatrix}$ と $\boldsymbol{b} = \begin{pmatrix} b_1 \\ b_2 \\ b_3 \end{pmatrix}$ 内積は、2.2.1 節のように、

$$(\boldsymbol{a}, \boldsymbol{b}) = a_1b_1 + a_2b_2 + a_3b_3$$

である。

このような内積は、平面や空間だけでなく n 次元ベクトルに対しても考えられる。すなわち、2 つの n 次元ベクトル $\boldsymbol{a} = \begin{pmatrix} a_1 \\ a_2 \\ \vdots \\ a_n \end{pmatrix}$ と $\boldsymbol{b} = \begin{pmatrix} b_1 \\ b_2 \\ \vdots \\ b_n \end{pmatrix}$ に対して、内積 $(\boldsymbol{a}, \boldsymbol{b})$ を、

$$(\boldsymbol{a}, \boldsymbol{b}) = a_1b_1 + a_2b_2 + \cdots + a_nb_n = \sum_{i=1}^{n} a_ib_i$$

と定義する。

3.4　行　列

3.4.1　2×2 行列

$n = m = 2$ のとき、(3.6) 式を考えてみよう。記号を簡単にするために、$x_1 = x, x_2 = y, y_1 = u, y_2 = v$ とおく。よって、

$$\begin{cases} u = ax + cy \\ v = bx + dy \end{cases} \tag{3.7}$$

である。この関係を、係数を並べた $\begin{pmatrix} a & c \\ b & d \end{pmatrix}$ とベクトル $\boldsymbol{u} = \begin{pmatrix} u \\ v \end{pmatrix}$ と $\boldsymbol{x} = \begin{pmatrix} x \\ y \end{pmatrix}$ を使って、

$$\begin{pmatrix} u \\ v \end{pmatrix} = \begin{pmatrix} a & c \\ b & d \end{pmatrix} \begin{pmatrix} x \\ y \end{pmatrix} \tag{3.8}$$

と表すことにしよう。このとき、

$$A = \begin{pmatrix} a & c \\ b & d \end{pmatrix}$$

とおき、この A を 2×2 行列あるいは 2 行 2 列の行列という。

ここで、(3.8) 式の右辺は、つぎのように解釈すればよい。いま、A の 1 行目と 2 行目を使って 2 つのベクトルを $\boldsymbol{a}^1 = \begin{pmatrix} a \\ c \end{pmatrix}$ と $\boldsymbol{a}^2 = \begin{pmatrix} b \\ d \end{pmatrix}$ とすれば、u は 2 つのベクトル $\boldsymbol{a}^1 = \begin{pmatrix} a \\ c \end{pmatrix}$ と $\boldsymbol{x} = \begin{pmatrix} x \\ y \end{pmatrix}$ の内積

$$(\boldsymbol{a}^1, \boldsymbol{x}) = ax + cy$$

である。この内積を (3.8) 式の表現をすれば、

$$(a \;\; c) \begin{pmatrix} x \\ y \end{pmatrix} = ax + cy$$

となる。同じように、v は 2 つのベクトル $\boldsymbol{a}^2 = \begin{pmatrix} b \\ d \end{pmatrix}$ と $\boldsymbol{x} = \begin{pmatrix} x \\ y \end{pmatrix}$ の内積

$$(\boldsymbol{a}^2, \boldsymbol{x}) = bx + dy$$

あるいは、

$$(b \;\; d) \begin{pmatrix} x \\ y \end{pmatrix} = bx + dy$$

となっている。この内積の表現については、行列の積のところ (3.7.3 節) で再度触れることにするので、ここでは、u と v がそれぞれベクトルの内積になっていることを確認してもらえばよい。

3.4.2　$m \times n$ 行列

一般的な m と n としたときには、(3.6) 式はどう表せるだろうか。まず、(3.6) 式は、

$$\begin{cases} y_1 &= a_{11}x_1 + a_{12}x_2 + \cdots + a_{1n}x_n \\ y_2 &= a_{21}x_1 + a_{22}x_2 + \cdots + a_{2n}x_n \\ \vdots & \vdots \qquad \vdots \\ y_m &= a_{m1}x_1 + a_{m2}x_2 + \cdots + a_{mn}x_n \end{cases} \tag{3.9}$$

である。そこで、2 つのベクトル $\boldsymbol{x}, \boldsymbol{y}$ と、(3.9) 式の右辺の係数からできる m 個のベクトル $\boldsymbol{a}^1, \boldsymbol{a}^2, \cdots, \boldsymbol{a}^m$ を、

$$\boldsymbol{x} = \begin{pmatrix} x_1 \\ x_2 \\ \vdots \\ x_n \end{pmatrix}, \boldsymbol{y} = \begin{pmatrix} y_1 \\ y_2 \\ \vdots \\ y_m \end{pmatrix}, \boldsymbol{a}^1 = \begin{pmatrix} a_{11} \\ a_{12} \\ \vdots \\ a_{1n} \end{pmatrix}, \cdots, \boldsymbol{a}^m = \begin{pmatrix} a_{m1} \\ a_{m2} \\ \vdots \\ a_{mn} \end{pmatrix}$$

とおこう。このとき、内積の定義から y_i は 2 つのベクトル $\boldsymbol{a}^i$ と $\boldsymbol{x}$ の内積となっている $(i=1,\cdots,m)$。すなわち、

$$
\begin{aligned}
y_1 &= (\boldsymbol{a}^1, \boldsymbol{x}) = a_{11}x_1 + a_{12}x_2 + \cdots + a_{1n}x_n, \\
y_2 &= (\boldsymbol{a}^2, \boldsymbol{x}) = a_{21}x_1 + a_{22}x_2 + \cdots + a_{2n}x_n, \\
&\vdots \qquad\quad \vdots \\
y_m &= (\boldsymbol{a}^m, \boldsymbol{x}) = a_{m1}x_1 + a_{m2}x_2 + \cdots + a_{mn}x_n
\end{aligned}
$$

である。

2×2 行列と同じように、ベクトル $\boldsymbol{a}^1, \boldsymbol{a}^2, \cdots, \boldsymbol{a}^n$ の成分を横に並べたものを、

$$
A = \begin{pmatrix} a_{11} & a_{12} & \cdots & a_{1n} \\ a_{21} & a_{22} & \cdots & a_{2n} \\ \vdots & \vdots & \ddots & \vdots \\ a_{m1} & a_{m2} & \cdots & a_{mn} \end{pmatrix}
$$

とおいて、(3.9) 式を、

$$
\begin{pmatrix} y_1 \\ y_2 \\ \vdots \\ y_m \end{pmatrix} = A \begin{pmatrix} x_1 \\ x_2 \\ \vdots \\ x_n \end{pmatrix} = \begin{pmatrix} a_{11} & a_{12} & \cdots & a_{1n} \\ a_{21} & a_{22} & \cdots & a_{2n} \\ \vdots & \vdots & \ddots & \vdots \\ a_{m1} & a_{m2} & \cdots & a_{mn} \end{pmatrix} \begin{pmatrix} x_1 \\ x_2 \\ \vdots \\ x_n \end{pmatrix} \tag{3.10}
$$

と表すことにする。この A を $m \times n$ 行列あるいは m 行 n 列の行列という。この m 行 n 列の行列は、横 (行) に n 個、縦 (列) に m 個の数を並べたものである。行は上から第 1 行、第 2 行、$\cdots$ といい、列は左から第 1 列、第 2 列、$\cdots$ という。また、第 i 行と第 j 列の交わるところにある a_{ij} を (i,j) 成分という。

3.4.3　行列と内積

ところで、ベクトルを成分で表した $\boldsymbol{x} = \begin{pmatrix} x_1 \\ x_2 \\ \vdots \\ x_n \end{pmatrix}$ は、$n \times 1$ 行列あるいは n 行 1 列の行列と見ることができる。また、この成分を横に並べた $(x_1\ x_2\ \cdots\ x_n)$ は $1 \times n$ 行列あるいは 1 行 n 列の行列である。このように考えれば、(3.10) 式で、特別な場合として $m = 1$ とすれば、

$$y_1 = \begin{pmatrix} a_{11} & a_{12} & \cdots & a_{1n} \end{pmatrix} \begin{pmatrix} x_1 \\ x_2 \\ \vdots \\ x_n \end{pmatrix} \tag{3.11}$$

となる。

そこで、縦ベクトルの成分を横に並べた横ベクトルを記号で ${}^t\boldsymbol{x} = (x_1\ x_2\ \cdots\ x_n)$ と表すことにしよう[6)]。このとき、(3.11) 式の表現を使えば、ベクトル $\boldsymbol{a} = \begin{pmatrix} a_1 \\ a_2 \\ \vdots \\ a_n \end{pmatrix}$ とベクトル $\boldsymbol{b} = \begin{pmatrix} b_1 \\ b_2 \\ \vdots \\ b_n \end{pmatrix}$ の内積 $(\boldsymbol{a}, \boldsymbol{b})$ は、

$$(\boldsymbol{a}, \boldsymbol{b}) = a_1b_1 + a_2b_2 + \cdots + a_nb_n = (a_1\ \ a_2\ \ \cdots\ \ a_n) \begin{pmatrix} b_1 \\ b_2 \\ \vdots \\ b_n \end{pmatrix} = {}^t\boldsymbol{a}\boldsymbol{b} \tag{3.12}$$

と表せる。3.4.1 節で使った表現も、$n = 2$ とした場合である。

---

6)　${}^t\boldsymbol{x}$ はベクトル $\boldsymbol{x}$ の転置といい、^{t} で表す。

さらに、横ベクトル ${}^t\boldsymbol{x}$ を使えば、$m \times n$ 行列 A は、

$$A = \begin{pmatrix} {}^t\boldsymbol{a}^1 \\ {}^t\boldsymbol{a}^2 \\ \vdots \\ {}^t\boldsymbol{a}^m \end{pmatrix}$$

と表せる7)。したがって、(3.10) 式は、

$$\begin{pmatrix} y_1 \\ y_2 \\ \vdots \\ y_m \end{pmatrix} = \begin{pmatrix} a_{11}x_1 + a_{12}x_2 + \cdots + a_{1n}x_n \\ a_{21}x_1 + a_{22}x_2 + \cdots + a_{2n}x_n \\ \vdots \\ a_{m1}x_1 + a_{m2}x_2 + \cdots + a_{mn}x_n \end{pmatrix} = \begin{pmatrix} {}^t\boldsymbol{a}^1\boldsymbol{x} \\ {}^t\boldsymbol{a}^2\boldsymbol{x} \\ \vdots \\ {}^t\boldsymbol{a}^m\boldsymbol{x} \end{pmatrix}$$

と表せるから、

$$\boldsymbol{y} = \begin{pmatrix} {}^t\boldsymbol{a}^1\boldsymbol{x} \\ {}^t\boldsymbol{a}^2\boldsymbol{x} \\ \vdots \\ {}^t\boldsymbol{a}^m\boldsymbol{x} \end{pmatrix} = \begin{pmatrix} {}^t\boldsymbol{a}^1 \\ {}^t\boldsymbol{a}^2 \\ \vdots \\ {}^t\boldsymbol{a}^m \end{pmatrix} \boldsymbol{x} = A\boldsymbol{x} \tag{3.13}$$

である。

したがって、$\boldsymbol{x} = \begin{pmatrix} x_1 \\ x_2 \\ \vdots \\ x_n \end{pmatrix}$ を $\boldsymbol{y} = \begin{pmatrix} y_1 \\ y_2 \\ \vdots \\ y_m \end{pmatrix} = \begin{pmatrix} {}^t\boldsymbol{a}^1\boldsymbol{x} \\ {}^t\boldsymbol{a}^2\boldsymbol{x} \\ \vdots \\ {}^t\boldsymbol{a}^m\boldsymbol{x} \end{pmatrix}$ に写す写像を $f(\boldsymbol{x})$ とすれば、(3.13) 式は、

$$\boldsymbol{y} = f(\boldsymbol{x}) = A\boldsymbol{x} \tag{3.14}$$

と表せる。

7) ${}^t\boldsymbol{a}^i$ を行ベクトルという。

このように、(3.6) 式は、ベクトル $\boldsymbol{x} = \begin{pmatrix} x_1 \\ x_2 \\ \vdots \\ x_n \end{pmatrix}$ にベクトル $\boldsymbol{y} = \begin{pmatrix} y_1 \\ y_2 \\ \vdots \\ y_m \end{pmatrix}$ を写すものであり、その対応するベクトルは係数で作られる $m \times n$ 行列 $A = \begin{pmatrix} a_{11} & a_{12} & \cdots & a_{1n} \\ a_{21} & a_{22} & \cdots & a_{2n} \\ \vdots & \vdots & \ddots & \vdots \\ a_{m1} & a_{m2} & \cdots & a_{mn} \end{pmatrix}$ によってきまる。よって、この写像の性質は、係数の行列 A を見ることでわかるのである。

3.5 線形写像

3.5.1 2 × 2 行列

(3.7) 式を、行列を使って (3.14) 式で表せば、(3.8) 式のように、

$$\begin{pmatrix} u \\ v \end{pmatrix} = \begin{pmatrix} a & c \\ b & d \end{pmatrix} \begin{pmatrix} x \\ y \end{pmatrix}$$

となる。この写像を考えてみよう。

(x, y) の組み合わせの中で、特別な点として $(1, 0)$ と $(0, 1)$ を考えよう。これらの点が、どのような (u, v) に写るかを見てみる。

$(x, y) = (1, 0)$ とすれば、(3.7) 式から、$(u, v) = (a, b)$ である。また、$(x, y) = (0, 1)$ とすれば、(3.7) 式から、$(u, v) = (c, d)$ となる。したがって、(3.7) 式によって、ベクトル $\begin{pmatrix} 1 \\ 0 \end{pmatrix}$ は、ベクトル $\begin{pmatrix} a \\ b \end{pmatrix}$ に写り、ベクトル $\begin{pmatrix} 0 \\ 1 \end{pmatrix}$ は、ベクトル $\begin{pmatrix} c \\ d \end{pmatrix}$ に写ることがわかる。

ところで、2 つのベクトルを $\boldsymbol{a} = \begin{pmatrix} a \\ b \end{pmatrix}$ と $\boldsymbol{b} = \begin{pmatrix} c \\ d \end{pmatrix}$ とおこう。このとき、ベクトルのスカラー倍とベクトルの和の式から、$x\begin{pmatrix} a \\ b \end{pmatrix} + y\begin{pmatrix} c \\ d \end{pmatrix} = \begin{pmatrix} ax+cy \\ bx+dy \end{pmatrix}$ だから、(3.7) 式は、$\boldsymbol{u} = \begin{pmatrix} u \\ v \end{pmatrix} = \begin{pmatrix} ax+cy \\ bx+dy \end{pmatrix}$ なので、

$$\boldsymbol{u} = x\boldsymbol{a} + y\boldsymbol{b} \tag{3.15}$$

と表せる。

いっぽう、2 つのベクトルを $\boldsymbol{e}_1 = \begin{pmatrix} 1 \\ 0 \end{pmatrix}$ と $\boldsymbol{e}_2 = \begin{pmatrix} 0 \\ 1 \end{pmatrix}$ としよう。このとき、ベクトル $\boldsymbol{x} = \begin{pmatrix} x \\ y \end{pmatrix}$ は、ベクトルの和とスカラー倍の定義から $\begin{pmatrix} x \\ y \end{pmatrix} = x\begin{pmatrix} 1 \\ 0 \end{pmatrix} + y\begin{pmatrix} 0 \\ 1 \end{pmatrix}$、すなわち、

$$\boldsymbol{x} = x\boldsymbol{e}_1 + y\boldsymbol{e}_2 \tag{3.16}$$

である。

いま、(3.7) 式によって、ベクトル $\boldsymbol{x} = \begin{pmatrix} x \\ y \end{pmatrix}$ は、ベクトル $\boldsymbol{u} = \begin{pmatrix} u \\ v \end{pmatrix}$ に写った。言い換えれば、(3.15) 式から、ベクトル $x\boldsymbol{e}_1 + y\boldsymbol{e}_2$ はベクトル $x\boldsymbol{a} + y\boldsymbol{b}$ に写るのである。この対応関係を図示すれば、図 3.6 のようになる。

ところで、(3.14) 式の表現を使えば、$x = 1, y = 0$ のときと $x = 0, y = 1$ のときを考えれば、

$$\boldsymbol{a} = f(\boldsymbol{e}_1), \qquad \boldsymbol{b} = f(\boldsymbol{e}_2)$$

となる。よって、(3.15) 式から、

$$\boldsymbol{u} = f(\boldsymbol{x}) = xf(\boldsymbol{e}_1) + yf(\boldsymbol{e}_2)$$

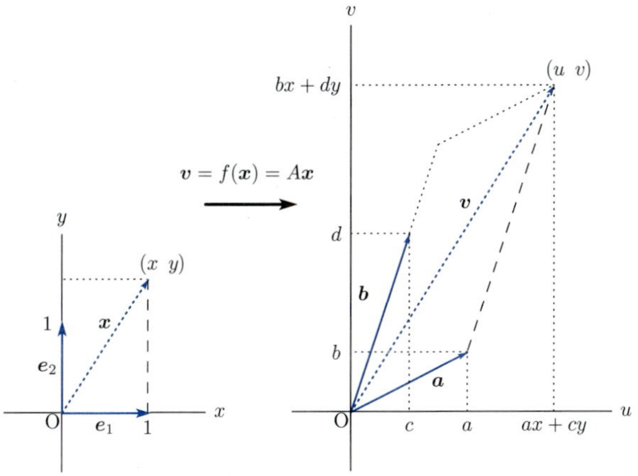

図 3.6　線形写像

とも表せる。ここで、$\boldsymbol{x} = x\boldsymbol{e}_1 + y\boldsymbol{e}_2$ を代入すれば、

$$f(x\boldsymbol{e}_1 + y\boldsymbol{e}_2) = xf(\boldsymbol{e}_1) + yf(\boldsymbol{e}_2) = x\boldsymbol{a} + y\boldsymbol{b}$$

である。

このように、(3.7) 式によって、ベクトル $\boldsymbol{e}_1$ は $\boldsymbol{a}$ に、ベクトル $\boldsymbol{e}_2$ は $\boldsymbol{b}$ に写る。また、(3.16) 式と (3.15) 式を比べれば、ベクトル $\boldsymbol{e}_1$ を $\boldsymbol{a}$ に、ベクトル $\boldsymbol{e}_2$ を $\boldsymbol{b}$ に置き換えたものとなっている。この性質をもつことから、(3.7) 式は線形写像あるいは線形変換と呼ばれる[8)]。したがって、2 つのベクトル $\boldsymbol{e}_1, \boldsymbol{e}_2$ が、(3.7) 式によって、どのベクトルに写るかがわかれば、この線形写像の性質がわかる。

3.5.2　$m \times n$ 行列

(3.9) 式についても同じように考えることができる。すなわち、$\boldsymbol{R}^n$ の点 $(x_1, x_2, \cdots, x_n)$ の中で、特別な点として $(1, 0, 0, \cdots, 0)$, $(0, 1, 0, \cdots, 0)$, $(0, 0, 1, \cdots, 0)$, $\cdots$, $(0, 0, 0, \cdots, 1)$ を考える。これらの点が写る $(y_1, y_2, \cdots, y_m)$ はどうなるだろうか。$(x_1, x_2, \cdots, x_n) = (1, 0, 0, \cdots, 0)$ に対しては (3.9) 式から $(y_1, y_2, \cdots,$

8)　「線形」は「1 次」ということもあり、1 次写像あるいは 1 次変換ともいう。

$y_m) = (a_{11}, a_{21}, \cdots, a_{m1})$ であり、…、$(x_1, x_2, \cdots, x_n) = (0, 0, 0, \cdots, 1)$ に対しては $(y_1, y_2, \cdots, y_m) = (a_{1n}, a_{2n}, \cdots, a_{mn})$ となる。

ここで、

$$\boldsymbol{a}_1 = \begin{pmatrix} a_{11} \\ a_{21} \\ \vdots \\ a_{m1} \end{pmatrix}, \boldsymbol{a}_2 = \begin{pmatrix} a_{12} \\ a_{22} \\ \vdots \\ a_{m2} \end{pmatrix}, \cdots, \boldsymbol{a}_n = \begin{pmatrix} a_{1n} \\ a_{2n} \\ \vdots \\ a_{mn} \end{pmatrix}$$

とおけば[9]、(3.9) 式は、

$$\begin{pmatrix} y_1 \\ y_2 \\ \vdots \\ y_m \end{pmatrix} = \begin{pmatrix} a_{11}x_1 + a_{12}x_2 + \cdots + a_{1n}x_n \\ a_{21}x_1 + a_{22}x_2 + \cdots + a_{2n}x_n \\ \vdots \\ a_{m1}x_1 + a_{m2}x_2 + \cdots + a_{mn}x_n \end{pmatrix}$$

だったので、ベクトルの計算から、

$$\begin{aligned} \boldsymbol{y} = \begin{pmatrix} y_1 \\ y_2 \\ \vdots \\ y_m \end{pmatrix} &= x_1 \begin{pmatrix} a_{11} \\ a_{21} \\ \vdots \\ a_{m1} \end{pmatrix} + x_2 \begin{pmatrix} a_{12} \\ a_{22} \\ \vdots \\ a_{m2} \end{pmatrix} + \cdots + x_n \begin{pmatrix} a_{1n} \\ a_{2n} \\ \vdots \\ a_{mn} \end{pmatrix} \\ &= x_1\boldsymbol{a}_1 + x_2\boldsymbol{a}_2 + \cdots + x_n\boldsymbol{a}_n \end{aligned} \tag{3.17}$$

と表せる。

いっぽう、n 個のベクトルを $\boldsymbol{e}_1 = \begin{pmatrix} 1 \\ 0 \\ \vdots \\ 0 \end{pmatrix}, \boldsymbol{e}_2 = \begin{pmatrix} 0 \\ 1 \\ \vdots \\ 0 \end{pmatrix}, \cdots, \boldsymbol{e}_n = \begin{pmatrix} 0 \\ 0 \\ \vdots \\ 1 \end{pmatrix}$

9) $\boldsymbol{a}_j$ を列ベクトルという。

とすれば、すべてのベクトル $\boldsymbol{x} = \begin{pmatrix} x_1 \\ x_2 \\ \vdots \\ x_m \end{pmatrix}$ は、

$$\begin{pmatrix} x_1 \\ x_2 \\ \vdots \\ x_m \end{pmatrix} = x_1 \begin{pmatrix} 1 \\ 0 \\ \vdots \\ 0 \end{pmatrix} + x_2 \begin{pmatrix} 0 \\ 1 \\ \vdots \\ 0 \end{pmatrix} + \cdots + x_n \begin{pmatrix} 0 \\ 0 \\ \vdots \\ 1 \end{pmatrix}$$

すなわち、

$$\boldsymbol{x} = x_1\boldsymbol{e}_1 + x_2\boldsymbol{e}_2 + \cdots + x_n\boldsymbol{e}_n \tag{3.18}$$

と表せる。

ところで、(3.14) 式を使えば、

$$\boldsymbol{a}_1 = f(\boldsymbol{e}_1), \boldsymbol{a}_2 = f(\boldsymbol{e}_2), \cdots, \boldsymbol{a}_n = f(\boldsymbol{e}_n)$$

となるから、(3.14) 式は、

$$\boldsymbol{y} = f(\boldsymbol{x}) = x_1 f(\boldsymbol{e}_1) + x_2 f(\boldsymbol{e}_2) + \cdots + x_n f(\boldsymbol{e}_n) = \sum_{i=1}^{n} x_i f(\boldsymbol{e}_i)$$

となる。ここで、(3.18) 式を代入すれば、

$$f(x_1\boldsymbol{e}_1 + x_2\boldsymbol{e}_2 + \cdots + x_n\boldsymbol{e}_n) = x_1 f(\boldsymbol{e}_1) + x_2 f(\boldsymbol{e}_2) + \cdots + x_n f(\boldsymbol{e}_n)$$

である。したがって、2×2 行列のときと同じとなる。このことから、n 個のベクトル $\boldsymbol{e}_1, \boldsymbol{e}_2, \cdots, \boldsymbol{e}_n$ が写るベクトルの性質を知ることによって、(3.9) 式で表される写像の性質を知ることができる。

3.6 行列の和とスカラー倍

3.6.1 2×2 行列

2 つの 2×2 行列 $A = \begin{pmatrix} a & c \\ b & d \end{pmatrix}, B = \begin{pmatrix} a' & c' \\ b' & d' \end{pmatrix}$ に対して和 $A + B$ を、

$$A + B = \begin{pmatrix} a & c \\ b & d \end{pmatrix} + \begin{pmatrix} a' & c' \\ b' & d' \end{pmatrix} = \begin{pmatrix} a + a' & c + c' \\ b + b' & d + d' \end{pmatrix}$$

で定義する。

また、実数 α に対して 2×2 行列 $A = \begin{pmatrix} a & c \\ b & d \end{pmatrix}$ のスカラー倍 αA を、

$$\alpha A = \alpha \begin{pmatrix} a & c \\ b & d \end{pmatrix} = \begin{pmatrix} \alpha a & \alpha c \\ \alpha b & \alpha d \end{pmatrix}$$

と定義する。ベクトル $\boldsymbol{x} = \begin{pmatrix} x \\ y \end{pmatrix}$ を 2×1 行列と考えれば、行列の和やスカラー倍は、ベクトルの和やスカラー倍の定義を一般化したものと考えられる。

3.6.2 $m \times n$ 行列

$m \times n$ 行列

$A = \begin{pmatrix} a_{11} & a_{12} & \cdots & a_{1n} \\ a_{21} & a_{22} & \cdots & a_{2n} \\ \vdots & \vdots & \ddots & \vdots \\ a_{m1} & a_{m2} & \cdots & a_{mn} \end{pmatrix}$ と $B = \begin{pmatrix} b_{11} & b_{12} & \cdots & b_{1n} \\ b_{21} & b_{22} & \cdots & b_{2n} \\ \vdots & \vdots & \ddots & \vdots \\ b_{m1} & b_{m2} & \cdots & b_{mn} \end{pmatrix}$ に対し

て2つの行列の和 $A+B$ を、

$$A+B = \begin{pmatrix} a_{11} & a_{12} & \cdots & a_{1n} \\ a_{21} & a_{22} & \cdots & a_{2n} \\ \vdots & \vdots & \ddots & \vdots \\ a_{m1} & a_{m2} & \cdots & a_{mn} \end{pmatrix} + \begin{pmatrix} b_{11} & b_{12} & \cdots & b_{1n} \\ b_{21} & b_{22} & \cdots & b_{2n} \\ \vdots & \vdots & \ddots & \vdots \\ b_{m1} & b_{m2} & \cdots & b_{mn} \end{pmatrix}$$

$$= \begin{pmatrix} a_{11}+b_{11} & a_{12}+b_{12} & \cdots & a_{1n}+b_{1n} \\ a_{21}+b_{21} & a_{22}+b_{22} & \cdots & a_{2n}+b_{2n} \\ \vdots & \vdots & \ddots & \vdots \\ a_{m1}+b_{m1} & a_{m2}+b_{m2} & \cdots & a_{mn}+b_{mn} \end{pmatrix} \tag{3.19}$$

と定義する。すなわち、2つの行列 A と B の対応する成分の和で構成されるのである[10]。

また、実数 α と $m \times n$ 行列 $A = \begin{pmatrix} a_{11} & a_{12} & \cdots & a_{1n} \\ a_{21} & a_{22} & \cdots & a_{2n} \\ \vdots & \vdots & \ddots & \vdots \\ a_{m1} & a_{m2} & \cdots & a_{mn} \end{pmatrix}$ に対して、行列のスカラー倍 αA を、

$$\alpha A = \alpha \begin{pmatrix} a_{11} & a_{12} & \cdots & a_{1n} \\ a_{21} & a_{22} & \cdots & a_{2n} \\ \vdots & \vdots & \ddots & \vdots \\ a_{m1} & a_{m2} & \cdots & a_{mn} \end{pmatrix} = \begin{pmatrix} \alpha a_{11} & \alpha a_{12} & \cdots & \alpha a_{1n} \\ \alpha a_{21} & \alpha a_{22} & \cdots & \alpha a_{2n} \\ \vdots & \vdots & \ddots & \vdots \\ \alpha a_{m1} & \alpha a_{m2} & \cdots & \alpha a_{mn} \end{pmatrix} \tag{3.20}$$

と定義する。すなわち、行列 A の成分を α 倍した成分で構成される行列である。これらの定義は、2×2 行列と同じである。

10) 2つの行列の和は、大きさの等しい2つの $m \times n$ 行列同士でなければ定義できない。

ここで、$m \times n$ 行列 $A = \begin{pmatrix} a_{11} & a_{12} & \cdots & a_{1n} \\ a_{21} & a_{22} & \cdots & a_{2n} \\ \vdots & \vdots & \ddots & \vdots \\ a_{m1} & a_{m2} & \cdots & a_{mn} \end{pmatrix}$ を、簡単に $A = (a_{ij})$ と表すこともある。このような表現をすれば、2 つの $m \times n$ 行列 $A = (a_{ij}), B = (b_{ij})$ の和 $A + B$ は、$A + B = (a_{ij} + b_{ij})$ となり、スカラー倍 αA は、$\alpha A = (\alpha a_{ij})$ である。

3.6.3 和の公式

2 つの同じ大きさの $m \times n$ 行列に対して、行列の和を考えることができた。このとき、2 つの行列 $A = (a_{ij}), B = (b_{ij})$ の和 $A + B$ の (i, j) 成分が $a_{ij} + b_{ij}$ であり、スカラー倍 αA の (i, j) 成分が αa_{ij} である。また、2 つの行列の和は、それぞれの成分の和で構成され、スカラー倍はそれぞれの成分の定数倍で構成されるので、実数の和と定数倍の性質がそのまま成立する。このことから、$m \times n$ 行列を A, B, C とし、スカラーを α, β とすれば、つぎの公式が成り立つ[11]。

(1) $A + B = B + A$

(2) $(A + B) + C = A + (B + C)$

(3) $\alpha(A + B) = \alpha A + \alpha B$

(4) $(\alpha + \beta)A = \alpha A + \beta A$

(5) $\alpha(\beta A) = (\alpha\beta)A$

3.7 行列の積

3.7.1 2×2 行列

2 つの 2×2 行列 $A = \begin{pmatrix} a & c \\ b & d \end{pmatrix}, B = \begin{pmatrix} a' & c' \\ b' & d' \end{pmatrix}$ で表される

11) (1) を交換法則、(2) を結合法則、(3) を分配法則という。

$$\boldsymbol{u} = f(\boldsymbol{x}) = A\boldsymbol{x}$$
$$\boldsymbol{s} = g(\boldsymbol{u}) = B\boldsymbol{u}$$

を考えよう。ここで、3 つのベクトルを $\boldsymbol{x} = \begin{pmatrix} x \\ y \end{pmatrix}, \boldsymbol{u} = \begin{pmatrix} u \\ v \end{pmatrix}, \boldsymbol{s} = \begin{pmatrix} s \\ t \end{pmatrix}$ とすれば、

$$\begin{pmatrix} u \\ v \end{pmatrix} = \begin{pmatrix} a & c \\ b & d \end{pmatrix} \begin{pmatrix} x \\ y \end{pmatrix}$$
$$\begin{pmatrix} s \\ t \end{pmatrix} = \begin{pmatrix} a' & c' \\ b' & d' \end{pmatrix} \begin{pmatrix} u \\ v \end{pmatrix}$$

である。

ところで、$f(\boldsymbol{x})$ によって $\boldsymbol{x}$ は $\boldsymbol{u}$ に写り、$g(\boldsymbol{u})$ によって $\boldsymbol{u}$ は $\boldsymbol{s}$ に写るから、これらを組み合わせてみよう。すなわち、図 3.7 にあるように、まず $f(\boldsymbol{x})$ によって写った $\boldsymbol{u}$ を、さらに $g(\boldsymbol{u})$ によって $\boldsymbol{s}$ に写せば、どのようになるだろうか。

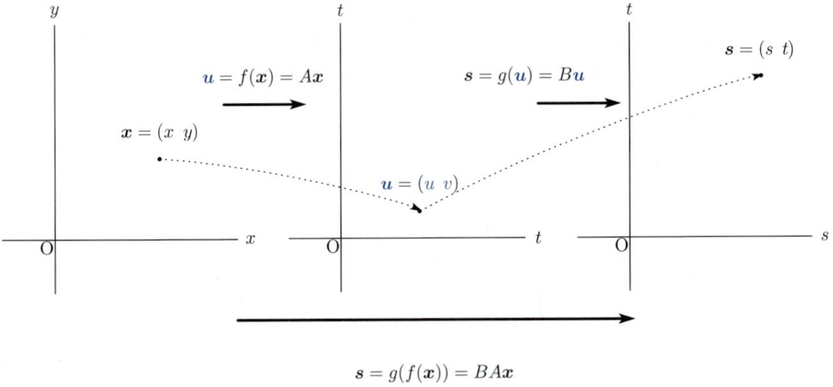

図 3.7　行列 A, B の積

(3.7) 式から、$u = ax + cy, v = bx + dy$ なので、これらの u, v に対しては、

$$\begin{cases} s = a'u + c'v = a'(ax + cy) + c'(bx + dy) = (a'a + c'b)x + (a'c + c'd)y \\ t = b'u + d'v = b'(ax + cy) + d'(bx + dy) = (b'a + d'b)x + (b'c + d'd)y \end{cases} \tag{3.21}$$

となる。したがって、(3.21) 式は行列を使って、

$$\begin{pmatrix} s \\ t \end{pmatrix} = \begin{pmatrix} a'a + c'b & a'c + c'd \\ b'a + d'b & b'c + d'd \end{pmatrix} \begin{pmatrix} x \\ y \end{pmatrix}$$

すなわち、

$$\boldsymbol{s} = \begin{pmatrix} a'a + c'b & a'c + c'd \\ b'a + d'b & b'c + d'd \end{pmatrix} \boldsymbol{x} \tag{3.22}$$

と表せる。いっぽう、$\boldsymbol{u} = A\boldsymbol{x}$ なので、$\boldsymbol{s} = B\boldsymbol{u}$ の $\boldsymbol{u}$ に $A\boldsymbol{x}$ を代入すれば、$\boldsymbol{s} = B\boldsymbol{u} = BA\boldsymbol{x}$ となる。ここで、(3.22) 式と比較すれば、

$$\begin{pmatrix} a' & c' \\ b' & d' \end{pmatrix} \begin{pmatrix} a & c \\ b & d \end{pmatrix} = \begin{pmatrix} a'a + c'b & a'c + c'd \\ b'a + d'b & b'c + d'd \end{pmatrix} \tag{3.23}$$

となっていなければならない。この BA を、2 つの行列 B と A の積といい、(3.23) 式で定義される。

3.7.2　$m \times n$ 行列

$m \times n$ 行列 $A = \begin{pmatrix} a_{11} & a_{12} & \cdots & a_{1n} \\ a_{21} & a_{22} & \cdots & a_{2n} \\ \vdots & \vdots & \ddots & \vdots \\ a_{m1} & a_{m2} & \cdots & a_{mn} \end{pmatrix}$ と $l \times m$ 行列 B $= \begin{pmatrix} b_{11} & b_{12} & \cdots & b_{1m} \\ b_{21} & b_{22} & \cdots & b_{2m} \\ \vdots & \vdots & \ddots & \vdots \\ b_{l1} & b_{l2} & \cdots & b_{lm} \end{pmatrix}$ を使って、

$$\boldsymbol{y} = f(\boldsymbol{x}) = A\boldsymbol{x}$$

$$\boldsymbol{z} = g(\boldsymbol{y}) = B\boldsymbol{y}$$

を考えよう。ここで、$\boldsymbol{x} = \begin{pmatrix} x_1 \\ x_2 \\ \vdots \\ x_n \end{pmatrix}, \boldsymbol{y} = \begin{pmatrix} y_1 \\ y_2 \\ \vdots \\ y_m \end{pmatrix}, \boldsymbol{z} = \begin{pmatrix} z_1 \\ z_2 \\ \vdots \\ z_l \end{pmatrix}$ とおけば、

$$\begin{pmatrix} y_1 \\ y_2 \\ \vdots \\ y_m \end{pmatrix} = \begin{pmatrix} a_{11} & a_{12} & \cdots & a_{1n} \\ a_{21} & a_{22} & \cdots & a_{2n} \\ \vdots & \vdots & \ddots & \vdots \\ a_{m1} & a_{m2} & \cdots & a_{mn} \end{pmatrix} \begin{pmatrix} x_1 \\ x_2 \\ \vdots \\ x_n \end{pmatrix}$$

$$\begin{pmatrix} z_1 \\ z_2 \\ \vdots \\ z_l \end{pmatrix} = \begin{pmatrix} b_{11} & b_{12} & \cdots & b_{1m} \\ b_{21} & b_{22} & \cdots & b_{2m} \\ \vdots & \vdots & \ddots & \vdots \\ b_{l1} & b_{l2} & \cdots & b_{lm} \end{pmatrix} \begin{pmatrix} y_1 \\ y_2 \\ \vdots \\ y_m \end{pmatrix}$$

となっている。

ここで、A が $m \times n$ 行列で B が $l \times m$ 行列である。また、$\boldsymbol{x} \in \boldsymbol{R}^n, \boldsymbol{y} \in \boldsymbol{R}^m, \boldsymbol{z} \in \boldsymbol{R}^l$ である。このことから、$\boldsymbol{y} = f(\boldsymbol{x}) = A\boldsymbol{x}$ は $\boldsymbol{R}^n$ の点 $\boldsymbol{x}$ を $\boldsymbol{R}^m$ の点 $\boldsymbol{y}$ に写す写像である。また、$\boldsymbol{z} = g(\boldsymbol{y}) = B\boldsymbol{y}$ は $\boldsymbol{R}^m$ の点 $\boldsymbol{y}$ を $\boldsymbol{R}^l$ の点 $\boldsymbol{z}$ に写す写像である。このような 2 つの写像を使えば、図 3.7 と同じように、$\boldsymbol{R}^n$ の点 $\boldsymbol{x}$ が $\boldsymbol{R}^m$ の点 $\boldsymbol{y}$ に写り、写った $\boldsymbol{R}^m$ の点 $\boldsymbol{y}$ を $\boldsymbol{R}^l$ の点 $\boldsymbol{z}$ へ写すことができる。

それでは、$\boldsymbol{x}$ を $\boldsymbol{y}$ に写し、続けて $\boldsymbol{z}$ へ写したとき、$\boldsymbol{x}$ と $\boldsymbol{z}$ の関係はどうなるだろうか。

2×2 行列と同じように計算すれば、$i = 1, 2, \cdots, l,\ j = 1, 2, \cdots, n$ に対して

$$c_{ij} = \sum_{k=1}^{m} b_{ik} a_{kj} \tag{3.24}$$

とおくと、

$$
\boldsymbol{z} = \begin{pmatrix} c_{11} & c_{12} & \cdots & c_{1n} \\ c_{21} & c_{22} & \cdots & c_{2n} \\ \vdots & \vdots & \ddots & \vdots \\ c_{l1} & c_{l2} & \cdots & c_{ln} \end{pmatrix} \boldsymbol{x} \tag{3.25}
$$

となる[12)]。いっぽう、$\boldsymbol{y} = A\boldsymbol{x}$ なので、$\boldsymbol{z} = B\boldsymbol{y}$ の $\boldsymbol{y}$ に $A\boldsymbol{x}$ を代入すれば、$\boldsymbol{z} = B\boldsymbol{y} = BA\boldsymbol{x}$ となる。よって、(3.25) 式と比較すれば、

$$
\begin{pmatrix} b_{11} & b_{12} & \cdots & b_{1m} \\ b_{21} & b_{22} & \cdots & b_{2m} \\ \vdots & \vdots & \ddots & \vdots \\ b_{l1} & b_{l2} & \cdots & b_{lm} \end{pmatrix} \begin{pmatrix} a_{11} & a_{12} & \cdots & a_{1n} \\ a_{21} & a_{22} & \cdots & a_{2n} \\ \vdots & \vdots & \ddots & \vdots \\ a_{m1} & a_{m2} & \cdots & a_{mn} \end{pmatrix}
$$

$$
= \begin{pmatrix} c_{11} & c_{12} & \cdots & c_{1n} \\ c_{21} & c_{22} & \cdots & c_{2n} \\ \vdots & \vdots & \ddots & \vdots \\ c_{l1} & c_{l2} & \cdots & c_{ln} \end{pmatrix} \tag{3.26}
$$

となっている。ただし、c_{ij} は (3.24) 式である。この BA を、$l \times m$ 行列 B と $m \times n$ 行列 A の積といい、(3.26) 式で定義される。

この積を考えるときに注意しなければならないことは、積は2つの写像 $\boldsymbol{y} = A\boldsymbol{x}$ と $\boldsymbol{z} = B\boldsymbol{y}$ を連続して写すことに対応するから、行列 B の列の数と A の行の数が等しくなければならない。したがって、行列 B の行の数と A の列の数が等しくなければ、積 AB を定義できない。この点が、実数などとは異なっている。また、$l \times m$ 行列 B と $m \times n$ 行列 A の積は、$l \times n$ 行列となっている。

---

12) 問題 3.2

3.7.3　行列の積と内積

$l \times m$ 行列 B と $m \times n$ 行列 A の積を (3.26) 式で定義した。ところでベクトルを成分で表した $\boldsymbol{a} = \begin{pmatrix} a_1 \\ a_2 \\ \vdots \\ a_n \end{pmatrix}$ は $n \times 1$ 行列と見ることができる。同じように、横ベクトル ${}^t\boldsymbol{b} = (b_1\, b_2 \cdots b_n)$ は、$1 \times n$ 行列と見ることができる。したがって、$1 \times n$ 行列 ${}^t\boldsymbol{b}$ と $n \times 1$ 行列 $\boldsymbol{a}$ の積は、(3.26) 式から、

$$ {}^t\boldsymbol{b}\boldsymbol{a} = a_1b_1 + a_2b_2 + \cdots + a_nb_n $$

となる。これはベクトル $\boldsymbol{a}$ とベクトル $\boldsymbol{b}$ の内積であり、(3.12) 式はこの表記法を用いたものである。すなわち、$(\boldsymbol{a}, \boldsymbol{b}) = {}^t\boldsymbol{b}\boldsymbol{a} = {}^t\boldsymbol{a}\boldsymbol{b}$ である。このことから、2つの行列の積は2つのベクトルの内積の一般化とも考えられる。

ところで、$m \times n$ 行列 $A = \begin{pmatrix} a_{11} & a_{12} & \cdots & a_{1n} \\ a_{21} & a_{22} & \cdots & a_{2n} \\ \vdots & \vdots & \ddots & \vdots \\ a_{m1} & a_{m2} & \cdots & a_{mn} \end{pmatrix}$ に対して、

$$ \boldsymbol{a}_1 = \begin{pmatrix} a_{11} \\ a_{21} \\ \vdots \\ a_{m1} \end{pmatrix}, \boldsymbol{a}_2 = \begin{pmatrix} a_{12} \\ a_{22} \\ \vdots \\ a_{m2} \end{pmatrix}, \cdots, \boldsymbol{a}_n = \begin{pmatrix} a_{1n} \\ a_{2n} \\ \vdots \\ a_{mn} \end{pmatrix} $$

を列ベクトルという。また、

$$ \boldsymbol{a}^1 = \begin{pmatrix} a_{11} \\ a_{12} \\ \vdots \\ a_{1n} \end{pmatrix}, \boldsymbol{a}^2 = \begin{pmatrix} a_{21} \\ a_{22} \\ \vdots \\ a_{2n} \end{pmatrix}, \cdots, \boldsymbol{a}^m = \begin{pmatrix} a_{m1} \\ a_{m2} \\ \vdots \\ a_{mn} \end{pmatrix} $$

としたとき、これらを横ベクトルで表した、

$$\begin{cases} {}^t\boldsymbol{a}^1 & = & (a_{11}\, a_{12}\, \cdots\, a_{1n}) \\ {}^t\boldsymbol{a}^2 & = & (a_{21}\, a_{22}\, \cdots\, a_{2n}) \\ & \vdots & \\ {}^t\boldsymbol{a}^m & = & (a_{m1}\, a_{m2}\, \cdots\, a_{mn}) \end{cases}$$

を行ベクトルという。したがって、これらのベクトルを使えば、行列 A は

$$A = \begin{pmatrix} {}^t\boldsymbol{a}^1 \\ {}^t\boldsymbol{a}^2 \\ \vdots \\ {}^t\boldsymbol{a}^m \end{pmatrix} = (\boldsymbol{a}_1\, \boldsymbol{a}_2\, \cdots\, \boldsymbol{a}_n) \tag{3.27}$$

のように表せる。

つぎに、この $m \times n$ 行列 A と、ベクトル $\boldsymbol{x} = \begin{pmatrix} x_1 \\ x_2 \\ \vdots \\ x_n \end{pmatrix}, \boldsymbol{y} = \begin{pmatrix} y_1 \\ y_2 \\ \vdots \\ y_m \end{pmatrix}$ に対して、$\boldsymbol{y} = A\boldsymbol{x}$ は (3.13) 式のように

$$\boldsymbol{y} = A\boldsymbol{x} = \begin{pmatrix} {}^t\boldsymbol{a}^1 \\ {}^t\boldsymbol{a}^2 \\ \vdots \\ {}^t\boldsymbol{a}^m \end{pmatrix} \boldsymbol{x} = \begin{pmatrix} {}^t\boldsymbol{a}^1\boldsymbol{x} \\ {}^t\boldsymbol{a}^2\boldsymbol{x} \\ \vdots \\ {}^t\boldsymbol{a}^m\boldsymbol{x} \end{pmatrix} \tag{3.28}$$

となる。このように、(3.28) 式から、$m \times n$ 行列 A と $n \times 1$ 行列 $\boldsymbol{x}$ の積は、行列 A の行ベクトル $\boldsymbol{a}^i$ とベクトル $\boldsymbol{x}$ の内積を使って表せる $(i = 1, 2, \cdots, m)$。

同じように、$l \times m$ 行列 B に対してベクトルを

$$\boldsymbol{b}^1 = \begin{pmatrix} b_{11} \\ b_{12} \\ \vdots \\ b_{1m} \end{pmatrix}, \cdots, \boldsymbol{b}^l = \begin{pmatrix} b_{l1} \\ b_{l2} \\ \vdots \\ b_{lm} \end{pmatrix}$$

とおけば、行ベクトルを使って $B = \begin{pmatrix} {}^t\boldsymbol{b}^1 \\ {}^t\boldsymbol{b}^2 \\ \vdots \\ {}^t\boldsymbol{b}^l \end{pmatrix}$ となる。また、$m \times n$ 行列 A を

(3.27) 式のように列ベクトルを使って $A = (\boldsymbol{a}_1\ \boldsymbol{a}_2\ \cdots\ \boldsymbol{a}_n)$ と表せば、積 BA は

$$BA = \begin{pmatrix} {}^t\boldsymbol{b}^1 \\ {}^t\boldsymbol{b}^2 \\ \vdots \\ {}^t\boldsymbol{b}^l \end{pmatrix} (\boldsymbol{a}_1\ \boldsymbol{a}_2\ \cdots\ \boldsymbol{a}_n) \tag{3.29}$$

となる。いっぽう、それぞれのベクトル $\boldsymbol{a}_i$ に対して、(3.28) 式から

$\begin{pmatrix} {}^t\boldsymbol{b}^1 \\ {}^t\boldsymbol{b}^2 \\ \vdots \\ {}^t\boldsymbol{b}^l \end{pmatrix} \boldsymbol{a}_i = \begin{pmatrix} {}^t\boldsymbol{b}^1\boldsymbol{a}_i \\ {}^t\boldsymbol{b}^2\boldsymbol{a}_i \\ \vdots \\ {}^t\boldsymbol{b}^l\boldsymbol{a}_i \end{pmatrix}$ となる $(i = 1, 2, \cdots, n)$。

よって、(3.29) 式と組み合わせれば、

$$BA = \begin{pmatrix} {}^t\boldsymbol{b}^1 \\ {}^t\boldsymbol{b}^2 \\ \vdots \\ {}^t\boldsymbol{b}^l \end{pmatrix} (\boldsymbol{a}_1, \boldsymbol{a}_2, \cdots, \boldsymbol{a}_n) = \begin{pmatrix} {}^t\boldsymbol{b}^1\boldsymbol{a}_1 & {}^t\boldsymbol{b}^1\boldsymbol{a}_2 & \cdots & {}^t\boldsymbol{b}^1\boldsymbol{a}_n \\ {}^t\boldsymbol{b}^2\boldsymbol{a}_1 & {}^t\boldsymbol{b}^2\boldsymbol{a}_2 & \cdots & {}^t\boldsymbol{b}^2\boldsymbol{a}_n \\ \vdots & \vdots & \ddots & \vdots \\ {}^t\boldsymbol{b}^l\boldsymbol{a}_1 & {}^t\boldsymbol{b}^l\boldsymbol{a}_2 & \cdots & {}^t\boldsymbol{b}^l\boldsymbol{a}_n \end{pmatrix} \tag{3.30}$$

となる。すなわち、(3.24) 式から、$c_{ij} = {}^t\boldsymbol{b}^i\boldsymbol{a}_j$ である。すなわち、行列 B の i 番目の行ベクトル $\boldsymbol{b}^i$ と、行列 A の j 番目の列ベクトル $\boldsymbol{a}_j$ の内積が c_{ij} である。したがって、つぎのようになる。

$$
\begin{array}{c} \\ \\ i\text{行目} \\ \\ \\ \end{array}
\begin{pmatrix}
b_{11} & b_{12} & \cdots & b_{1n} \\
\vdots & \vdots & \ddots & \vdots \\
b_{i1} & b_{i2} & \cdots & b_{in} \\
\vdots & \vdots & \ddots & \vdots \\
b_{n1} & b_{n2} & \cdots & b_{nn}
\end{pmatrix}
\begin{pmatrix}
a_{11} & \cdots & a_{1j} & \cdots & a_{1n} \\
\vdots & \ddots & \vdots & \ddots & \vdots \\
a_{21} & \cdots & a_{2j} & \cdots & a_{2n} \\
\vdots & \ddots & \vdots & \ddots & \vdots \\
a_{n1} & \cdots & a_{nj} & \cdots & a_{nn}
\end{pmatrix}
$$

$$
\hphantom{xxxxxxxx} j\text{列目}
$$

$$
= \begin{pmatrix}
c_{11} & \cdots & c_{1j} & \cdots & c_{1n} \\
\vdots & \ddots & \vdots & \ddots & \vdots \\
c_{i1} & \cdots & c_{ij} & \cdots & c_{in} \\
\vdots & \ddots & \vdots & \ddots & \vdots \\
c_{l1} & \cdots & c_{lj} & \cdots & c_{ln}
\end{pmatrix}
$$

3.7.4 積の公式

$l \times m$ 行列 B と $m \times n$ 行列 A の積 BA は (3.26) 式で定義した。また、2 つの行列 B と A の積 BA は、B の列の数と A の行の数が等しいときだけ、定義できた。しかし、AB、BA 共に定義できても、$AB = BA$ とは限らない。例えば、$n \times m$ 行列 B と $m \times n$ 行列 A の積を考えると BA は $n \times n$ 行列であり AB は $m \times m$ 行列である。したがって、形自体が異なっている。さらに、つぎの例を見てみよう。

例 3.7.1　2×2 行列 A, B を $A = \begin{pmatrix} 1 & 1 \\ 0 & 1 \end{pmatrix}, B = \begin{pmatrix} 1 & 0 \\ 1 & 1 \end{pmatrix}$ とすれば、

$$AB = \begin{pmatrix} 1 & 1 \\ 0 & 1 \end{pmatrix} \begin{pmatrix} 1 & 0 \\ 1 & 1 \end{pmatrix} = \begin{pmatrix} 2 & 1 \\ 1 & 1 \end{pmatrix}$$

$$BA = \begin{pmatrix} 1 & 0 \\ 1 & 1 \end{pmatrix} \begin{pmatrix} 1 & 1 \\ 0 & 1 \end{pmatrix} = \begin{pmatrix} 1 & 1 \\ 1 & 2 \end{pmatrix}$$

となる。したがって、$AB \neq BA$ となっている。

このように、行列の和とスカラー倍については、実数と同じ性質が成り立つが、積に関しては例 3.7.1 にもあるように、積の順序を交換することは一般的にはできない[13)]。したがって、行列の積が定義できても、実数と同じ性質が成り立つとはいえない。しかし、積については、つぎの公式が成り立つ。α はスカラーであり、行列の積はすべて定義できるとする。

(1)　$(AB)C = A(BC)$

(2)　$A(B + C) = AB + AC$[14)]

(3)　$(A + B)C = AC + BC$

(4)　$(\alpha A)B = A(\alpha B) = \alpha(AB)$

このことから、3 つの行列の積が定義できるときには、はじめの 2 つの積とあとの 2 つの積は、どちらを先にしてもよく、さらに分配法則は成り立つのである。

また、整数や実数の四則演算 (加減乗除) では、0 と 1 が特別な数であるように[15)]、行列の和や積でも同じような行列が存在する。すべての成分が 0 の行列

13)　交換法則が成り立たないという。

14)　分配法則という。

15)　任意の実数を a とすれば、$a + 0 = a, a \times 1 = a, a \times 0 = 0$ などの性質が成り立つ。

$O = \begin{pmatrix} 0 & 0 & \cdots & 0 \\ 0 & 0 & \cdots & 0 \\ \vdots & \vdots & \ddots & \vdots \\ 0 & 0 & \cdots & 0 \end{pmatrix}$ を零行列といい、数字の 0 に対応するもので、和や積が定義できるときには、つぎの性質が成り立つ。

(1) $A + O = O + A = A$

(2) $AO = O$

(3) $OA = O$

数字の 0 はどの数に加えても数は変化しないし、どの数にかけても結果は 0 となることと同じである。しかし、実数などと異なる点は、2 つの行列をかけて O になっても、どちらも O ではないことがある。すなわち、$AB = O$ であっても、$A = O$ または $B = O$ とはならないことである。

例 3.7.2　2×2 行列 A, B を $A = \begin{pmatrix} 1 & -1 \\ 0 & 0 \end{pmatrix}, B = \begin{pmatrix} 1 & 0 \\ 1 & 0 \end{pmatrix}$ とすれば、

$$AB = \begin{pmatrix} 1 & -1 \\ 0 & 0 \end{pmatrix} \begin{pmatrix} 1 & 0 \\ 1 & 0 \end{pmatrix} = \begin{pmatrix} 0 & 0 \\ 0 & 0 \end{pmatrix} = O$$

となる。したがって、$AB = O$ であっても、$A \neq O$ であり $B \neq O$ となる例となっている。

ところで、$m \times n$ 行列は、すべての自然数 m と n に対して存在する。とくに、行の数と列の数がともに n の行列を n 次の正方行列という。また、n 次の正方行列で、$I = \begin{pmatrix} 1 & 0 & \cdots & 0 \\ 0 & 1 & \cdots & 0 \\ \vdots & \vdots & \ddots & \vdots \\ 0 & 0 & \cdots & 1 \end{pmatrix}$, を単位行列[16]といい、実数の世界の

16) 単位行列は E で表されることもある。

1に対応するものである。すなわち、n次の正方行列Aに対して、

$$AI = IA = A \tag{3.31}$$

となっている。

3.8 転置行列

ベクトルを $\boldsymbol{a} = \begin{pmatrix} a_1 \\ a_2 \\ \vdots \\ a_n \end{pmatrix}$ で表し、このベクトルを横ベクトル (行ベクトル) として表した $(a_1\, a_2\, \cdots\, a_n)$ を、${}^t\boldsymbol{a}$ という記号を使って表した。

ところで、$m \times n$ 行列 A に対して、A の (i, j) 成分を (j, i) 成分とする $n \times m$ 行列を考える。この行列を ${}^tA$ と表し、行列 A の転置行列という[17)]。すなわち、

$$A = \begin{pmatrix} a_{11} & a_{12} & \cdots & a_{1n} \\ a_{21} & a_{22} & \cdots & a_{2n} \\ \vdots & \vdots & \ddots & \vdots \\ a_{m1} & a_{m2} & \cdots & a_{mn} \end{pmatrix}$$ とすれば、

$${}^tA = \begin{pmatrix} a_{11} & a_{21} & \cdots & a_{m1} \\ a_{12} & a_{22} & \cdots & a_{m2} \\ \vdots & \vdots & \ddots & \vdots \\ a_{1n} & a_{2n} & \cdots & a_{mn} \end{pmatrix}$$

である。

この転置行列は、もとの行列の行と列を入れ替えたものなので、転置行列の積と、もとの行列の積のあいだにはつぎの関係がある。

---

17) 行列 A の転置行列は、${}^tA$ のほかに A', A^T などと表すこともある。

(1) ${}^t({}^tA) = A$

(2) ${}^t(A+B) = {}^tA + {}^tB$

(3) ${}^t(cA) = c\,{}^tA$

(4) ${}^t(AB) = {}^tB\,{}^tA$

ところで、(3.14) 式では $\boldsymbol{y} = f(\boldsymbol{x})$ を、

$$\boldsymbol{y} = A\boldsymbol{x} \tag{3.32}$$

と表した。しかし、転置行列の積の性質から、(3.32) 式の両辺を転置しても、同じ関係を表している。したがって、同じ写像を、

$$ {}^t\boldsymbol{y} = {}^t\boldsymbol{x}\,{}^tA \tag{3.33}$$

と表せる。(3.32) 式では、列ベクトルで $\boldsymbol{x}$ と $\boldsymbol{y}$ の関係を表したが、(3.33) 式では、行ベクトルで $\boldsymbol{x}$ と $\boldsymbol{y}$ の関係を表している。(3.32) 式と (3.33) 式は、表現が異なるだけで、同じ関係なので、行列 A と転置行列 ${}^tA$ の性質は等しい。

練習問題

3.1 54 ページの公式 (1) から (5) が成り立つことを示しなさい。

3.2 (3.25) 式が成り立つことを確認しなさい。

3.3 63 ページの公式 (1) から (4) が成り立つことを示しなさい。

3.4 64 ページの公式 (1) から (3) が成り立つことを示しなさい。

3.5 66 ページの公式 (1) から (4) が成り立つことを示しなさい。

第 4 章　正則行列と逆行列

(3.6) 式で表される写像 $\boldsymbol{y} = A\boldsymbol{x}$ は、n 次元空間 $\boldsymbol{R}^n$ の点 $(x_1, x_2, \cdots, x_n)$ を、m 次元空間 $\boldsymbol{R}^m$ の点 $(y_1, y_2, \cdots, y_m)$ に写すものである。また、この写像は、n 次元空間 $\boldsymbol{R}^n$ の点 $(x_1, x_2, \cdots, x_n)$ が、n 次元ベクトル $\boldsymbol{x}$ を成分で表示したものとみれば、n 次元ベクトル $\boldsymbol{x}$ を、m 次元ベクトル $\boldsymbol{y}$ に写すと見ることもできる。

このように、写像 $\boldsymbol{y} = A\boldsymbol{x}$ は 1 つのベクトル $\boldsymbol{x}$ を、別のベクトル $\boldsymbol{y}$ に写すものである。これらのベクトルのあいだの関係を見るために、ベクトルから作られる部分空間と、その性質についてみることにしよう。

4.1　1 次独立と 1 次従属

4.1.1　2 × 2 行列

3 章の (3.7) 式は、$\boldsymbol{u} = \begin{pmatrix} u \\ v \end{pmatrix}, \boldsymbol{x} = \begin{pmatrix} x \\ y \end{pmatrix}$ とおいて、(3.14) 式のように、

$$\boldsymbol{u} = \begin{pmatrix} a & c \\ b & d \end{pmatrix} \boldsymbol{x} \tag{4.1}$$

と表した。いっぽう、2 次元ベクトル空間 $\boldsymbol{R}^2$ に含まれるベクトル $\boldsymbol{x}$ は、3.5.1 節でみたように、2 つのベクトル $\boldsymbol{e}_1 = \begin{pmatrix} 1 \\ 0 \end{pmatrix}, \boldsymbol{e}_2 = \begin{pmatrix} 0 \\ 1 \end{pmatrix}$ を用いれば、

$$\boldsymbol{x} = x\boldsymbol{e}_1 + y\boldsymbol{e}_2$$

と表せる。また、(3.7) 式で定まるベクトル $\boldsymbol{u} = \begin{pmatrix} u \\ v \end{pmatrix}$ は、2 つのベクトル $\boldsymbol{a} = \begin{pmatrix} a \\ b \end{pmatrix}$ と $\boldsymbol{b} = \begin{pmatrix} c \\ d \end{pmatrix}$ を用いて、

$$\boldsymbol{u} = x\boldsymbol{a} + y\boldsymbol{b}$$

となる。ここで、$f(\boldsymbol{x}) = \begin{pmatrix} a & c \\ b & d \end{pmatrix}\boldsymbol{x}$ とおけば、

$$\boldsymbol{a} = f(\boldsymbol{e}_1), \qquad \boldsymbol{b} = f(\boldsymbol{e}_2)$$

の関係がある。

これらのベクトル $\boldsymbol{e}_1, \boldsymbol{e}_2$ と $\boldsymbol{a}, \boldsymbol{b}$ との関係は、2×2 行列 A によってどのようになるのかを見てみよう。

(1) $A = \begin{pmatrix} 1 & 2 \\ 2 & 1 \end{pmatrix}$ としよう。このとき、2 つのベクトル $\boldsymbol{e}_1 = \begin{pmatrix} 1 \\ 0 \end{pmatrix}, \boldsymbol{e}_2 = \begin{pmatrix} 0 \\ 1 \end{pmatrix}$ に対して、$\boldsymbol{a} = f(\boldsymbol{e}_1) = \begin{pmatrix} 1 \\ 2 \end{pmatrix}, \boldsymbol{b} = f(\boldsymbol{e}_2) = \begin{pmatrix} 2 \\ 1 \end{pmatrix}$ となる。

ところで、

$$\begin{pmatrix} u \\ v \end{pmatrix} = \begin{pmatrix} 1 & 2 \\ 2 & 1 \end{pmatrix}\begin{pmatrix} x \\ y \end{pmatrix} = \begin{pmatrix} 1x + 2y \\ 2x + 1y \end{pmatrix}$$

だから、連立 1 次方程式、

$$\begin{cases} u = x + 2y \\ v = 2x + y \end{cases}$$

を解いてみよう。

この連立 1 次方程式の解は、どのような u, v に対しても $x = \dfrac{2v - u}{3}, y = \dfrac{2u - v}{3}$

となる。したがって、$\boldsymbol{x} = \begin{pmatrix} \dfrac{2v-u}{3} \\ \dfrac{2u-v}{3} \end{pmatrix}$ とおけば、

$$\begin{pmatrix} u \\ v \end{pmatrix} = \begin{pmatrix} 1 & 2 \\ 2 & 1 \end{pmatrix} \begin{pmatrix} \dfrac{2v-u}{3} \\ \dfrac{2u-v}{3} \end{pmatrix}$$

とできる[1)]。これは、

$$\begin{pmatrix} u \\ v \end{pmatrix} = \frac{2v-u}{3} \begin{pmatrix} 1 \\ 2 \end{pmatrix} + \frac{2u-v}{3} \begin{pmatrix} 2 \\ 1 \end{pmatrix} = \frac{2v-u}{3}\boldsymbol{a} + \frac{2u-v}{3}\boldsymbol{b}$$

と等しい。

このように、どのベクトル $\begin{pmatrix} u \\ v \end{pmatrix}$ も、2 つのベクトル $\boldsymbol{a} = \begin{pmatrix} 1 \\ 2 \end{pmatrix}, \boldsymbol{b} = \begin{pmatrix} 2 \\ 1 \end{pmatrix}$ を使って表せる。言い換えれば、$\boldsymbol{R}^2$ に含まれるどのような点 (u, v) に対しても、$\boldsymbol{u} = f(\boldsymbol{x})$ となる (x, y) が存在する。また、それぞれの点をベクトルの成分と考えれば、図 4.1 のように、すべてのベクトル $\begin{pmatrix} u \\ v \end{pmatrix}$ は、2 つのベクトル $\boldsymbol{a}, \boldsymbol{b}$ を使って表せる。

図 4.1 をみてみよう。ベクトル $\boldsymbol{u}$ として、$\boldsymbol{u} = \begin{pmatrix} 4.5 \\ 4.5 \end{pmatrix}$ を考えよう。このベクトルは、$\boldsymbol{a}, \boldsymbol{b}$ を使えば、

$$\boldsymbol{u} = \begin{pmatrix} 4.5 \\ 4.5 \end{pmatrix} = 1.5 \begin{pmatrix} 1 \\ 2 \end{pmatrix} + 1.5 \begin{pmatrix} 2 \\ 1 \end{pmatrix} = 1.5\boldsymbol{a} + 1.5\boldsymbol{b} \tag{4.2}$$

となる。ところで、このベクトルは $\boldsymbol{R}^2$ のベクトルでもあるので、図 4.2 のよ

1) $\dfrac{2v-u}{3} + 2\dfrac{2u-v}{3} = u, 2\dfrac{2v-u}{3} + \dfrac{2u-v}{3} = v$ である。

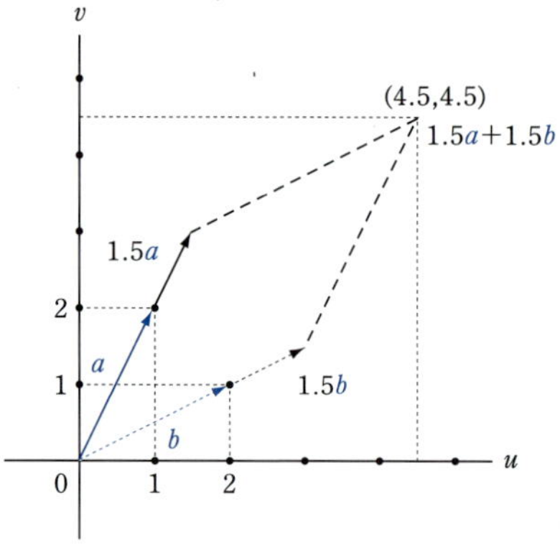

図 4.1　1 次結合

うにベクトル $\boldsymbol{e}_1, \boldsymbol{e}_2$ を使って

$$\begin{pmatrix} 4.5 \\ 4.5 \end{pmatrix} = 4.5 \begin{pmatrix} 1 \\ 0 \end{pmatrix} + 4.5 \begin{pmatrix} 0 \\ 1 \end{pmatrix} = 4.5\boldsymbol{e}_1 + 4.5\boldsymbol{e}_2 \qquad (4.3)$$

と表せる。これら 2 つを比べてみよう。

(4.2) 式は、図 4.2 の実線で表したベクトル $\boldsymbol{a}, \boldsymbol{b}$ を基準として表したものであり、(4.3) 式は、図 4.2 の点線で表したベクトル $\boldsymbol{e}_1, \boldsymbol{e}_2$ を基準としたものである。このように同じベクトルでも、いろいろな表現ができる。

(2) つぎに、$A = \begin{pmatrix} 1 & 2 \\ 2 & 4 \end{pmatrix}$ とすればどうなるだろうか。このとき、連立 1 次方程式、

$$\begin{cases} u = x + 2y \\ v = 2x + 4y \end{cases}$$

を見てみよう。

このときは、どのような $\boldsymbol{x}$ に対しても、$u = x + 2y, v = 2x + 4y$ なので、対応する u と v のあいだには、$v = 2u$ の関係がある。また、$\boldsymbol{a} = \begin{pmatrix} 1 \\ 2 \end{pmatrix}, \boldsymbol{b} = \begin{pmatrix} 2 \\ 4 \end{pmatrix}$

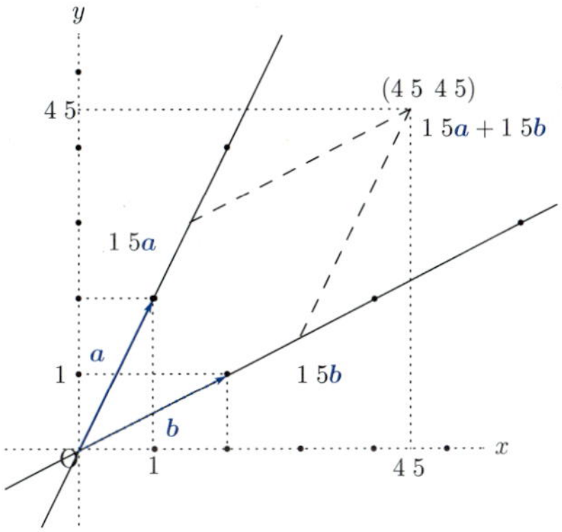

図 4.2　2 つの座標系

だから、$\boldsymbol{b} = 2\boldsymbol{a}$ となっている。

よって、2 つのベクトル $\boldsymbol{a}, \boldsymbol{b}$ をどのように組み合わせても、ベクトル $\boldsymbol{a}$ と向きが異なるベクトルは表せない。すなわち、$\boldsymbol{R}^2$ の点で直線 $v = 2u$ 上にない点 (u, v) は、(x, y) をどのようにとっても (4.1) 式の形で表せないことがわかる。

(3) 最後に、$A = \begin{pmatrix} 0 & 0 \\ 0 & 0 \end{pmatrix}$ としてみよう。このときは、$\boldsymbol{a} = \begin{pmatrix} 0 \\ 0 \end{pmatrix}, \boldsymbol{b} = \begin{pmatrix} 0 \\ 0 \end{pmatrix}$ となる。したがって、2 つのベクトル $\boldsymbol{a}, \boldsymbol{b}$ をどのように組み合わせても、表せるのは零ベクトル $\begin{pmatrix} 0 \\ 0 \end{pmatrix}$ だけである。すなわち、(x, y) をどのようにとっても、$\boldsymbol{u} = \begin{pmatrix} 0 & 0 \\ 0 & 0 \end{pmatrix} \boldsymbol{x}$ となる u と v は、$u = 0, v = 0$ となっている。

このように、ベクトル $\boldsymbol{x}$ を変化させたとき、$\boldsymbol{u} = \begin{pmatrix} a & b \\ c & d \end{pmatrix} \boldsymbol{x}$ によって、どのようなベクトル $\boldsymbol{u}$ に写るかは、行列 A によって異なる。このことは、ベクト

ル $\boldsymbol{e}_1, \boldsymbol{e}_2$ が写るベクトル $\boldsymbol{a}, \boldsymbol{b}$ が、$\boldsymbol{u} = \begin{pmatrix} a & b \\ c & d \end{pmatrix} \boldsymbol{x}$ によって、どのようになるかで決まった。すなわち、ベクトル $\boldsymbol{a}, \boldsymbol{b}$ の関係で、これらの差が現れるのである。このような関係は、$m \times n$ 行列でも同じである。

4.1.2　1 次結合

4.1.1 節では、ベクトル $\boldsymbol{x}$ をベクトル $\boldsymbol{u}$ に写す $\boldsymbol{u} = \begin{pmatrix} a & c \\ b & d \end{pmatrix} \boldsymbol{x}$ に対して、写ったベクトル $\boldsymbol{u}$ 全体の集合が、行列 $A = \begin{pmatrix} a & c \\ b & d \end{pmatrix}$ によって異なることを (1)、(2)、(3) で見た。そこで、行列 A で写るベクトル $\boldsymbol{u}$ 全体の集合を考えよう。

まず始めに、ベクトルの 1 次結合を定義する。いま、一般的に n 次元空間 $\boldsymbol{R}^n$ で考える。このとき、

定義 4.1.1　$\boldsymbol{R}^n$ の $r+1$ 個のベクトル $\boldsymbol{a}_1, \boldsymbol{a}_2, \cdots, \boldsymbol{a}_r$ と $\boldsymbol{a}$ を考える。このとき、r 個の実数 $c_1, c_2, \cdots, c_r$ によって

$$\boldsymbol{a} = c_1\boldsymbol{a}_1 + c_2\boldsymbol{a}_2 + \cdots + c_r\boldsymbol{a}_r$$

と表されるとしよう。このとき、ベクトル $\boldsymbol{a}$ は r 個のベクトル $\boldsymbol{a}_1, \boldsymbol{a}_2, \cdots, \boldsymbol{a}_r$ の 1 次結合として表せるという。

例 4.1.1　$\boldsymbol{a} = \begin{pmatrix} 1 \\ 2 \end{pmatrix}$ と $\boldsymbol{b} = \begin{pmatrix} 2 \\ 1 \end{pmatrix}$ に対して、どのようなベクトル $\begin{pmatrix} u \\ v \end{pmatrix}$ も

$$\begin{pmatrix} u \\ v \end{pmatrix} = \begin{pmatrix} 1 & 2 \\ 2 & 1 \end{pmatrix} \begin{pmatrix} \dfrac{2v-u}{3} \\ \dfrac{2u-v}{3} \end{pmatrix} = \frac{2v-u}{3}\boldsymbol{a} + \frac{2u-v}{3}\boldsymbol{b}$$

と表せる。すなわち、すべてのベクトル $\begin{pmatrix} u \\ v \end{pmatrix}$ は、ベクトル $\boldsymbol{a} = \begin{pmatrix} 1 \\ 2 \end{pmatrix}$

と $\boldsymbol{b} = \begin{pmatrix} 2 \\ 1 \end{pmatrix}$ の 1 次結合として表せる。

例 4.1.2　2 つのベクトル $\boldsymbol{a} = \begin{pmatrix} 1 \\ 2 \end{pmatrix}$ と $\boldsymbol{b} = \begin{pmatrix} 2 \\ 4 \end{pmatrix}$ の 1 次結合は、α と β をどのような実数にとっても、

$$\alpha \begin{pmatrix} 1 \\ 2 \end{pmatrix} + \beta \begin{pmatrix} 2 \\ 4 \end{pmatrix} = (\alpha + 2\beta) \begin{pmatrix} 1 \\ 2 \end{pmatrix}$$

となる。このことから、2 つのベクトル $\boldsymbol{a}$ と $\boldsymbol{b}$ の 1 次結合では、$\boldsymbol{a}$ のスカラー倍のベクトルしか表せない。言い換えれば、ベクトル $\begin{pmatrix} 1 \\ 1 \end{pmatrix}$ などは表せない。

4.1.3　1 次独立と 1 次従属

4.1.1 節の例で、$\boldsymbol{u} = \begin{pmatrix} a & c \\ b & d \end{pmatrix} \boldsymbol{x}$ によって写るベクトル $\boldsymbol{u}$ 全体の集合が、行列 A によって、異なることを (1)、(2)、(3) で見た。これらの違いを表すために、ベクトル同士の関係として、1 次独立と 1 次従属を用いることにする。例えば、(1) のような、2 つのベクトル $\boldsymbol{a} = \begin{pmatrix} 1 \\ 2 \end{pmatrix}$ と $\boldsymbol{b} = \begin{pmatrix} 2 \\ 1 \end{pmatrix}$ は、1 次独立という。それに対して、(2) や (3) のような 2 つのベクトル $\boldsymbol{a} = \begin{pmatrix} 1 \\ 2 \end{pmatrix}$ と $\boldsymbol{b} = \begin{pmatrix} 2 \\ 4 \end{pmatrix}$ は 1 次従属という。

このような 1 次独立と 1 次従属は、つぎのように定義できる。

定義 4.1.2　$\boldsymbol{R}^n$ の r 個 $(r \geq 2)$ のベクトル $\boldsymbol{a}_1, \boldsymbol{a}_2, \cdots, \boldsymbol{a}_r$ に対して、どれか 1 つのベクトルが残りの $r-1$ 個のベクトルの 1 次結合として表せるとき、1

次従属という[2)]。

また、どのベクトルも残りの $r-1$ 個のベクトルの1次結合として表せないとき、1次独立という[3)]。

$r=1$ のときは、そのベクトルは零ベクトルに等しくないとき、またそのときに限り1次独立である。

例 4.1.1 は1次独立の例であり、例 4.1.2 は1次従属の例である。しかし、この1次従属か1次独立かを判定するには、つぎの2つの定理 (定理 4.1.1 と定理 4.1.2) が役立つ。しかし、定理 4.1.1 は定理 4.1.2 の対偶なので、どちらかが成り立てば、他方も成り立つ。したがって、定理 4.1.2 を示そう。また、定理 4.1.1 から、$\boldsymbol{a}_1, \boldsymbol{a}_2, \cdots, \boldsymbol{a}_r$ が1次独立ならば、これらのベクトルには零ベクトルは含まれないことがわかる。

定理 4.1.1

$\boldsymbol{R}^n$ の r 個 $(r \geq 1)$ のベクトル $\boldsymbol{a}_1, \boldsymbol{a}_2, \cdots, \boldsymbol{a}_r$ が1次独立である

ための必要十分条件は、

$c_1\boldsymbol{a}_1 + c_2\boldsymbol{a}_2 + \cdots + c_r\boldsymbol{a}_r = \boldsymbol{0}$ となるのは、$c_1 = c_2 = \cdots = c_r = 0$ のときに限る

ことである。

定理 4.1.2

$\boldsymbol{R}^n$ の r 個 $(r \geq 1)$ のベクトル $\boldsymbol{a}_1, \boldsymbol{a}_2, \cdots, \boldsymbol{a}_r$ が1次従属である

ための必要十分条件は、

$c_1\boldsymbol{a}_1 + c_2\boldsymbol{a}_2 + \cdots + c_r\boldsymbol{a}_r = \boldsymbol{0}$ が、少なくとも1つは0でない $c_1, c_2, \cdots, c_r$ に対して成り立つ

---

2) 線形従属ということもある。

3) 線形独立ということもある。

ことである。

定理 4.1.2 の証明　$r=1$ のときは明らかなので、$r \geq 2$ とする。

$\boldsymbol{a}_1, \boldsymbol{a}_2, \cdots, \boldsymbol{a}_r$ が 1 次従属としよう。定義 4.1.2 から、どれか 1 つのベクトルが残りの $r-1$ 個のベクトルの 1 次結合として表せる。いま、$\boldsymbol{a}_r$ が残りの $r-1$ 個のベクトル $\boldsymbol{a}_1, \boldsymbol{a}_2, \cdots, \boldsymbol{a}_{r-1}$ の 1 次結合として表せるとしよう[4)]。このとき、少なくとも 1 つは 0 でない $c_1, c_2, \cdots, c_{r-1}$ に対して、

$$\boldsymbol{a}_r = c_1\boldsymbol{a}_1 + c_2\boldsymbol{a}_2 + \cdots + c_{r-1}\boldsymbol{a}_{r-1}$$

となる。すなわち、

$$c_1\boldsymbol{a}_1 + c_2\boldsymbol{a}_2 + \cdots + c_{r-1}\boldsymbol{a}_{r-1} + (-1)\boldsymbol{a}_r = \boldsymbol{0}$$

である。よって、定理 4.1.2 の条件が成り立つ。

反対に、ベクトル $\boldsymbol{a}_1, \boldsymbol{a}_2, \cdots, \boldsymbol{a}_r$ に対して、少なくとも 1 つは 0 でない $c_1, c_2, \cdots, c_r$ で、

$$c_1\boldsymbol{a}_1 + c_2\boldsymbol{a}_2 + \cdots + c_{r-1}\boldsymbol{a}_{r-1} + c_r\boldsymbol{a}_r = \boldsymbol{0}$$

と表せたとしよう。いま、$c_r \neq 0$ とすれば、両辺を c_r で割って移行すれば、

$$\boldsymbol{a}_r = -\frac{c_1}{c_r}\boldsymbol{a}_1 - \frac{c_2}{c_r}\boldsymbol{a}_2 - \cdots - \frac{c_{r-1}}{c_r}\boldsymbol{a}_{r-1}$$

となる。よって、ベクトル $\boldsymbol{a}_r$ は残りの $r-1$ 個のベクトル $\boldsymbol{a}_1, \boldsymbol{a}_2, \cdots, \boldsymbol{a}_{r-1}$ の 1 次結合として表せる。このことから、$\boldsymbol{a}_1, \boldsymbol{a}_2, \cdots, \boldsymbol{a}_r$ は 1 次従属である。

□

系 4.1.1　$\boldsymbol{R}^n$ の r 個 $(r \geq 1)$ のベクトル $\boldsymbol{a}_1, \boldsymbol{a}_2, \cdots, \boldsymbol{a}_r$ が 1 次独立とする。ベクトル $\boldsymbol{x} \in \boldsymbol{R}^n$ が $\boldsymbol{a}_1, \boldsymbol{a}_2, \cdots, \boldsymbol{a}_r$ の 1 次結合として表現できるとき、異なる表現は存在しない[5)]。

4) ベクトル $\boldsymbol{a}_r$ ではなく、ほかのベクトルでも同じことが示せる。したがって、ベクトル $\boldsymbol{a}_r$ のときに示せればよい。

5) $\boldsymbol{x} = c_1\boldsymbol{a}_1 + c_2\boldsymbol{a}_2 + \cdots + c_r\boldsymbol{a}_r$ と表せるならば、$c_1, c_2, \cdots, c_r$ は、$\boldsymbol{x}$ に対してただ 1 つ定まる。

証明　いま、ベクトル $\boldsymbol{x}$ が、

$$\begin{aligned}\boldsymbol{x} &= c_1\boldsymbol{a}_1 + c_2\boldsymbol{a}_2 + \cdots + c_r\boldsymbol{a}_r \\ &= c'_1\boldsymbol{a}_1 + c'_2\boldsymbol{a}_2 + \cdots + c'_r\boldsymbol{a}_r\end{aligned}$$

と 2 通りに表せるとしよう。この関係から、

$$(c_1 - c'_1)\boldsymbol{a}_1 + (c_2 - c'_2)\boldsymbol{a}_2 + \cdots + (c_r - c'_r)\boldsymbol{a}_r = \boldsymbol{0}$$

である。ところで、$\boldsymbol{a}_1, \boldsymbol{a}_2, \cdots, \boldsymbol{a}_r$ が 1 次独立だから、定理 4.1.1 より、$c_1 - c'_1 = c_2 - c'_2 = \cdots = c_r - c'_r$ でなければならない。したがって、$c_i = c'_i$ となる $(i = 1, 2, \cdots, r)$。 □

例 4.1.3　$\boldsymbol{R}^n$ の n 個のベクトル $\boldsymbol{e}_1, \boldsymbol{e}_2, \cdots, \boldsymbol{e}_n$ をつぎのようにとる。

$$\boldsymbol{e}_1 = \begin{pmatrix} 1 \\ 0 \\ \vdots \\ 0 \end{pmatrix}, \boldsymbol{e}_2 = \begin{pmatrix} 0 \\ 1 \\ \vdots \\ 0 \end{pmatrix}, \cdots, \boldsymbol{e}_n = \begin{pmatrix} 0 \\ 0 \\ \vdots \\ 1 \end{pmatrix}$$

このとき、$\alpha_1\boldsymbol{e}_1 + \alpha_2\boldsymbol{e}_2 + \cdots + \alpha_n\boldsymbol{e}_n = \begin{pmatrix} \alpha_1 \\ \alpha_2 \\ \vdots \\ \alpha_2 \end{pmatrix} = \begin{pmatrix} 0 \\ 0 \\ \vdots \\ 0 \end{pmatrix}$ を満たす $\alpha_1, \alpha_2, \cdots, \alpha_n$ は、$\alpha_1 = \alpha_2 = \cdots = \alpha_n = 0$ となる。このことから、ベクトル $\boldsymbol{e}_1, \boldsymbol{e}_2, \cdots, \boldsymbol{e}_n$ は 1 次独立である。

例 4.1.4　4.1.1 節の例で用いたベクトルを見てみよう。(1) の 2 つのベクトル $\boldsymbol{a} = \begin{pmatrix} 1 \\ 2 \end{pmatrix}, \boldsymbol{b} = \begin{pmatrix} 2 \\ 1 \end{pmatrix}$ を考えよう。これらのベクトルを図示すれば、図

4.3 の (1) ようになる。いま、ある実数 c と d に対して、

$$c\boldsymbol{a} + d\boldsymbol{b} = c\begin{pmatrix} 1 \\ 2 \end{pmatrix} + d\begin{pmatrix} 2 \\ 1 \end{pmatrix} = \begin{pmatrix} c+2d \\ 2c+d \end{pmatrix} = \boldsymbol{0}$$

としよう。このとき、連立 1 次方程式、

$$\begin{cases} c+2d=0 \\ 2c+d=0 \end{cases}$$

の解は、$c=d=0$ となる。したがって、これら 2 つのベクトル $\begin{pmatrix} 1 \\ 2 \end{pmatrix}, \begin{pmatrix} 2 \\ 1 \end{pmatrix}$ は 1 次独立である。

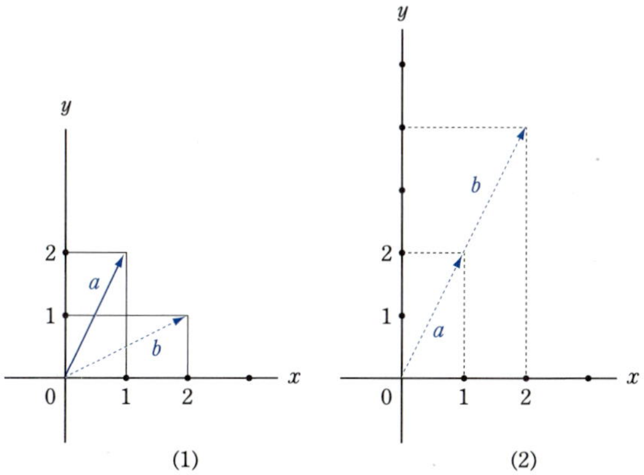

図 4.3　1 次独立と 1 次従属

(2) の $\boldsymbol{a} = \begin{pmatrix} 1 \\ 2 \end{pmatrix}, \boldsymbol{b} = \begin{pmatrix} 2 \\ 4 \end{pmatrix}$ を考えよう。これら 2 つのベクトルを図示すれば、図 4.3 の (2) ようになる。いま、ある実数 c と d に対して、

$$c\boldsymbol{a} + d\boldsymbol{b} = c\begin{pmatrix} 1 \\ 2 \end{pmatrix} + d\begin{pmatrix} 2 \\ 4 \end{pmatrix} = \begin{pmatrix} c+2d \\ 2c+4d \end{pmatrix} = \boldsymbol{0}$$

としよう。このとき、$c = -2d$ であれば、この関係は満足する。たとえば、$c = 2, d = -1$ とすればよい。したがって、定理 4.1.2 から、ベクトル $\begin{pmatrix} 1 \\ 2 \end{pmatrix}, \begin{pmatrix} 2 \\ 4 \end{pmatrix}$ は 1 次従属である。

(3) の $\boldsymbol{a} = \begin{pmatrix} 0 \\ 0 \end{pmatrix}, \boldsymbol{b} = \begin{pmatrix} 0 \\ 0 \end{pmatrix}$ を考えよう。このとき、どのような実数 c と d に対しても、

$$c\boldsymbol{a} + d\boldsymbol{b} = c\begin{pmatrix} 0 \\ 0 \end{pmatrix} + d\begin{pmatrix} 0 \\ 0 \end{pmatrix} = \boldsymbol{0}$$

となる。すなわち、どのような c, d に対しても $c\boldsymbol{a} + d\boldsymbol{b} = \boldsymbol{0}$ となり、これら 2 つのベクトルは 1 次従属である。

このことから、(1) と (2)、(3) の違いは、2 つのベクトル $\boldsymbol{a}, \boldsymbol{b}$ が 1 次独立か 1 次従属かの違いであるといえる。しかし、(2) と (3) の違いはどこから来るのだろうか。このことを、つぎに考えることにしよう。

4.2　部分空間

n 次元空間のベクトルに対して、ベクトルの和とスカラー倍が定義できた。言い換えれば、n 次元空間の 2 つのベクトル $\boldsymbol{a}, \boldsymbol{b}$ と 2 つの実数 c, d に対して、$c\boldsymbol{a} + d\boldsymbol{b}$ もまたベクトルとなっている。この性質を n 次元空間の部分集合でも考えてみよう。

n 次元空間 $\boldsymbol{R}^n$ の部分集合を U とする。集合 U で、この性質を考えよう。

定義 4.2.1　$\boldsymbol{R}^n$ の部分集合 U に含まれる 2 つのベクトルを $\boldsymbol{a}, \boldsymbol{b}$ とし、任意の実数を c, d とする。このとき、$c\boldsymbol{a} + d\boldsymbol{b} \in U$ が成り立つとき、部分集合 U を

$\boldsymbol{R}^n$ の部分空間という[6]。

この条件は、集合に含まれる 2 つのベクトル $\boldsymbol{a}, \boldsymbol{b}$ と実数 c に対して、

(1)　$c\boldsymbol{a} \in U$

(2)　$\boldsymbol{a} + \boldsymbol{b} \in U$

となることに等しい。このように表すこともある[7]。

また、零ベクトルだけの集合 $\{\boldsymbol{0}\}$ も、この条件を満たしているので、部分空間である[8]。さらに、定義 4.2.1 の性質を満たしているとき、部分集合 U はベクトルの和とスカラー倍について閉じているという。

例 4.2.1　$\boldsymbol{R}^2$ の部分集合 $U = \left\{ \begin{pmatrix} x \\ y \end{pmatrix} \middle| \, x + y = 0 \right\}$ を考えてみよう。この集合は 図 4.4 のように、原点を通る直線上の点全体である。集合 U の 2 つのベクトル $\begin{pmatrix} x \\ y \end{pmatrix}, \begin{pmatrix} x' \\ y' \end{pmatrix} \in U$ と、2 つの実数を c, d とする。このとき、

$$c \begin{pmatrix} x \\ y \end{pmatrix} + d \begin{pmatrix} x' \\ y' \end{pmatrix} = \begin{pmatrix} cx + dx' \\ cy + dy' \end{pmatrix}$$

である。いっぽう、ベクトル $\begin{pmatrix} x \\ y \end{pmatrix}, \begin{pmatrix} x' \\ y' \end{pmatrix}$ は U に含まれているから、

---

6)　一般的につぎの 7 つの条件を満たす集合 V を (実) ベクトル空間という。いま、$\boldsymbol{a}, \boldsymbol{b}, \boldsymbol{c} \in V$ と、任意の実数 c, d に対して

(1)　$\boldsymbol{a} + \boldsymbol{b} = \boldsymbol{b} + \boldsymbol{a}$
(2)　$\boldsymbol{a} + (\boldsymbol{b} + \boldsymbol{c}) = (\boldsymbol{a} + \boldsymbol{b}) + \boldsymbol{c}$
(3)　$\boldsymbol{a} + \boldsymbol{0} = \boldsymbol{a}$ となる零ベクトル $\boldsymbol{0}$ が存在する。
(4)　$\boldsymbol{a}$ に対して $-\boldsymbol{a}$ が定まり、$\boldsymbol{a} + (-\boldsymbol{a}) = \boldsymbol{0}$ である。
(5)　$c(\boldsymbol{a} + \boldsymbol{b}) = c\boldsymbol{a} + c\boldsymbol{b}$
(6)　$(c + d)\boldsymbol{a} = c\boldsymbol{a} + d\boldsymbol{a}$
(7)　$1\boldsymbol{a} = \boldsymbol{a}$

7)　問題 4.1
8)　問題 4.2

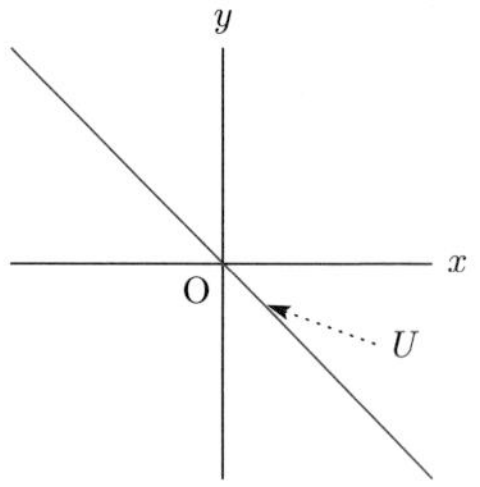

図 4.4　集合 U

$x+y=0$ と $x'+y'=0$ となっている。したがって、$(cx+dx')+(cy+dy')=c(x+y)+d(x'+y')=0$ である。よって、$c\begin{pmatrix} x \\ -x \end{pmatrix}+d\begin{pmatrix} x' \\ -x' \end{pmatrix} \in U$ だから、この集合 U は部分空間となる。

例 4.2.2　$\boldsymbol{R}^3$ の部分集合 $U=\left\{\left.\begin{pmatrix} x \\ y \\ z \end{pmatrix}\right| x+2y+3z=0\right\}$ を考えてみよう。この集合は原点を通る平面を表している。いま、集合 U の 2 つのベクトル $\begin{pmatrix} x \\ y \\ z \end{pmatrix}, \begin{pmatrix} x' \\ y' \\ z' \end{pmatrix} \in U$ と 2 つの実数を c, d とする。このとき、

$$c\begin{pmatrix} x \\ y \\ z \end{pmatrix}+d\begin{pmatrix} x' \\ y' \\ z' \end{pmatrix}=\begin{pmatrix} cx+dx' \\ cy+dy' \\ cz+dz' \end{pmatrix}$$

となる。いっぽう、ベクトル $\begin{pmatrix} x \\ y \\ z \end{pmatrix}, \begin{pmatrix} x' \\ y' \\ z' \end{pmatrix} \in U$ は、U に含まれているから、$x+2y+3z=0$ と $x'+2y'+3z'=0$ となっている。したがって、

$(cx+dx')+(cy+dy')+(cz+dz')=c(x+2y+3z)+d(x'+2y'+3z')=0$

である。このことから、$c\begin{pmatrix} x \\ y \\ z \end{pmatrix} + d\begin{pmatrix} x' \\ y' \\ z' \end{pmatrix} \in U$ となる。したがって、集合 U は部分空間となっている。

$\boldsymbol{R}^n$ の r 個のベクトル $\boldsymbol{a}_1, \boldsymbol{a}_2, \cdots, \boldsymbol{a}_r$ に対して、これらのベクトルの 1 次結合全体の集合

$$U = \{\boldsymbol{x} = c_1\boldsymbol{a}_1 + c_2\boldsymbol{a}_2 + \cdots + c_r\boldsymbol{a}_r \mid c_1, c_2, \cdots, c_r \in \boldsymbol{R}\}$$

を考えよう。この集合に含まれる 2 つのベクトル $\boldsymbol{x} = c_1\boldsymbol{a}_1 + c_2\boldsymbol{a}_2 + \cdots + c_r\boldsymbol{a}_r$ と $\boldsymbol{x}' = c'_1\boldsymbol{a}_1 + c'_2\boldsymbol{a}_2 + \cdots + c'_r\boldsymbol{a}_r$ と実数 c に対して、$cc_i, c_i + c'_i \in \boldsymbol{R}$ だから $(i = 1, 2, \cdots, r)$、

$$\begin{aligned} c\boldsymbol{x} &= cc_1\boldsymbol{a}_1 + cc_2\boldsymbol{a}_2 + \cdots + cc_r\boldsymbol{a}_r \in U \\ \boldsymbol{x} + \boldsymbol{x}' &= (c_1 + c'_1)\boldsymbol{a}_1 + (c_2 + c'_2)\boldsymbol{a}_2 + \cdots + (c_r + c'_r)\boldsymbol{a}_r \in U \end{aligned}$$

となっている。すなわち、この集合は和とスカラー倍について閉じている。よって、この集合は部分空間である。この部分空間を、ベクトル $\boldsymbol{a}_1, \boldsymbol{a}_2, \cdots, \boldsymbol{a}_r$ によって生成される部分空間といい[9]、$L[\boldsymbol{a}_1, \boldsymbol{a}_2, \cdots, \boldsymbol{a}_r]$ と表す。また、$L[\boldsymbol{a}_1, \boldsymbol{a}_2, \cdots, \boldsymbol{a}_r] \subset \boldsymbol{R}^n$ である[10]。

例 4.2.3　4.1.1 節の (1) を考えよう。$\boldsymbol{a} = \begin{pmatrix} 1 \\ 2 \end{pmatrix}, \boldsymbol{b} = \begin{pmatrix} 2 \\ 1 \end{pmatrix}$ とする。このとき、ベクトル $\boldsymbol{a}, \boldsymbol{b}$ によって生成される部分空間は、

$$L[\boldsymbol{a}, \boldsymbol{b}] = \{\boldsymbol{u} = c\boldsymbol{a} + d\boldsymbol{b} \mid c, d \in \boldsymbol{R}\} \subset \boldsymbol{R}^2$$

9)　ベクトル $\boldsymbol{a}_1, \boldsymbol{a}_2, \cdots, \boldsymbol{a}_r$ によって張られる部分空間ともいう。
10)　問題 4.3

となる。ところで、$\boldsymbol{R}^2$ の任意のベクトル $\boldsymbol{u} = \begin{pmatrix} u \\ v \end{pmatrix}$ に対して、

$$\boldsymbol{u} = \begin{pmatrix} u \\ v \end{pmatrix} = \frac{2v-u}{3}\begin{pmatrix} 1 \\ 2 \end{pmatrix} + \frac{2u-v}{3}\begin{pmatrix} 2 \\ 1 \end{pmatrix} = \frac{2v-u}{3}\boldsymbol{a} + \frac{2u-v}{3}\boldsymbol{b}$$

となった。したがって、$\boldsymbol{R}^2 \subset L[\boldsymbol{a}, \boldsymbol{b}]$ である。いっぽう、$L[\boldsymbol{a}, \boldsymbol{b}] \subset \boldsymbol{R}^2$ だから、$L[\boldsymbol{a}, \boldsymbol{b}] = \boldsymbol{R}^2$ となる。

例 4.2.4　4.1.1 節の (2) を考えよう。$\boldsymbol{a} = \begin{pmatrix} 1 \\ 2 \end{pmatrix}, \boldsymbol{b} = \begin{pmatrix} 2 \\ 4 \end{pmatrix}$ とする。このとき、ベクトル $\boldsymbol{a}, \boldsymbol{b}$ によって生成される部分空間は、

$$\begin{aligned} L[\boldsymbol{a}, \boldsymbol{b}] &= \{\boldsymbol{u} = c\boldsymbol{a} + d\boldsymbol{b} \mid c, d \in \boldsymbol{R}\} \\ &= \left\{\boldsymbol{u} = c\begin{pmatrix} 1 \\ 2 \end{pmatrix} + d\begin{pmatrix} 2 \\ 4 \end{pmatrix} \middle| c, d \in \boldsymbol{R}\right\} \\ &= \left\{\boldsymbol{u} = (c+2d)\begin{pmatrix} 1 \\ 2 \end{pmatrix} \middle| c, d \in \boldsymbol{R}\right\} \end{aligned}$$

となる。すなわち、$L[\boldsymbol{a}, \boldsymbol{b}]$ は、原点を通りベクトル $\begin{pmatrix} 1 \\ 2 \end{pmatrix}$ と向きが等しい直線、すなわち $L[\boldsymbol{a}, \boldsymbol{b}] = \left\{\boldsymbol{u} = \begin{pmatrix} u \\ 2u \end{pmatrix} \middle| u \in \boldsymbol{R}\right\}$ である。

例 4.2.5　4.1.1 節の (3) を見てみよう。$\boldsymbol{a} = \begin{pmatrix} 0 \\ 0 \end{pmatrix}, \boldsymbol{b} = \begin{pmatrix} 0 \\ 0 \end{pmatrix}$ とする。この

とき、ベクトル $\boldsymbol{a}, \boldsymbol{b}$ によって生成される部分空間は、

$$L[\boldsymbol{a}, \boldsymbol{b}] = \{\boldsymbol{u} = c\boldsymbol{a} + d\boldsymbol{b} \mid c, d \in \boldsymbol{R}\}$$
$$= \left\{\boldsymbol{u} = (c+d)\begin{pmatrix} 0 \\ 0 \end{pmatrix} \middle| c, d \in \boldsymbol{R}\right\} = \left\{\begin{pmatrix} 0 \\ 0 \end{pmatrix}\right\}$$

となる。すなわち、$L[\boldsymbol{a}, \boldsymbol{b}]$ は原点のみ、すなわち $L[\boldsymbol{a}, \boldsymbol{b}] = \left\{\begin{pmatrix} 0 \\ 0 \end{pmatrix}\right\}$ となる。

4.3　次　元

平面は 2 次元空間ともいい、空間は 3 次元空間という。さらに、n 方向への距離を使って点の位置を $(x_1, x_2, \cdots, x_n)$ と表し、これらの点全体を n 次元空間とよんだ。この n 次元空間は、平面や空間を一般化したものであるが、この次元とはどのようなものだろうか。また、4.2 節で n 次元空間の部分空間を定義した。この部分空間に対しても、次元を考えることができる。

はじめに、つぎの性質が成り立つことを示そう。

定理 4.3.1　$\boldsymbol{R}^n$ の r 個のベクトル $\boldsymbol{a}_1, \boldsymbol{a}_2, \cdots, \boldsymbol{a}_r$ が 1 次独立とする。$\boldsymbol{a}_{r+1} \notin L[\boldsymbol{a}_1, \boldsymbol{a}_2, \cdots, \boldsymbol{a}_r]$ ならば、$r+1$ 個のベクトル $\boldsymbol{a}_1, \boldsymbol{a}_2, \cdots, \boldsymbol{a}_r, \boldsymbol{a}_{r+1}$ もまた 1 次独立である。

証明　$r+1$ 個のベクトル $\boldsymbol{a}_1, \boldsymbol{a}_2, \cdots, \boldsymbol{a}_r, \boldsymbol{a}_{r+1}$ が 1 次従属だとしよう。すなわち、ある実数 $c_1, c_2, \cdots, c_r, c_{r+1}$ に対して、

$$c_1\boldsymbol{a}_1 + c_2\boldsymbol{a}_2 + \cdots + c_r\boldsymbol{a}_r + c_{r+1}\boldsymbol{a}_{r+1} = \boldsymbol{0} \tag{4.4}$$

としよう。

$c_{r+1} \neq 0$ ならば、(4.4) 式から、

$$\boldsymbol{a}_{r+1} = -\frac{c_1}{c_{r+1}}\boldsymbol{a}_1 - \frac{c_2}{c_{r+1}}\boldsymbol{a}_2 - \cdots - \frac{c_r}{c_{r+1}}\boldsymbol{a}_r$$

となる。したがって、$\boldsymbol{a}_{r+1}$ がベクトル $\boldsymbol{a}_1, \boldsymbol{a}_2, \cdots, \boldsymbol{a}_r$ の 1 次結合で表せ、$\boldsymbol{a}_{r+1} \in L[\boldsymbol{a}_1, \boldsymbol{a}_2, \cdots, \boldsymbol{a}_r]$ となる。このことは $\boldsymbol{a}_{r+1} \notin L[\boldsymbol{a}_1, \boldsymbol{a}_2, \cdots, \boldsymbol{a}_r]$ という仮定と矛盾するので、$c_{r+1} = 0$ でなければならない。

いっぽう、$c_{r+1} = 0$ ならば、

$$c_1 \boldsymbol{a}_1 + c_2 \boldsymbol{a}_2 + \cdots + c_r \boldsymbol{a}_r = \boldsymbol{0}$$

となる。ところで、$\boldsymbol{a}_1, \boldsymbol{a}_2, \cdots, \boldsymbol{a}_r$ が1次独立だから、$c_1 = c_2 = \cdots = c_r = 0$ でなければならない。したがって、$\boldsymbol{a}_1, \boldsymbol{a}_2, \cdots, \boldsymbol{a}_r, \boldsymbol{a}_{r+1}$ は 1 次独立である。

□

この定理から、1 次独立なベクトルで生成される部分空間に含まれないベクトルは、部分空間に含まれるベクトルに対して 1 次独立であることがわかる。

定理 4.3.2　$\boldsymbol{R}^n$ の r 個のベクトル $\boldsymbol{a}_1, \boldsymbol{a}_2, \cdots, \boldsymbol{a}_r$ が 1 次独立であり、s 個のベクトル $\boldsymbol{b}_1, \boldsymbol{b}_2, \cdots, \boldsymbol{b}_s$ もまた 1 次独立とする。ここで、$L[\boldsymbol{a}_1, \boldsymbol{a}_2, \cdots, \boldsymbol{a}_r] = L[\boldsymbol{b}_1, \boldsymbol{b}_2, \cdots, \boldsymbol{b}_s]$ ならば、$r = s$ である。

この定理の証明は難しくないが、ここでは省略する。

ところで、例 4.1.3 のように、$\boldsymbol{R}^n$ の n 個のベクトル、

$$\boldsymbol{e}_1 = \begin{pmatrix} 1 \\ 0 \\ \vdots \\ 0 \end{pmatrix}, \boldsymbol{e}_2 = \begin{pmatrix} 0 \\ 1 \\ \vdots \\ 0 \end{pmatrix}, \cdots, \boldsymbol{e}_n = \begin{pmatrix} 0 \\ 0 \\ \vdots \\ 1 \end{pmatrix}$$

は 1 次独立であった。また、n 次元ベクトル空間のベクトル $\begin{pmatrix} x_1 \\ x_2 \\ \vdots \\ x_n \end{pmatrix}$ は、これ

らのベクトルを使って、

$$\begin{pmatrix} x_1 \\ x_2 \\ \vdots \\ x_n \end{pmatrix} = x_1\boldsymbol{e}_1 + x_2\boldsymbol{e}_2 + \cdots + x_n\boldsymbol{e}_n$$

と表せる。よって、$\boldsymbol{R}^n = L[\boldsymbol{e}_1, \boldsymbol{e}_2, \cdots, \boldsymbol{e}_n]$ となっている。また、1 次独立な r 個のベクトル $\boldsymbol{a}_1, \boldsymbol{a}_2, \cdots, \boldsymbol{a}_r$ によって、$\boldsymbol{R}^n = L[\boldsymbol{a}_1, \boldsymbol{a}_2, \cdots, \boldsymbol{a}_r]$ だとすれば、定理 4.3.2 から $r = n$ でなければならない。このことから、n はこのベクトル空間に固有の数であるといえる。

4.3.1　部分空間の次元

定理 4.3.1 を使って、部分空間 U を 1 次独立なベクトルを使って表そう。すなわち、部分空間 U から零ベクトルでないベクトル $\boldsymbol{a}_1$ を 1 つとる。$\boldsymbol{a}_1 \in U$ なので、ベクトル $\boldsymbol{a}_1$ のスカラー倍もまた U に含まれる。よって、このベクトルに対して $L[\boldsymbol{a}_1] \subset U$ となっている。もし、$L[\boldsymbol{a}_1] \neq U$ ならば、$\boldsymbol{a}_2 \in U$ で $\boldsymbol{a}_2 \notin L[\boldsymbol{a}_1]$ となるベクトルを選ぶ。このとき、$\boldsymbol{a}_1, \boldsymbol{a}_2 \in U$ だから、$\boldsymbol{a}_1, \boldsymbol{a}_2$ の 1 次結合でできるベクトルもまた U に含まれる。したがって、$L[\boldsymbol{a}_1, \boldsymbol{a}_2] \subset U$ である。もし、$L[\boldsymbol{a}_1, \boldsymbol{a}_2] \neq U$ ならば、$\boldsymbol{a}_3 \in U$ で $\boldsymbol{a}_3 \notin L[\boldsymbol{a}_1, \boldsymbol{a}_2]$ となるベクトルを選ぶ。この操作を繰り返して、$L[\boldsymbol{a}_1, \boldsymbol{a}_2, \cdots, \boldsymbol{a}_r] = U$ となるまで続ける[11)]。このとき、定理 4.3.2 から $\boldsymbol{a}_1, \boldsymbol{a}_2, \cdots, \boldsymbol{a}_r$ の取り方にかかわらず、ベクトルの数 r は一定である。このことから、つぎの定義ができる。

定義 4.3.1　$\boldsymbol{R}^n$ の部分空間 U に対して、$U = L[\boldsymbol{a}_1, \boldsymbol{a}_2, \cdots, \boldsymbol{a}_r]$ となる r 個の 1 次独立なベクトル $\boldsymbol{a}_1, \boldsymbol{a}_2, \cdots, \boldsymbol{a}_r$ が存在するとき、r を U の次元といい、$\dim U = r$ と表す。また、零ベクトルだけからなる部分空間の次元は 0 次元とする。

11)　$\boldsymbol{R}^n$ は n 個のベクトルで生成することができるから、この操作は有限回で終了する。

例 4.3.1　集合

$$U = \left\{ \begin{pmatrix} x \\ y \\ z \end{pmatrix} \middle| \begin{array}{l} x+y=0 \\ y+z=0 \end{array} \right\}$$

を考えよう。この集合は空間にある原点を通る直線である。$x+y=0, y+z=0$ より、$y=-x, z=-y=x$ だから、

$$U = \left\{ \begin{pmatrix} x \\ -x \\ x \end{pmatrix} \middle| x \in \boldsymbol{R} \right\} = \left\{ x \begin{pmatrix} 1 \\ -1 \\ 1 \end{pmatrix} \middle| x \in \boldsymbol{R} \right\} = L\left[\begin{pmatrix} 1 \\ -1 \\ 1 \end{pmatrix} \right]$$

となる。したがって、$\dim U = 1$ である。

例 4.3.2　集合

$$U = \left\{ \begin{pmatrix} x \\ y \\ z \end{pmatrix} \middle| x+y+z=0 \right\}$$

を考えよう。この集合は原点を通る平面である。$x+y+z=0$ より、$z=-x-y$ だから、

$$\begin{aligned} U &= \left\{ \begin{pmatrix} x \\ y \\ -x-y \end{pmatrix} \middle| x, y \in \boldsymbol{R} \right\} \\ &= \left\{ x \begin{pmatrix} 1 \\ 0 \\ -1 \end{pmatrix} + y \begin{pmatrix} 0 \\ 1 \\ -1 \end{pmatrix} \middle| x, y \in \boldsymbol{R} \right\} = L\left[\begin{pmatrix} 1 \\ 0 \\ -1 \end{pmatrix}, \begin{pmatrix} 0 \\ 1 \\ -1 \end{pmatrix} \right] \end{aligned}$$

となる。したがって、$\dim U = 2$ である。

このように、$\boldsymbol{R}^n$ の任意の部分空間 U に対して $(U \neq \{\boldsymbol{0}\})$、$U = L[\boldsymbol{a}_1, \boldsymbol{a}_2, \cdots, \boldsymbol{a}_r]$ となる 1 次独立なベクトル $\boldsymbol{a}_1, \boldsymbol{a}_2, \cdots, \boldsymbol{a}_r$ が存在し、部分空間 U に対しては次元が定義できる。このことから、つぎの性質が成り立つ。

定理 4.3.3　$\boldsymbol{R}^n$ の部分空間 U が $\dim U = r$ とする。このとき

(1)　U に含まれる $r+1$ 個のベクトル $\boldsymbol{a}_1, \boldsymbol{a}_2, \cdots, \boldsymbol{a}_r, \boldsymbol{a}_{r+1}$ をどのようにとっても、これらのベクトルは 1 次従属である。

(2)　部分空間 U に含まれる r 個のベクトル $\boldsymbol{a}_1, \boldsymbol{a}_2, \cdots, \boldsymbol{a}_r$ が 1 次独立ならば、$U = L[\boldsymbol{a}_1, \boldsymbol{a}_2, \cdots, \boldsymbol{a}_r]$ である。

証明　(1) U に含まれる $r+1$ 個のベクトル $\boldsymbol{a}_1, \boldsymbol{a}_2, \cdots, \boldsymbol{a}_r, \boldsymbol{a}_{r+1}$ で 1 次独立なものが存在するとしよう。このとき、$\boldsymbol{a}_1, \boldsymbol{a}_2, \cdots, \boldsymbol{a}_r, \boldsymbol{a}_{r+1}$ が、U に含まれるから $L[\boldsymbol{a}_1, \boldsymbol{a}_2, \cdots, \boldsymbol{a}_r, \boldsymbol{a}_{r+1}] \subset U$ となる。よって、$\dim U > r$ でなければならない。このことは、$\dim U = r$ という仮定に反する。

(2) $U \neq L[\boldsymbol{a}_1, \boldsymbol{a}_2, \cdots, \boldsymbol{a}_r]$ とすれば、$\boldsymbol{a}_{r+1} \in U$ で $\boldsymbol{a}_{r+1} \notin L[\boldsymbol{a}_1, \boldsymbol{a}_2, \cdots, \boldsymbol{a}_r]$ となる $\boldsymbol{a}_{r+1}$ が存在する。したがって、定理 4.3.1 より $\boldsymbol{a}_1, \boldsymbol{a}_2, \cdots, \boldsymbol{a}_r, \boldsymbol{a}_{r+1}$ は 1 次独立である。このことは、(1) の性質に反する。□

系 4.3.1　$\boldsymbol{R}^n$ の部分空間 U, V に対して、$U \subset V$ ならば、

$$\dim U \leq \dim V$$

である。逆に、$U \subset V$ で、$\dim U = \dim V$ ならば $U = V$ である。

証明　$\dim U = r$ とする。いま、$\boldsymbol{a}_1, \boldsymbol{a}_2, \cdots, \boldsymbol{a}_r$ を U に含まれる r 個のベクトルで 1 次独立なベクトルとしよう。このとき、定理 4.3.3 から $U = L[\boldsymbol{a}_1, \boldsymbol{a}_2, \cdots, \boldsymbol{a}_r]$ である。

$U \subset V$ だから $\boldsymbol{a}_1, \boldsymbol{a}_2, \cdots, \boldsymbol{a}_r \in V$ となっている。したがって、$L[\boldsymbol{a}_1, \boldsymbol{a}_2, \cdots, \boldsymbol{a}_r] \subset V$ である。

もし、$L[\boldsymbol{a}_1, \boldsymbol{a}_2, \cdots, \boldsymbol{a}_r] = V$ ならば、$V = U$ なので $\dim V = r$ である。

いっぽう、$L[\boldsymbol{a}_1, \boldsymbol{a}_2, \cdots, \boldsymbol{a}_r] \neq V$ ならば、$\boldsymbol{a}_{r+1} \in V$ で $\boldsymbol{a}_{r+1} \notin L[\boldsymbol{a}_1, \boldsymbol{a}_2, \cdots, \boldsymbol{a}_r]$ となる $\boldsymbol{a}_{r+1}$ が存在し、$\boldsymbol{a}_1, \boldsymbol{a}_2, \cdots, \boldsymbol{a}_r, \boldsymbol{a}_{r+1}$ は 1 次独立となっている。これらのことから、$\dim V \geq r = \dim U$ となる。

つぎに、$\dim U = \dim V = r$ としよう。$U \subset V$ だから、$\boldsymbol{a}_1, \boldsymbol{a}_2, \cdots, \boldsymbol{a}_r \in V$ である。よって、定理 4.3.3 より $L[\boldsymbol{a}_1, \boldsymbol{a}_2, \cdots, \boldsymbol{a}_r] = V$ となっている。すなわち、$U = V$ である。 □

ここで 4.1.1 節の (1)、(2)、(3) に関する次の例を見てみよう。

例 4.3.3　$\boldsymbol{a} = \begin{pmatrix} 1 \\ 2 \end{pmatrix}, \boldsymbol{b} = \begin{pmatrix} 2 \\ 1 \end{pmatrix}$ としよう。4.1.3 節の例 4.1.4 で見たように、1 次独立だから、$\dim L[\boldsymbol{a}, \boldsymbol{b}] = 2$ である。

$\boldsymbol{a} = \begin{pmatrix} 1 \\ 2 \end{pmatrix}, \boldsymbol{b} = \begin{pmatrix} 2 \\ 4 \end{pmatrix}$ としよう。4.1.3 節の例 4.1.4 のように、1 次従属であり $L[\boldsymbol{a}, \boldsymbol{b}] = L[\boldsymbol{a}]$ となる。したがって、$\dim L[\boldsymbol{a}, \boldsymbol{b}] = 1$ である。

$\boldsymbol{a} = \begin{pmatrix} 0 \\ 0 \end{pmatrix}, \boldsymbol{b} = \begin{pmatrix} 0 \\ 0 \end{pmatrix}$ のときは、$L[\boldsymbol{a}, \boldsymbol{b}] = \{\boldsymbol{0}\}$ だから、$\dim L[\boldsymbol{a}, \boldsymbol{b}] = 0$ である。

このことから、4.1.1 節の (1)、(2)、(3) の違いは 2 つのベクトル $\boldsymbol{a}, \boldsymbol{b}$ によって生成される部分空間の次元の違いといえる。このように、次元はベクトル空間や、その部分空間の固有の数といえる。

4.4　基　底

4.2 節で部分空間を考え、4.3 節でその部分空間の次元を定義した。ところで、$\boldsymbol{R}^n$ の r 個のベクトル $\boldsymbol{a}_1, \boldsymbol{a}_2, \cdots, \boldsymbol{a}_r$ に対して、これらのベクトルの 1 次結合を考えよう。これら 1 次結合全体の集合を U とすれば、

$$U = \{\boldsymbol{x} = c_1\boldsymbol{a}_1 + c_2\boldsymbol{a}_2 + \cdots + c_r\boldsymbol{a}_r \mid c_1, c_2, \cdots, c_r \in \boldsymbol{R}\}$$

であり、この集合は $\boldsymbol{R}^n$ の部分空間であり、この部分空間を $L[\boldsymbol{a}_1, \boldsymbol{a}_2, \cdots, \boldsymbol{a}_r]$ と表した。もし、$\boldsymbol{a}_1, \boldsymbol{a}_2, \cdots, \boldsymbol{a}_r$ が 1 次独立であれば、定義 4.3.1 からこの部分空間の次元は r であり、$\dim U = r$ である。このとき、これらのベクトル $\boldsymbol{a}_1, \boldsymbol{a}_2, \cdots, \boldsymbol{a}_r$

で部分空間 U は生成されている。この節では、部分空間を生成するベクトルについてみよう。

定義 4.4.1　$\boldsymbol{R}^n$ の部分空間 U と、r 個の 1 次独立なベクトル $\boldsymbol{a}_1, \boldsymbol{a}_2, \cdots, \boldsymbol{a}_r$ に対して、

$$U = L[\boldsymbol{a}_1, \boldsymbol{a}_2, \cdots, \boldsymbol{a}_r]$$

となるとき、$\boldsymbol{a}_1, \boldsymbol{a}_2, \cdots, \boldsymbol{a}_r$ を部分空間 U の基底という。

例 4.4.1　$\boldsymbol{a} = \begin{pmatrix} 1 \\ 2 \end{pmatrix}, \boldsymbol{b} = \begin{pmatrix} 2 \\ 1 \end{pmatrix}$ は 1 次独立だから、$U = L[\boldsymbol{a}, \boldsymbol{b}]$ とすれば、$\dim U = 2$ である。したがって、2 つのベクトル $\boldsymbol{a}, \boldsymbol{b}$ は部分空間 U の基底である。

$\boldsymbol{a} = \begin{pmatrix} 1 \\ 2 \end{pmatrix}, \boldsymbol{b} = \begin{pmatrix} 2 \\ 4 \end{pmatrix}$ は 1 次従属だから $U = L[\boldsymbol{a}, \boldsymbol{b}] = L[\boldsymbol{a}]$ となる。したがって、$\boldsymbol{a}$ は部分空間 U の基底である。また、$\boldsymbol{b}$ も $U = L[\boldsymbol{a}, \boldsymbol{b}] = L[\boldsymbol{b}]$ となるので、部分空間 U の基底といえる。

$\boldsymbol{a}_1, \boldsymbol{a}_2, \cdots, \boldsymbol{a}_r$ が部分空間 U の基底ならば、$U = L[\boldsymbol{a}_1, \boldsymbol{a}_2, \cdots, \boldsymbol{a}_r]$ となる。よって、U の任意のベクトル $\boldsymbol{x}$ は、

$$\boldsymbol{x} = c_1\boldsymbol{a}_1 + c_2\boldsymbol{a}_2 + \cdots + c_r\boldsymbol{a}_r$$

と表せる。このとき、$\boldsymbol{a}_1, \boldsymbol{a}_2, \cdots, \boldsymbol{a}_r$ が 1 次独立だから、系 4.1.1 より、$c_1, c_2, \cdots, c_r$ は、$\boldsymbol{x}$ に対してただ 1 通りに定まる。このとき、c_i を基底 $\boldsymbol{a}_1, \boldsymbol{a}_2, \cdots, \boldsymbol{a}_r$ に関する第 i 成分という。

ところで、例 4.1.3 の $\boldsymbol{e}_1 = \begin{pmatrix} 1 \\ 0 \\ \vdots \\ 0 \end{pmatrix}, \boldsymbol{e}_2 = \begin{pmatrix} 0 \\ 1 \\ \vdots \\ 0 \end{pmatrix}, \cdots, \boldsymbol{e}_n = \begin{pmatrix} 0 \\ 0 \\ \vdots \\ 1 \end{pmatrix}$ は 1 次独立であり、$\boldsymbol{R}^n = L[\boldsymbol{e}_1, \boldsymbol{e}_2, \cdots, \boldsymbol{e}_n]$ となった。したがって、これらのベクトル

$\boldsymbol{e}_1, \boldsymbol{e}_2, \cdots, \boldsymbol{e}_n$ は基底であり、自然基底という。この自然基底は、$\boldsymbol{R}^n$ の基底のなかで代表的なものである。また、$\boldsymbol{R}^n = L[\boldsymbol{e}_1, \boldsymbol{e}_2, \cdots, \boldsymbol{e}_n]$ だから、$\boldsymbol{R}^n$ の任意のベクトル $\boldsymbol{x} = \begin{pmatrix} x_1 \\ x_2 \\ \vdots \\ x_n \end{pmatrix} \in \boldsymbol{R}^n$ に対して、$\boldsymbol{e}_1, \boldsymbol{e}_2, \cdots, \boldsymbol{e}_n$ を使って、

$$\boldsymbol{x} = x_1\boldsymbol{e}_1 + x_2\boldsymbol{e}_2 + \cdots + x_n\boldsymbol{e}_n$$

と表せる。したがって、x_i は基底 $\boldsymbol{e}_1, \boldsymbol{e}_2, \cdots, \boldsymbol{e}_n$ に関する第 i 成分となっている。ところで、x_i はベクトル $\boldsymbol{x}$ を成分で表示したときの i 番目の成分であった。よって、基底を $\boldsymbol{e}_1, \boldsymbol{e}_2, \cdots, \boldsymbol{e}_n$ としたときの、これらの基底に関する第 i 成分と等しい。このように、n 次元空間に含まれるベクトルの成分の数 n が、次元と等しいのである。

例 4.4.2　$\boldsymbol{R}^3$ の 3 つのベクトル、

$$\boldsymbol{a}_1 = \begin{pmatrix} 1 \\ 1 \\ 0 \end{pmatrix}, \boldsymbol{a}_2 = \begin{pmatrix} 0 \\ 1 \\ 1 \end{pmatrix}, \boldsymbol{a}_3 = \begin{pmatrix} 1 \\ 0 \\ 1 \end{pmatrix}$$

は 1 次独立であり、$\boldsymbol{R}^3 = L[\boldsymbol{a}_1, \boldsymbol{a}_2, \boldsymbol{a}_3]$ である。よって、$\boldsymbol{a}_1, \boldsymbol{a}_2, \boldsymbol{a}_3$ は 3 次元ベクトル空間 $\boldsymbol{R}^3$ の基底である。

例 4.4.3　例 4.3.2 の部分空間を考えよう。例 4.3.2 から、

$$U = \left\{ \boldsymbol{x} = \begin{pmatrix} x \\ y \\ z \end{pmatrix} \middle| \, x + y + z = 0 \right\} = L\left[\begin{pmatrix} 1 \\ 0 \\ -1 \end{pmatrix}, \begin{pmatrix} 0 \\ 1 \\ -1 \end{pmatrix} \right]$$

である。このとき、2 つのベクトル $\begin{pmatrix} 1 \\ 0 \\ -1 \end{pmatrix}, \begin{pmatrix} 0 \\ 1 \\ -1 \end{pmatrix}$ は独立だから、これ

ら 2 つのベクトルは、部分空間 U の基底である。

4.5　正則行列と逆行列

4.5.1　2×2 行列

(4.1) 式で表される、

$$\boldsymbol{u} = \begin{pmatrix} 1 & 2 \\ 2 & 1 \end{pmatrix} \boldsymbol{x} \tag{4.5}$$

を見てみよう。ここで、$A = \begin{pmatrix} 1 & 2 \\ 2 & 1 \end{pmatrix}$ とおけば、$\boldsymbol{u} = A\boldsymbol{x}$ と表せた。ところで、この式によって、2 つのベクトル $\boldsymbol{e}_1 = \begin{pmatrix} 1 \\ 0 \end{pmatrix}$ と $\boldsymbol{e}_2 = \begin{pmatrix} 0 \\ 1 \end{pmatrix}$ が、それぞれベクトル $\boldsymbol{a} = \begin{pmatrix} a \\ b \end{pmatrix}$ と $\boldsymbol{b} = \begin{pmatrix} c \\ d \end{pmatrix}$ に写った。

いっぽう、例 4.1.3 から、$\boldsymbol{e}_1$ と $\boldsymbol{e}_2$ は 1 次独立であり、$L[\boldsymbol{e}_1, \boldsymbol{e}_2] = \boldsymbol{R}^2$ となっている。いっぽう、4.1.3 節の例 4.1.4 から、$\boldsymbol{a} = \begin{pmatrix} 1 \\ 2 \end{pmatrix}$ と $\boldsymbol{b} = \begin{pmatrix} 2 \\ 1 \end{pmatrix}$ もまた 1 次独立である。したがって、$L[\boldsymbol{a}, \boldsymbol{b}] = \boldsymbol{R}^2$ だから、

$$L[\boldsymbol{a}, \boldsymbol{b}] = L[\boldsymbol{e}_1, \boldsymbol{e}_2]$$

である。

例 4.2.3 では、$\boldsymbol{R}^2$ の任意のベクトル $\boldsymbol{u} = \begin{pmatrix} u \\ v \end{pmatrix}$ は、

$$\boldsymbol{u} = \frac{2v - u}{3}\boldsymbol{a} + \frac{2u - v}{3}\boldsymbol{b}$$

と表せた。ここで、$\boldsymbol{x} = \begin{pmatrix} x \\ y \end{pmatrix}$ を、

$$x = \frac{2v - u}{3} \tag{4.6}$$

$$y = \frac{2u - v}{3} \tag{4.7}$$

とすれば、

$$\boldsymbol{x} = x\boldsymbol{e}_1 + y\boldsymbol{e}_2$$

と表せる。よって、$\boldsymbol{u} = f(\boldsymbol{x}) = A\boldsymbol{x}$ とおけば、$f(\boldsymbol{x}) = xf(\boldsymbol{e}_1) + yf(\boldsymbol{e}_2)$ だから

$$f(\boldsymbol{x}) = \boldsymbol{u}$$

となっている。

これらの $\boldsymbol{u}$ と $\boldsymbol{x}$ の関係を見てみよう。(4.6) 式と (4.7) 式を、行列を使って表せば、

$$\begin{pmatrix} x \\ y \end{pmatrix} = \begin{pmatrix} -\frac{1}{3} & \frac{2}{3} \\ \frac{2}{3} & -\frac{1}{3} \end{pmatrix} \begin{pmatrix} u \\ v \end{pmatrix}$$

あるいは、

$$\boldsymbol{x} = \begin{pmatrix} -\frac{1}{3} & \frac{2}{3} \\ \frac{2}{3} & -\frac{1}{3} \end{pmatrix} \boldsymbol{u} \tag{4.8}$$

となる。このことから、(4.5) 式により、すべてのベクトル $\boldsymbol{x}$ は $\boldsymbol{u}$ に写り、反対に (4.8) 式により、すべてのベクトル $\boldsymbol{u}$ は $\boldsymbol{x}$ に写ることがわかる。すなわち、$\boldsymbol{u} = A\boldsymbol{x}$ によってベクトル $\boldsymbol{u}$ に写るベクトル $\boldsymbol{x}$ は、ただ 1 つ定まる。

このように、ベクトル $\boldsymbol{x}$ をベクトル $\boldsymbol{u}$ に写す線形写像 $\boldsymbol{u} = A\boldsymbol{x}$ に対して、すべてのベクトル $\boldsymbol{u}$ をベクトル $\boldsymbol{x}$ に写す線形写像が (4.8) 式で表せる。このとき、

$B = \begin{pmatrix} -\frac{1}{3} & \frac{2}{3} \\ \frac{2}{3} & -\frac{1}{3} \end{pmatrix}$ とおけば、$\boldsymbol{x} = B\boldsymbol{u}$ と表せ、この写像を逆写像という[12)]。さらに、3.1.4 節の逆関数を表す記号 f^{-1} を使えば、

$$\boldsymbol{x} = f^{-1}(\boldsymbol{u}) = B\boldsymbol{u}$$

と表せる。

図 4.5 を見てみよう。(4.5) 式によって、ベクトル $\boldsymbol{x} = \begin{pmatrix} 1.5 \\ 1.5 \end{pmatrix}$ は、ベクトル $\boldsymbol{u} = \begin{pmatrix} 4.5 \\ 4.5 \end{pmatrix}$ に写る。さらに、このベクトルは、

$$\boldsymbol{u} = 1.5\boldsymbol{a} + 1.5\boldsymbol{b}$$

となっている。これに対して、(4.8) 式により、ベクトル $\boldsymbol{u} = \begin{pmatrix} 4.5 \\ 4.5 \end{pmatrix}$ は、ベクトル $\boldsymbol{x} = \begin{pmatrix} 1.5 \\ 1.5 \end{pmatrix}$ に写る。さらに、

$$\boldsymbol{x} = \frac{2 \times 4.5 - 4.5}{3}\boldsymbol{e_1} + \frac{2 \times 4.5 - 4.5}{3}\boldsymbol{e_2} = 1.5\boldsymbol{e}_1 + 1.5\boldsymbol{e}_2$$

となっている。

ところで、(4.8) 式と (4.5) 式を組み合わせれば、

$$\boldsymbol{x} = \begin{pmatrix} -\frac{1}{3} & \frac{2}{3} \\ \frac{2}{3} & -\frac{1}{3} \end{pmatrix}\boldsymbol{u} = \begin{pmatrix} -\frac{1}{3} & \frac{2}{3} \\ \frac{2}{3} & -\frac{1}{3} \end{pmatrix}\begin{pmatrix} 1 & 2 \\ 2 & 1 \end{pmatrix}\boldsymbol{x}$$

である。すなわち、単位行列 I を用いれば、

$$\boldsymbol{x} = \begin{pmatrix} 1 & 0 \\ 0 & 1 \end{pmatrix}\boldsymbol{x}$$

12)　定義域も値域も $\boldsymbol{R}^2$ である。

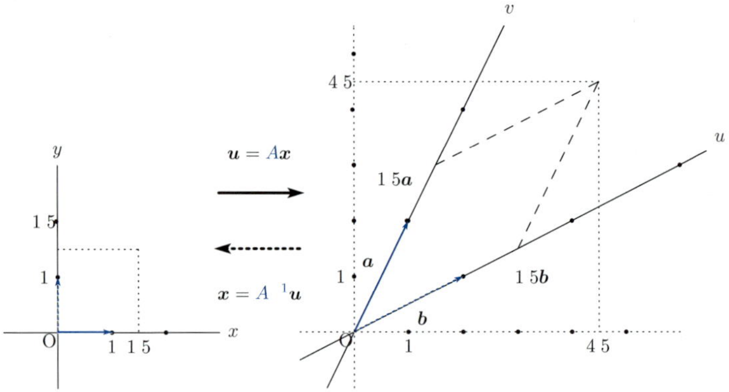

図 4.5　逆行列と逆写像

となっている。したがって、

$$\begin{pmatrix} -\dfrac{1}{3} & \dfrac{2}{3} \\ \dfrac{2}{3} & -\dfrac{1}{3} \end{pmatrix} \begin{pmatrix} 1 & 2 \\ 2 & 1 \end{pmatrix} = \begin{pmatrix} 1 & 0 \\ 0 & 1 \end{pmatrix} \tag{4.9}$$

である。同じように、(4.5) 式に (4.8) 式を代入すれば、

$$\boldsymbol{u} = \begin{pmatrix} 1 & 2 \\ 2 & 1 \end{pmatrix} \boldsymbol{x} = \begin{pmatrix} 1 & 2 \\ 2 & 1 \end{pmatrix} \begin{pmatrix} -\dfrac{1}{3} & \dfrac{2}{3} \\ \dfrac{2}{3} & -\dfrac{1}{3} \end{pmatrix} \boldsymbol{u}$$

となる。よって、

$$\begin{pmatrix} 1 & 2 \\ 2 & 1 \end{pmatrix} \begin{pmatrix} -\dfrac{1}{3} & \dfrac{2}{3} \\ \dfrac{2}{3} & -\dfrac{1}{3} \end{pmatrix} = \begin{pmatrix} 1 & 0 \\ 0 & 1 \end{pmatrix} \tag{4.10}$$

である。

このように、行列 $A = \begin{pmatrix} 1 & 2 \\ 2 & 1 \end{pmatrix}$ に対して、行列 $B = \begin{pmatrix} -\dfrac{1}{3} & \dfrac{2}{3} \\ \dfrac{2}{3} & -\dfrac{1}{3} \end{pmatrix}$ を行列 A の逆行列といい、A^{-1} と表す。このとき、(4.9) 式と (4.10) 式のように、

$AA^{-1} = A^{-1}A = I$ となっている。また、逆写像は $\boldsymbol{x} = A^{-1}\boldsymbol{u}$ と表せる。さらに、行列 $A = \begin{pmatrix} 1 & 2 \\ 2 & 1 \end{pmatrix}$ のように、逆行列を持つ行列を正則行列という。

ところで、$A = \begin{pmatrix} 1 & 2 \\ 2 & 4 \end{pmatrix}$ ではどうなるだろうか。(4.1) 式で表される、

$$\boldsymbol{u} = \begin{pmatrix} 1 & 2 \\ 2 & 4 \end{pmatrix} \boldsymbol{x} \tag{4.11}$$

を見てみよう。このとき、$\boldsymbol{a} = \begin{pmatrix} 1 \\ 2 \end{pmatrix}$, $\boldsymbol{b} = \begin{pmatrix} 2 \\ 4 \end{pmatrix}$ であり、例 4.1.4 から、これら 2 つのベクトルは 1 次従属であった。すなわち、$\boldsymbol{b} = 2\boldsymbol{a}$ であり、$\dim L[\boldsymbol{a}, \boldsymbol{b}] = 1$ である。よって、$L[\boldsymbol{a}, \boldsymbol{b}] \neq L[\boldsymbol{e}_1, \boldsymbol{e}_2]$ である。また、

$$\boldsymbol{u} = x \begin{pmatrix} 1 \\ 2 \end{pmatrix} + y \begin{pmatrix} 2 \\ 4 \end{pmatrix}$$

だから、(4.11) 式によって、すべてのベクトル $\boldsymbol{x}$ は、$L[\boldsymbol{a}, \boldsymbol{b}]$ に含まれる $\boldsymbol{u}$ に写る。しかし、$L[\boldsymbol{a}, \boldsymbol{b}] \neq L[\boldsymbol{e}_1, \boldsymbol{e}_2]$ なので $\boldsymbol{u} \notin L[\boldsymbol{a}, \boldsymbol{b}]$ となるベクトル $\boldsymbol{u}$ が存在し、このベクトルに写るベクトル $\boldsymbol{x}$ はない。このことから、A^{-1} は定義できない。

このように、逆行列が存在するかどうかは行列 A の性質によるのである。

4.5.2　$m \times n$ 行列

2×2 行列の逆行列を考えた。一般的な $m \times n$ 行列ではどうなるだろうか。いま、$m \times n$ 行列 $A = \begin{pmatrix} a_{11} & a_{12} & \cdots & a_{1n} \\ a_{21} & a_{22} & \cdots & a_{2n} \\ \vdots & \vdots & \ddots & \vdots \\ a_{m1} & a_{m2} & \cdots & a_{mn} \end{pmatrix}$ に対して、(3.14) 式

$$\boldsymbol{y} = f(\boldsymbol{x}) = A\boldsymbol{x}$$

を考えてみよう。この関係では、$\boldsymbol{R}^n$ のベクトルは $\boldsymbol{R}^m$ のベクトルに写ることになる。

この式によって、3.5.2 節でみたように、n 個のベクトル、

$$\boldsymbol{e}_1 = \begin{pmatrix} 1 \\ 0 \\ \vdots \\ 0 \end{pmatrix}, \boldsymbol{e}_2 = \begin{pmatrix} 0 \\ 1 \\ \vdots \\ 0 \end{pmatrix}, \cdots, \boldsymbol{e}_n = \begin{pmatrix} 0 \\ 0 \\ \vdots \\ 1 \end{pmatrix}$$

と、$m \times n$ 行列 A からできる n 個の列ベクトル、

$$\boldsymbol{a}_1 = \begin{pmatrix} a_{11} \\ a_{21} \\ \vdots \\ a_{m1} \end{pmatrix}, \boldsymbol{a}_2 = \begin{pmatrix} a_{12} \\ a_{22} \\ \vdots \\ a_{m2} \end{pmatrix}, \cdots, \boldsymbol{a}_n = \begin{pmatrix} a_{1n} \\ a_{2n} \\ \vdots \\ a_{mn} \end{pmatrix}$$

のあいだには、

$$\boldsymbol{a}_1 = f(\boldsymbol{e}_1), \boldsymbol{a}_2 = f(\boldsymbol{e}_2), \cdots, \boldsymbol{a}_n = f(\boldsymbol{e}_n) \tag{4.12}$$

の関係がある。ここで、例 4.1.3 より $\boldsymbol{e}_1, \boldsymbol{e}_2, \cdots, \boldsymbol{e}_n$ は 1 次独立であり、

$$\dim L[\boldsymbol{e}_1, \boldsymbol{e}_2, \cdots, \boldsymbol{e}_n] = n$$

となっている。

いっぽう、$L[\boldsymbol{a}_1, \boldsymbol{a}_2, \cdots, \boldsymbol{a}_n]$ は m 次元空間 $\boldsymbol{R}^m$ の部分空間だから $\dim L[\boldsymbol{a}_1, \boldsymbol{a}_2, \cdots, \boldsymbol{a}_n] \leq m$ であり、$\dim L[\boldsymbol{a}_1, \boldsymbol{a}_2, \cdots, \boldsymbol{a}_n] \leq n$ だから、

$$\dim L[\boldsymbol{a}_1, \boldsymbol{a}_2, \cdots, \boldsymbol{a}_n] \leq \min\{n, m\}$$

となる。

いま、$\dim L[\boldsymbol{a}_1, \boldsymbol{a}_2, \cdots, \boldsymbol{a}_n] < \dim L[\boldsymbol{e}_1, \boldsymbol{e}_2, \cdots, \boldsymbol{e}_n] = n$ とすれば、$\dim L[\boldsymbol{a}_1, \boldsymbol{a}_2, \cdots, \boldsymbol{a}_n] < n$ だから、定理 4.3.3 より $\boldsymbol{a}_1, \boldsymbol{a}_2, \cdots, \boldsymbol{a}_n$ は 1 次従属であり、どれ

か 1 つのベクトル ($\boldsymbol{a}_n$ としよう) が、少なくとも 1 つは 0 でない $c_1, c_2, \cdots, c_{n-1}$ によって、残りの $n-1$ 個のベクトル $\boldsymbol{a}_1, \boldsymbol{a}_2, \cdots, \boldsymbol{a}_{n-1}$ の 1 次結合として表せる (定理 4.1.2)。すなわち、

$$\boldsymbol{a}_n = c_1\boldsymbol{a}_1 + c_2\boldsymbol{a}_2 + \cdots + c_{n-1}\boldsymbol{a}_{n-1}$$

となる。いっぽう、$\boldsymbol{y} = f(\boldsymbol{x})$ の性質から、

$$\boldsymbol{a}_n = c_1 f(\boldsymbol{e}_1) + c_2 f(\boldsymbol{e}_2) + \cdots + c_{n-1} f(\boldsymbol{e}_{n-1}) = f(c_1\boldsymbol{e}_1 + c_2\boldsymbol{e}_2 + \cdots + c_{n-1}\boldsymbol{e}_{n-1})$$

となっている。

ところで、$\boldsymbol{a}_n = f(\boldsymbol{e}_n)$ だから、ベクトル $\boldsymbol{a}_n$ に写る $\boldsymbol{R}^n$ のベクトルは、$c_1\boldsymbol{e}_1 + c_2\boldsymbol{e}_2 + \cdots + c_{n-1}\boldsymbol{e}_{n-1}$ と $\boldsymbol{e}_n$ の少なくとも 2 つはある。したがって、1 対 1 対応ではないので、$\boldsymbol{y} = A\boldsymbol{x}$ の逆写像を考えることはできない。

また、$m>n$ であれば、$\dim L[\boldsymbol{a}_1, \boldsymbol{a}_2, \cdots, \boldsymbol{a}_n] \leq n$ だから $L[\boldsymbol{a}_1, \boldsymbol{a}_2, \cdots, \boldsymbol{a}_n] \neq \boldsymbol{R}^m$ となる。したがって、ベクトル $\boldsymbol{x}$ に対応するベクトル全体が $L[\boldsymbol{a}_1, \boldsymbol{a}_2, \cdots, \boldsymbol{a}_n]$ なので、$\boldsymbol{R}^m$ の中のベクトルで、どのベクトル $\boldsymbol{x}$ からも写らないベクトルが存在することになる。したがって、この場合にも、$\boldsymbol{y} = A\boldsymbol{x}$ の逆写像を考えることはできない。

このことから、

$$m = n \quad \text{であって} \quad \dim L[\boldsymbol{a}_1, \boldsymbol{a}_2, \cdots, \boldsymbol{a}_n] = \dim L[\boldsymbol{e}_1, \boldsymbol{e}_2, \cdots, \boldsymbol{e}_n]$$

のときに、逆写像を考えることができる。いま、A を $n \times n$ 行列 $A = \begin{pmatrix} a_{11} & a_{12} & \cdots & a_{1n} \\ a_{21} & a_{22} & \cdots & a_{2n} \\ \vdots & \vdots & \ddots & \vdots \\ a_{n1} & a_{n2} & \cdots & a_{nn} \end{pmatrix}$ としよう。まず、

$$L[\boldsymbol{a}_1, \boldsymbol{a}_2, \cdots, \boldsymbol{a}_n] = L[\boldsymbol{e}_1, \boldsymbol{e}_2, \cdots, \boldsymbol{e}_n] = \boldsymbol{R}^n$$

なので、系 4.1.1 から $\boldsymbol{e}_i$ は $\boldsymbol{a}_1, \boldsymbol{a}_2, \cdots, \boldsymbol{a}_n$ の 1 次結合で表せる。よって、

$$\boldsymbol{e}_i = b_{1i}\boldsymbol{a}_1 + b_{2i}\boldsymbol{a}_2 + \cdots + b_{ni}\boldsymbol{a}_n = \sum_{k=1}^{n} b_{ki}\boldsymbol{a}_k$$

とおくことにしよう $(i = 1, 2, \cdots, n)$。このとき、$\boldsymbol{R}^n$ のベクトル $\boldsymbol{y}$ は、$\boldsymbol{e}_1, \boldsymbol{e}_2, \cdots, \boldsymbol{e}_n$ の 1 次結合で表せるから、

$$\begin{aligned}
\boldsymbol{y} &= \begin{pmatrix} y_1 \\ y_2 \\ \vdots \\ y_n \end{pmatrix} = y_1\boldsymbol{e}_1 + y_2\boldsymbol{e}_2 + \cdots + y_n\boldsymbol{e}_n \\
&= y_1\sum_{k=1}^{n} b_{k1}\boldsymbol{a}_k + y_2\sum_{k=1}^{n} b_{k2}\boldsymbol{a}_k + \cdots + y_n\sum_{k=1}^{n} b_{kn}\boldsymbol{a}_k \\
&= \left(\sum_{l=1}^{n} y_l b_{1l}\right)\boldsymbol{a}_1 + \left(\sum_{l=1}^{n} y_l b_{2l}\right)\boldsymbol{a}_2 + \cdots + \left(\sum_{l=1}^{n} y_l b_{nl}\right)\boldsymbol{a}_n
\end{aligned}$$

となる。ここで、ベクトル $\boldsymbol{x} = \begin{pmatrix} x_1 \\ x_2 \\ \vdots \\ x_n \end{pmatrix}$ を

$$\begin{aligned}
x_1 &= \sum_{l=1}^{n} y_l b_{1l} \\
x_2 &= \sum_{l=1}^{n} y_l b_{2l} \\
\vdots &\quad \vdots \\
x_n &= \sum_{l=1}^{n} y_l b_{nl}
\end{aligned}$$

とおけば、

$$\boldsymbol{x} = x_1\boldsymbol{e}_1 + x_2\boldsymbol{e}_2 + \cdots + x_n\boldsymbol{e}_n$$

となる。いっぽう、(4.12) 式から $f(\boldsymbol{e}_1) = \boldsymbol{a}_1, f(\boldsymbol{e}_2) = \boldsymbol{a}_2, \cdots, f(\boldsymbol{e}_n) = \boldsymbol{a}_n$ なので、

$$f(\boldsymbol{x}) = x_1 f(\boldsymbol{e}_1) + x_2 f(\boldsymbol{e}_2) + \cdots + x_n f(\boldsymbol{e}_n) = x_1\boldsymbol{a}_1 + x_2\boldsymbol{a}_2 + \cdots + x_n\boldsymbol{a}_n = \boldsymbol{y}$$

となっている。

ここで、

$$B = \begin{pmatrix} b_{11} & b_{12} & \cdots & b_{1n} \\ b_{21} & b_{22} & \cdots & b_{2n} \\ \vdots & \vdots & \ddots & \vdots \\ b_{n1} & b_{n2} & \cdots & b_{nn} \end{pmatrix}$$

とおけば、ベクトル $\boldsymbol{R}$ の定義から、

$$\boldsymbol{x} = B\boldsymbol{y}$$

となる。いっぽう、$\boldsymbol{y} = A\boldsymbol{x}$ だから、2×2 行列と同じように、$\boldsymbol{x} = BA\boldsymbol{x}$ であり $\boldsymbol{y} = AB\boldsymbol{y}$ だから、$AB = BA = I$ となる[13)]。このとき、行列 B を、行列 A の逆行列といい、A^{-1} と表す。さらに、(4.9) 式と (4.10) 式と同じように、$AA^{-1} = A^{-1}A = I$ である。

とくに注意しなければならないのは、$m = n$ のときにのみ、逆行列が考えられる。したがって、逆行列が定義できるのは行の数と列の数が等しい正方行列に限るのである。また、正方行列が正則行列であることは、つぎのように定義できる。

定義 4.5.1　n 次の正方行列 A に対して、$AB = BA = I$ を満たす n 次の正方行列 B が存在するとき、行列 A を正則行列という。また、行列 B を A の逆行列といい、A^{-1} と表す。

---

13)　問題 4.4

4.5.3 正則行列の性質

n 次正方行列 $A = \begin{pmatrix} a_{11} & a_{12} & \cdots & a_{1n} \\ a_{21} & a_{22} & \cdots & a_{2n} \\ \vdots & \vdots & \ddots & \vdots \\ a_{n1} & a_{n2} & \cdots & a_{nn} \end{pmatrix}$ が正則行列であることは、逆行列が定義できるときである。そのためには $\dim L[\boldsymbol{a}_1, \boldsymbol{a}_2, \cdots, \boldsymbol{a}_n] = \dim L[\boldsymbol{e}_1, \boldsymbol{e}_2, \cdots, \boldsymbol{e}_n]$ となっていなければならない。このような正則行列は、いろいろな性質を持っている。そのいくつかを考えよう。

(1)　A を正則行列とする。正則行列は逆行列を持つから、$AB = BA = I$ となる n 次の正方行列 B が存在する。もし、B と異なる n 次の正方行列 B' で、$AB' = B'A = I$ となるものが存在したとしよう。このとき、$AB' = I$ と $BA = I$ だから、

$$B = BI = BAB' = IB' = B'$$

となる。よって、逆行列は 1 つしかない。

(2)　A を正則行列とする。いま、B を A の逆行列、すなわち $B = A^{-1}$ としよう。ところで、この逆行列 B は前節で見たように正方行列であり、

$$BA = AB = I$$

となっている。すなわち、A は B の逆行列でもある。したがって、逆行列 B は正則行列であり、$A = B^{-1} = (A^{-1})^{-1}$ となっている。よって、逆行列の逆行列は、もとの行列となる。

(3)　2 つの正則行列を A と B としよう。このとき、$BB^{-1} = I, AA^{-1} = I$ だから、

$$\begin{aligned}(AB)(B^{-1}A^{-1}) &= ABB^{-1}A^{-1} = A(BB^{-1})A^{-1} \\ &= AIA^{-1} = AA^{-1} = I\end{aligned}$$

となる。このことから、

$$(AB)^{-1} = B^{-1}A^{-1}$$

である。

(3) はつぎのように考えればよい。2 つの n 次正則行列 A と B に対して、

$$\boldsymbol{y} = f(\boldsymbol{x}) = B\boldsymbol{x}, \quad \boldsymbol{z} = g(\boldsymbol{y}) = A\boldsymbol{y}$$

としよう。このとき、

$$\boldsymbol{z} = g(\boldsymbol{y}) = g(f(\boldsymbol{x})) = g(B\boldsymbol{x}) = AB\boldsymbol{x} \tag{4.13}$$

となっている。いっぽう、A と B が正則行列だから、

$$\boldsymbol{y} = g^{-1}(\boldsymbol{z}) = A^{-1}\boldsymbol{z}, \quad \boldsymbol{x} = f^{-1}(\boldsymbol{y}) = B^{-1}\boldsymbol{y}$$

となっている。よって、

$$\boldsymbol{x} = f^{-1}(\boldsymbol{y}) = f^{-1}(g^{-1}(\boldsymbol{z})) = f^{-1}(A^{-1}\boldsymbol{z}) = B^{-1}A^{-1}\boldsymbol{z} \tag{4.14}$$

となる。ここで、(4.13) 式と (4.14) 式を組み合わせれば、

$$\boldsymbol{x} = f^{-1}(g^{-1}(\boldsymbol{z})) = f^{-1}(g^{-1}(g(f(\boldsymbol{x})))) = B^{-1}A^{-1}AB\boldsymbol{x}$$

である。したがって、

$$B^{-1}A^{-1}AB = I$$

となる。この関係を示せば、図 4.6 のようになる。

さて、n 次の正方行列 A の列ベクトルを $\boldsymbol{a}_1, \boldsymbol{a}_2, \cdots, \boldsymbol{a}_n$ としよう。

$$\dim L[\boldsymbol{a}_1, \boldsymbol{a}_2, \cdots, \boldsymbol{a}_n] = \dim L[\boldsymbol{e}_1, \boldsymbol{e}_2, \cdots, \boldsymbol{e}_n]$$

のとき、行列 A の逆行列が存在し、行列 A が正則行列であった。また、(2) から逆行列 A^{-1} も正則行列である。いっぽう、例 4.1.3 から $\boldsymbol{e}_1, \boldsymbol{e}_2, \cdots, \boldsymbol{e}_n$ が 1 次

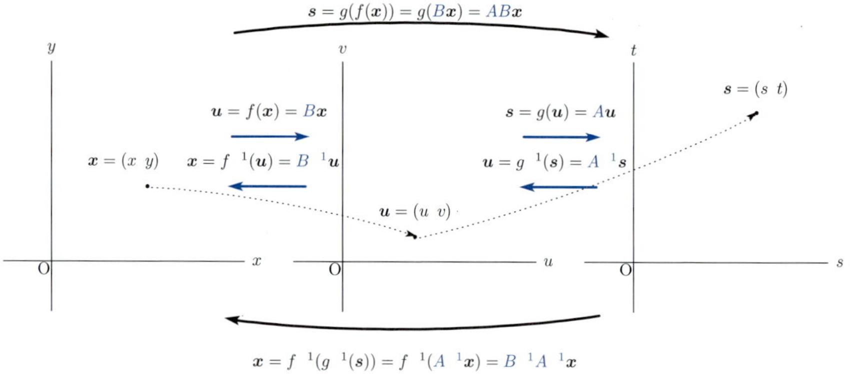

図 4.6　正則行列 A, B の積の逆行列

独立だから、$\dim L[\boldsymbol{e}_1, \boldsymbol{e}_2, \cdots, \boldsymbol{e}_n] = n$ である。したがって、n 次の正方行列 A が正則行列ならば、$\dim L[\boldsymbol{a}_1, \boldsymbol{a}_2, \cdots, \boldsymbol{a}_n] = n$ である。よって、$\boldsymbol{a}_1, \boldsymbol{a}_2, \cdots, \boldsymbol{a}_n$ もまた 1 次独立となる。すなわち、これらのベクトルは基底である。

反対に、$\boldsymbol{a}_1, \boldsymbol{a}_2, \cdots, \boldsymbol{a}_n$ が基底であれば 1 次独立である。よって、$\dim L[\boldsymbol{a}_1, \boldsymbol{a}_2, \cdots, \boldsymbol{a}_n] = n$ となっている。したがって、$\dim L[\boldsymbol{a}_1, \boldsymbol{a}_2, \cdots, \boldsymbol{a}_n] = \dim L[\boldsymbol{e}_1, \boldsymbol{e}_2, \cdots, \boldsymbol{e}_n]$ だから、正方行列 A は正則である。これらをまとめれば、つぎの性質が成り立つ。

定理 4.5.1　n 次正方行列 A が正則であることと、列ベクトル $\boldsymbol{a}_1, \boldsymbol{a}_2, \cdots, \boldsymbol{a}_n$ が $L[\boldsymbol{a}_1, \boldsymbol{a}_2, \cdots, \boldsymbol{a}_n]$ の基底であることは同値である。

最後につぎの例を見よう。

例 4.5.1　A を n 次の正方行列としよう。この行列が、ある自然数に対して $A^n = I$ としよう。$A^n = AA^{n-1}$ なので、$A^{-1} = A^{n-1}$ となるから、逆行列が存在する。よって、正則行列である。

つぎに、正方行列 A が、ある自然数に対して $A^n = O$ となるとき、この正方行列をべき零行列という。べき零行列で $A^n = O$ となる最小の n をとり、

$B = A^{n-1}$ とおけば $AB = BA = O$ となる。もし、このべき零行列が正則であれば、$AB = O$ に左から逆行列 A^{-1} をかければ、$B = A^{n-1} = O$ となるので、n が $A^n = O$ となる最小の自然数であることに反する。このことから、この行列は正則ではない。

ところで、べき零行列 A に対して、$I - A$ を考えよう。いま、n が $A^n = O$ となる最小の自然数とする。いま、

$$B = I + A + A^2 + \cdots + A^{n-1}$$

とおこう。このとき、

$$\begin{aligned}
(I - A)B &= (I - A)(I + A + A^2 + \cdots + A^{n-1}) \\
&= I + A + A^2 + \cdots + A^{n-1} - (A + A^2 + \cdots + A^{n-1} + A^n) \\
&= I - A^n = I
\end{aligned}$$

となる。すなわち、行列 B は $I - A$ の逆行列である。このことから、A がべき零行列ならば、$I - A$ は正則行列となる。

つぎに、n 次の正方行列 A が $A^2 = A$ をみたすとしよう。このような行列 A をべき等行列という。このとき、

$$A(I - A) = O$$

である。もし、A が正則行列であれば、この式の両辺に左から逆行列 A^{-1} をかければ、$A^{-1}A(I - A) = A^{-1}O$ だから、$I - A = O$ となる。したがって、正方行列 A は単位行列に等しいことがわかる。このことから、べき等行列 A は単位行列であるか、正則行列ではないことがわかる。

この例で見たように、A がべき零行列ならば、$I - A$ は正則行列であり、$A^n = O$ だから

$$(I - A)^{-1} = I + A + A^2 + \cdots + A^{n-1}$$

となった。同じように、A を n 次の正方行列としたとき、一定の条件の下で、

$$(I - A)^{-1} = I + A + A^2 + \cdots + A^n + \cdots$$

となる。このことは、投入産出分析あるいは産業連関分析で用いられる。

練習問題

4.1　定義 4.2.1 と、79 ページの (1)、(2) が同値であることを示しなさい。

4.2　零ベクトルだけの集合 $\{\mathbf{0}\}$ は部分空間であることを示しなさい。

4.3　$L[\boldsymbol{a}_1, \boldsymbol{a}_2, \cdots, \boldsymbol{a}_r] \subset \boldsymbol{R}^n$ となることを示しなさい。

4.4　99 ページの B に対して、つぎのことを示しなさい。

(1)　$\boldsymbol{x} = B\boldsymbol{y}$ となること

(2)　$AB = BA = I$ となること

4.5　集合 $U = \{(x, y, z) \mid x + y + z = 0, x + 2y + 3z = 0\}$ が部分空間となっていることを示しなさい。

4.6　例 4.4.2 のベクトルが 1 次独立であることを示しなさい。

第5章　行列式

n 次正方行列 $A = \begin{pmatrix} a_{11} & a_{12} & \cdots & a_{1n} \\ a_{21} & a_{22} & \cdots & a_{2n} \\ \vdots & \vdots & \ddots & \vdots \\ a_{n1} & a_{n2} & \cdots & a_{nn} \end{pmatrix}$ に対して、(3.14) 式で表された、

$$\boldsymbol{y} = A\boldsymbol{x}$$

を考えよう。これは、$\boldsymbol{R}^n$ のベクトルを $\boldsymbol{R}^n$ のベクトルに写す写像であった。このとき、逆行列があることと、n 次正方行列 A が正則行列であることは等しかった。このような正方行列を考えるときに必要な行列式を定義しよう。

5.1　平行四辺形と平行六面体

はじめに、平面での平行四辺形の面積や、空間の平行六面体の体積を考えよう。

2.1.6 節では、2 つのベクトル $\overrightarrow{PQ}$ と $\overrightarrow{PR}$ のなす角を $\angle QPR = \theta$ としたとき、ベクトル $\overrightarrow{PQ}$ と $\overrightarrow{PR}$ の内積を、

$$(\overrightarrow{PQ}, \overrightarrow{PR}) = |\overrightarrow{PQ}|\,|\overrightarrow{PR}| \cos\theta \tag{5.1}$$

と定義した。

いっぽう、ベクトル $\overrightarrow{PQ}$ と $\overrightarrow{PR}$ の成分を、それぞれ $\begin{pmatrix} a \\ b \end{pmatrix}, \begin{pmatrix} c \\ d \end{pmatrix}$ とすれば、

$$(\overrightarrow{PQ}, \overrightarrow{PR}) = ac + bd \tag{5.2}$$

と表せた。

ここで、$|\overrightarrow{PQ}| = \sqrt{(\overrightarrow{PQ}, \overrightarrow{PQ})} = \sqrt{a^2+b^2}$ だから、(5.1) 式と (5.2) 式を組み合わせれば、

$$\cos\theta = \frac{(\overrightarrow{PQ}, \overrightarrow{PR})}{|\overrightarrow{PQ}|\,|\overrightarrow{PR}|} = \frac{ac+bd}{\sqrt{a^2+b^2}\sqrt{c^2+d^2}}$$

となる。

5.1.1　平行四辺形の面積

平面上の 3 点 P, Q, R に対して、ベクトル $\overrightarrow{PQ}, \overrightarrow{PR}$ を考える。このとき、ベクトル $\overrightarrow{PQ}, \overrightarrow{PR}$ を成分で表して、それぞれ $\begin{pmatrix} a \\ b \end{pmatrix}, \begin{pmatrix} c \\ d \end{pmatrix}$ とする。このとき、2 つの線分 PQ, PR を 2 辺とする平行四辺形を考え (図 5.1)、$\angle QPR = \theta$ とする。点 R から辺 PQ へ下ろした垂線の長さが $|\overrightarrow{PR}|\sin\theta$ だから、この平行四辺形の面積を S とすれば、

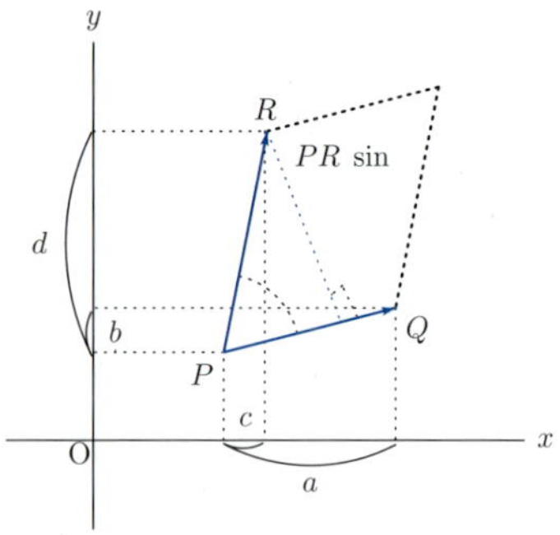

図 5.1　線分 PQ, PR を 2 辺とする平行四辺形

$$\begin{aligned} S &= |\overrightarrow{PQ}|\,|\overrightarrow{PR}|\sin\theta \\ &= |\overrightarrow{PQ}|\,|\overrightarrow{PR}|\sqrt{1-\cos^2\theta} = |ad-bc| \end{aligned}$$

となる[1)]。

---

1)　問題 5.1

ここで、行列のように 2 つのベクトルの成分を並べて、

$$\begin{vmatrix} a & c \\ b & d \end{vmatrix}$$

を考えよう。これは 2 次の行列式とよばれ、$ad - bc$ をこの行列式の値といい、

$$\begin{vmatrix} a & c \\ b & d \end{vmatrix} = ad - bc \tag{5.3}$$

と表す。したがって、線分 PQ, PR を 2 辺とする平行四辺形の面積 S は、

$$\begin{vmatrix} a & c \\ b & d \end{vmatrix} \tag{5.4}$$

の絶対値となる。

5.1.2　空間内の平行四辺形の面積

空間内の 3 点 P, Q, R に対して、ベクトル $\overrightarrow{PQ}, \overrightarrow{PR}$ を成分で表し、それぞれ $\begin{pmatrix} a \\ b \\ c \end{pmatrix}, \begin{pmatrix} d \\ e \\ f \end{pmatrix}$ とする。$\angle QPR = \theta$ すれば、2 つの線分 PQ, PR を 2 辺とする平行四辺形の面積 S は、

$$\cos\theta = \frac{(\overrightarrow{PQ}, \overrightarrow{PR})}{|\overrightarrow{PQ}||\overrightarrow{PR}|} = \frac{ad + be + cf}{\sqrt{a^2 + b^2 + c^2}\sqrt{d^2 + e^2 + f^2}}$$

だから、図 5.2 のように、平面の場合と同様にして、

$$\begin{aligned} S &= |\overrightarrow{PQ}|\,|\overrightarrow{PR}|\sin\theta = |\overrightarrow{PQ}|\,|\overrightarrow{PR}|\sqrt{1 - \cos^2\theta} \\ &= \sqrt{(bf - ce)^2 + (af - cd)^2 + (ae - bd)^2} \end{aligned}$$

となる[2)]。

2)　問題 5.1

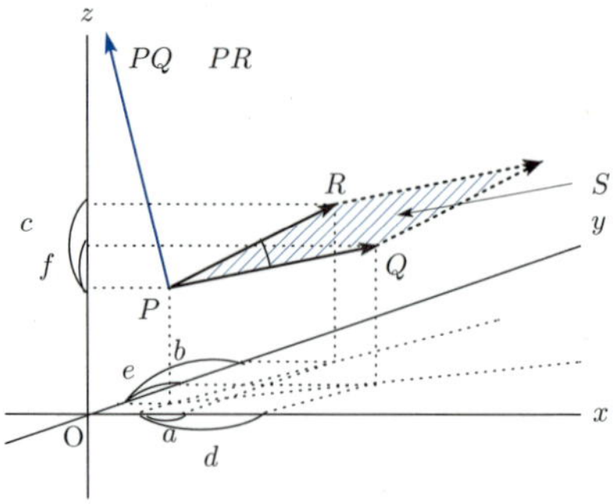

図 5.2　線分 PQ, PR を 2 辺とする平行四辺形と外積ベクトル

ここで、$(bf-ce)^2+(af-cd)^2+(ae-bd)^2$ は、2 次の行列式を使って表せ、

$$(bf-ce)^2+(af-cd)^2+(ae-bd)^2=\begin{vmatrix} b & e \\ c & f \end{vmatrix}^2+\begin{vmatrix} a & d \\ c & f \end{vmatrix}^2+\begin{vmatrix} a & d \\ b & e \end{vmatrix}^2$$

となる。したがって、線分 PQ, PR を 2 辺とする平行四辺形の面積 S は、

$$S=\sqrt{\begin{vmatrix} b & e \\ c & f \end{vmatrix}^2+\begin{vmatrix} a & d \\ c & f \end{vmatrix}^2+\begin{vmatrix} a & d \\ b & e \end{vmatrix}^2}$$

となる。

5.1.3　外積ベクトル

成分で表したとき、

$$\begin{pmatrix} bf-ce \\ cd-af \\ ae-bd \end{pmatrix}=\begin{pmatrix} \begin{vmatrix} b & e \\ c & f \end{vmatrix} \\ \begin{vmatrix} c & f \\ a & d \end{vmatrix} \\ \begin{vmatrix} a & d \\ b & e \end{vmatrix} \end{pmatrix}$$

となるベクトルを $\overrightarrow{PA}$ としよう。このとき、簡単な計算をすれば、

$$\begin{aligned}(\overrightarrow{PQ}, \overrightarrow{PA}) &= a(bf-ce)+b(cd-af)+c(ae-bd)=0\\(\overrightarrow{PR}, \overrightarrow{PA}) &= d(bf-ce)+e(cd-af)+f(ae-bd)=0\\|\overrightarrow{PQ}| &= \sqrt{(bf-ce)^2+(cd-af)^2+(ae-bd)^2}\end{aligned}$$

となっている。すなわち、ベクトル $\overrightarrow{PA}$ は、ベクトル $\overrightarrow{PQ}, \overrightarrow{PR}$ のどちらとも垂直である。言い換えれば、線分 PQ, PR を 2 辺とする平行四辺形と垂直となっている。また、このベクトルの大きさが 線分 PQ, PR を 2 辺とする平行四辺形の面積に等しい。このベクトル $\overrightarrow{PA}$ をベクトル $\overrightarrow{PQ}, \overrightarrow{PR}$ の外積ベクトルといい $\overrightarrow{PQ} \times \overrightarrow{PR}$ と表す。このとき、外積ベクトル $\overrightarrow{PA}$ は、図 5.2 のようになる。

5.1.4　平行六面体の体積

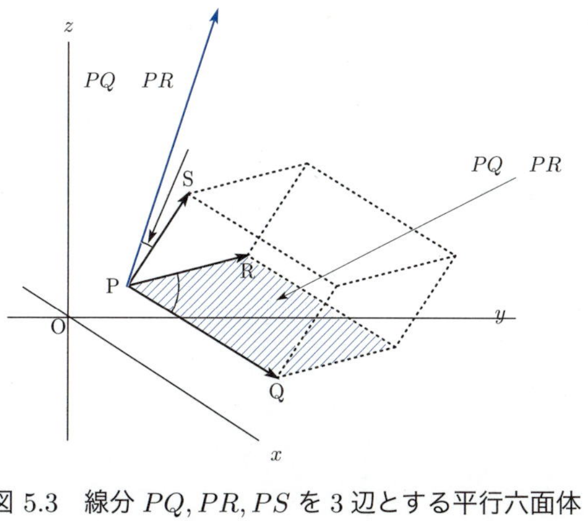

図 5.3　線分 PQ, PR, PS を 3 辺とする平行六面体

空間内の 4 点 P, Q, R, S に対して、ベクトル $\overrightarrow{PQ}, \overrightarrow{PR}, \overrightarrow{PS}$ の成分を、それぞれ

$$\begin{pmatrix} a \\ b \\ c \end{pmatrix}, \begin{pmatrix} d \\ e \\ f \end{pmatrix}, \begin{pmatrix} g \\ h \\ i \end{pmatrix}$$

とする。このとき、3 つの線分 PQ, PR, PS を 3 つの稜とする平行六面体の体積 V を求めてみよう。2 つの線分 PQ, PR を 2 辺とする平行四辺形の面積は外積ベクトル $\overrightarrow{PQ} \times \overrightarrow{PR}$ の大きさに等しいから、$|\overrightarrow{PQ} \times \overrightarrow{PR}|$ と表せる。

つぎに、外積ベクトル $\overrightarrow{PQ} \times \overrightarrow{PR}$ とベクトル $\overrightarrow{PS}$ のなす角を ψ とする。このとき、外積ベクトル $\overrightarrow{PQ} \times \overrightarrow{PR}$ が線分 PQ, PR を 2 辺とする平行四辺形に対して垂直だから、ベクトル $\overrightarrow{PS}$ と線分 PQ, PR を 2 辺とする平行四辺形のなす角が $\dfrac{\pi}{2} - \psi$ となる。よって、点 S から線分 PQ, PR を 2 辺とする平行四辺形へ下ろした垂線の長さは、

$$|\overrightarrow{PS}| \sin\left(\frac{\pi}{2} - \psi\right) = |\overrightarrow{PS}| \cos\psi$$

である。したがって、体積 V は[3)]、

$$\begin{aligned} V &= |\overrightarrow{PQ} \times \overrightarrow{PR}|\,|\overrightarrow{PS}|\,|\cos\psi| \\ &= |g(bf - ce) + h(cd - af) + i(ae - bd)| \\ &= \left| g \begin{vmatrix} b & e \\ c & f \end{vmatrix} + h \begin{vmatrix} c & f \\ a & d \end{vmatrix} + i \begin{vmatrix} a & d \\ b & e \end{vmatrix} \right| \end{aligned}$$

である[4) 5)]。

ここで、2 次の行列式と同じように、3 つのベクトルの成分を並べた、

$$\begin{vmatrix} a & d & g \\ b & e & h \\ c & f & i \end{vmatrix}$$

---

3) ベクトル $\overrightarrow{PQ} \times \overrightarrow{PR}$ とベクトル $\overrightarrow{PS}$ のなす角が ψ だから、平面と同じように $\cos\psi = \dfrac{(\overrightarrow{PQ} \times \overrightarrow{PR},\ \overrightarrow{PS})}{|\overrightarrow{PQ} \times \overrightarrow{PR}|\,|\overrightarrow{PS}|}$ である。

4) 問題 5.1

5) ここでは角度の取り方から、$\sin\psi$ ではなく $\cos\psi$ となっていることに注意しよう。

を 3 次の行列式といい、

$$\begin{vmatrix} a & d & g \\ b & e & h \\ c & f & i \end{vmatrix} = g\begin{vmatrix} b & e \\ c & f \end{vmatrix} + h\begin{vmatrix} c & f \\ a & d \end{vmatrix} + i\begin{vmatrix} a & d \\ b & e \end{vmatrix}$$
$$= g(bf - ce) + h(cd - af) + i(ae - bd) \qquad (5.5)$$

と定義する。したがって、PQ, PR, PS を 3 つの稜[6)]とする平行六面体の体積 V は、

$$\begin{vmatrix} a & d & g \\ b & e & h \\ c & f & i \end{vmatrix}$$

の絶対値である。

5.2　行列式

2 次の正方行列 $\begin{pmatrix} a_{11} & a_{12} \\ a_{21} & a_{22} \end{pmatrix}$ の 2 つの列ベクトル

$$\boldsymbol{a}_1 = \begin{pmatrix} a_{11} \\ a_{21} \end{pmatrix}, \quad \boldsymbol{a}_2 = \begin{pmatrix} a_{12} \\ a_{22} \end{pmatrix}$$

を考えよう。これら 2 つのベクトルを 2 辺とする平行四辺形の面積は、(5.3) 式より、

$$\begin{vmatrix} a_{11} & a_{12} \\ a_{21} & a_{22} \end{vmatrix} = a_{11}a_{22} - a_{12}a_{21} \qquad (5.6)$$

の絶対値となる。

6)　平行六面体の相隣り合う二つの面の交わりの線分。

また、3 次の正方行列 $\begin{pmatrix} a_{11} & a_{12} & a_{13} \\ a_{21} & a_{22} & a_{23} \\ a_{31} & a_{32} & a_{33} \end{pmatrix}$ の 3 つの列ベクトル、

$$\boldsymbol{a}_1 = \begin{pmatrix} a_{11} \\ a_{21} \\ a_{31} \end{pmatrix}, \quad \boldsymbol{a}_2 = \begin{pmatrix} a_{12} \\ a_{22} \\ a_{32} \end{pmatrix}, \quad \boldsymbol{a}_3 = \begin{pmatrix} a_{13} \\ a_{23} \\ a_{33} \end{pmatrix}$$

を考えよう。これら 3 つのベクトルを 3 つの稜とする平行六面体の体積は、(5.5) 式から、

$$\begin{aligned} \begin{vmatrix} a_{11} & a_{12} & a_{13} \\ a_{21} & a_{22} & a_{23} \\ a_{31} & a_{32} & a_{33} \end{vmatrix} &= a_{13} \begin{vmatrix} a_{21} & a_{22} \\ a_{31} & a_{32} \end{vmatrix} + a_{23} \begin{vmatrix} a_{31} & a_{32} \\ a_{11} & a_{12} \end{vmatrix} + a_{33} \begin{vmatrix} a_{11} & a_{12} \\ a_{21} & a_{22} \end{vmatrix} \\ &= a_{13}a_{21}a_{32} + a_{12}a_{23}a_{31} + a_{11}a_{22}a_{33} \\ &\quad -a_{13}a_{22}a_{31} - a_{11}a_{23}a_{32} - a_{12}a_{21}a_{33} \end{aligned} \tag{5.7}$$

の絶対値である。

以下では、行列や行列式の成分は a_{ij} で表すことにする。ここで、(5.6) 式と (5.7) 式を見てみよう。2 次の正方行列のときは、(5.6) 式は 2 つの成分の積からなる 2 つの項からなり、右辺の 2 つの項の、それぞれの添え字だけを取り出せば、

$$\{11, 22\} \quad と \quad \{12, 21\}$$

である。

3 次の正方行列のときは、(5.7) 式は 3 つの成分の積からなる 6 つの項からなり、右辺の 6 つの項の、それぞれの添え字だけを取り出せば、

$$\{11, 22, 33\}, \quad \{12, 23, 31\}, \quad \{13, 21, 32\}$$

と

$$\{13, 22, 31\}, \quad \{11, 23, 32\}, \quad \{12, 21, 33\}$$

である。これらの添え字を見れば、

(1)　添え字の前の数字は、$1,2$ あるいは $1,2,3$ の順に並んでいる。

(2)　添え字の後ろの数字は、$1,2$ あるいは $1,2,3$ が、すべて 1 つずつあるが、その順序は、可能なすべての順序になっている。すなわち、n 個の数字からできる順序は $n!$ 通りあり、$2!=2, 3!=6$ である。

(3)　2 次では、前半の 1 つの項 ($\{11,22\}$)、3 次では前半の 3 つの項 ($\{11,22,33\}, \{12,23,31\}, \{13,21,32\}$) の符号が正であり、残りの項の符号が負である。

ことがわかる。

ところで、n 個の数字 $1,2,3,\cdots,n$ の並べ方を考えよう。これら n 個の数字の並べ方は $n!$ 通りある。そこで、$1,2,3,\cdots,n$ の n 個の数字の並び $\{1,2,\cdots,n\}$ に対して、これらの数字を並べ替えたものを $\{i_1,i_2,\cdots,i_n\}$ としよう。すなわち、i_1,i_2 から i_n までの n 個の数は、1 から n までのどれかの数字で、同じ数字はないものである。よって、$\{i_1,i_2,\cdots,i_n\}$ の中には同じ数字が含まれないから、それぞれの k に対して i_k を対応させる対応関係を $(k=1,2,3,\cdots,n)$、

$$\begin{pmatrix} 1 & 2 & \cdots & n \\ i_1 & i_2 & \cdots & i_n \end{pmatrix}$$

あるいは、簡単に $(i_1,i_2,\cdots,i_n)$ と表し、この対応関係を置換という。いま、n 個の数字 $1,2,3,\cdots,n$ の置換 $(i_1,i_2,\cdots,i_n)$ 全体を $\mathfrak{S}_n$ と表せば、$n=2,3$ のときは、

$$\begin{aligned} \mathfrak{S}_2 &= \{(1,2),(2,1)\} \\ \mathfrak{S}_3 &= \{(1,2,3),(1,3,2),(2,1,3),(2,3,1),(3,1,2),(3,2,1)\} \end{aligned}$$

となる。一般の $\mathfrak{S}_n$ も同じようになる。さらに、その要素の数は $n!$ である[7]。

7)　ここで、$n!=1\times2\times3\times\cdots\times n$ だから、$2!=2, 3!=6$ となる。

つぎに、n 個の数字 $1, 2, 3, \cdots, n$ の置換 $(i_1, i_2, \cdots, i_n)$ について「逆転」の数を考えよう。すなわち、

> $(1, 2)$ は順序通りなので逆転は起きていないが、$(2, 1)$ は逆転が 1 回起きている。$(1, 3, 2)$ では 3 と 2 を入れ替えれば $(1, 2, 3)$ となるので、1 回逆転が起きている。$(2, 3, 1)$ では、1 と 3 を入れ替えれば $(2, 1, 3)$ となり，さらに 1 と 2 を入れ替えれば $(1, 2, 3)$ となるので、2 回逆転が起きている。

このとき、$(1, 2, 3)$ とするための手順の数は、いろいろあるが、その回数が偶数か奇数かは、手順にかかわらず同じとなることが知られている。このように $(i_1, i_2, \cdots, i_n)$ の数字を入れ替えて、$(1, 2, 3, \cdots, n)$ とするまでの手順の回数が偶数のものを偶置換、奇数のものを奇置換という。

ここで、$n = 3$ を見てみよう。符号が正となっている $(\{11, 22, 33\}, \{12, 23, 31\}, \{13, 21, 32\})$ では、添え字の後ろの数字だけを取り出せば $(1, 2, 3), (2, 3, 1), (3, 1, 2)$ となっている。これらの $(1, 2, 3), (2, 3, 1), (3, 1, 2)$ は 0 回か 2 回で $(1, 2, 3)$ とすることができるので、偶置換である。反対に符号が負となっている $\{13, 22, 31\}, \{11, 23, 32\}, \{12, 21, 33\}$ では、添え字の後ろの数字だけを取り出せば $(3, 2, 1), (1, 3, 2), (2, 1, 3)$ なので奇置換である。

ここで、新しい記号 $\mathrm{sgn}(i_1, i_2, \cdots, i_n)$ を、つぎのように定義する[8]。

$$\mathrm{sgn}(i_1, i_2, \cdots, i_n) = \begin{cases} 1 & (i_1, i_2, \cdots, i_n) \text{ が偶置換のとき} \\ -1 & (i_1, i_2, \cdots, i_n) \text{ が奇置換のとき} \end{cases}$$

この関数を使って、(5.6) 式や (5.7) 式のように、n 次正方行列 $A = \begin{pmatrix} a_{11} & a_{12} & \cdots & a_{1n} \\ a_{21} & a_{22} & \cdots & a_{2n} \\ \vdots & \vdots & \ddots & \vdots \\ a_{n1} & a_{n2} & \cdots & a_{nn} \end{pmatrix}$ に対して、n 次の行列式を、

8) sgn は、signature の略。

$$\begin{vmatrix} a_{11} & a_{12} & \cdots & a_{1n} \\ a_{21} & a_{22} & \cdots & a_{2n} \\ \vdots & \vdots & \ddots & \vdots \\ a_{n1} & a_{n2} & \cdots & a_{nn} \end{vmatrix} = \sum_{(i_1,i_2,\cdots,i_n)\in\mathfrak{S}_n} \operatorname{sgn}(i_1,i_2,\cdots,i_n) a_{1i_1}a_{2i_2}\cdots a_{ni_n} \tag{5.8}$$

と定義する[9)]。ここで、$(i_1, i_2, \cdots, i_n) \in \mathfrak{S}_n$ は n 個の数字 $1, 2, 3, \cdots, n$ のすべての置換 (順列) に関する和を意味している。(5.8) 式の n 次の行列式は、$|A|, \det A, \det(a_{ij})$ と表すこともある[10)]。また、(3.27) 式のように行ベクトルあるいは列ベクトルによって $A = \begin{pmatrix} {}^t\boldsymbol{a}^1 \\ {}^t\boldsymbol{a}^2 \\ \vdots \\ {}^t\boldsymbol{a}^n \end{pmatrix} = (\boldsymbol{a}_1, \boldsymbol{a}_2, \cdots, \boldsymbol{a}_n)$ と表すならば、

$\begin{vmatrix} {}^t\boldsymbol{a}^1 \\ {}^t\boldsymbol{a}^2 \\ \vdots \\ {}^t\boldsymbol{a}^n \end{vmatrix}$ あるいは $|\boldsymbol{a}_1, \boldsymbol{a}_2, \cdots, \boldsymbol{a}_n|$ と表すこともある。

(5.8) 式で定義した n 次の行列式は、項の数が $n!$ 個の和となっている。しかし、3 次の行列式に限っては、サラスの方法として知られる計算方法がある。こ

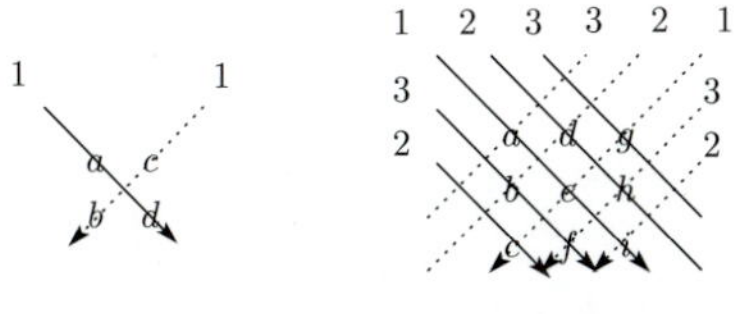

図 5.4　2 次と 3 次の行列式の簡単な計算方法

の方法は、図 5.4 で、「線分 ①、②、③ 上にある数値の積はそのまま、また

9) 行列はベクトルの一般化と見ることができるが、行列式は 1 つの値である。同じような形をしているが別物である。しかし、行列の性質と行列式の値とは密接な関係がある。

10) det は、determinant の略。$|(a_{ij})|$ あるいは $|a_{ij}|$ と表すこともある。

線分 ①′、②′、③′ 上にある数値の積は −1 倍にしたものを加えれば 3 次の行列式の値を求めることができる」というものである。しかし、注意しなければならないのは、この方法は 3 次の行列式に対してのみ使えるものであり、4 次以上の行列式の値は定義にしたがって求めるしかない。

5.2.1　行列と行列式

行列式 $|A| = \begin{vmatrix} a_{11} & a_{12} & \cdots & a_{1n} \\ a_{21} & a_{22} & \cdots & a_{2n} \\ \vdots & \vdots & \ddots & \vdots \\ a_{n1} & a_{n2} & \cdots & a_{nn} \end{vmatrix}$ は 1 つの値であり、

行列 $A = \begin{pmatrix} a_{11} & a_{12} & \cdots & a_{1n} \\ a_{21} & a_{22} & \cdots & a_{2n} \\ \vdots & \vdots & \ddots & \vdots \\ a_{n1} & a_{n2} & \cdots & a_{nn} \end{pmatrix}$ はベクトルを並べたものであるが、同じような記号を用いて表されている。これらの関係はどのようになっているのだろうか。$n = 2$ のときで考えてみよう。

いま、$A = \begin{pmatrix} a_{11} & a_{12} \\ a_{21} & a_{22} \end{pmatrix}$ とし、$|A| = \begin{vmatrix} a_{11} & a_{12} \\ a_{21} & a_{22} \end{vmatrix}$ としよう。行列を使った写像 $\boldsymbol{y} = A\boldsymbol{x}$ によって、ベクトル $\boldsymbol{e}_1 = \begin{pmatrix} 1 \\ 0 \end{pmatrix}$ はベクトル $\boldsymbol{a}_1 = \begin{pmatrix} a_{11} \\ a_{21} \end{pmatrix}$ に写り、$\boldsymbol{e}_2 = \begin{pmatrix} 0 \\ 1 \end{pmatrix}$ は、ベクトル $\boldsymbol{a}_2 = \begin{pmatrix} a_{12} \\ a_{22} \end{pmatrix}$ に写る。これらのベクトルの関係を表せば、図 5.5 のようになる。

このとき、2 つのベクトル $\boldsymbol{e}_1, \boldsymbol{e}_1$ でできる正方形 $OABC$ と、2 つのベクトル $\boldsymbol{a}_1, \boldsymbol{a}_2$ によってできる平行四辺形 $O'A'B'C'$ を比べてみよう。まず、正方形 $OABC$ の面積は 1 となっていることは簡単にわかる。いっぽう、平行四辺形 $O'A'B'C'$ の面積は、(5.4) 式から $|A| = \begin{vmatrix} a_{11} & a_{12} \\ a_{21} & a_{22} \end{vmatrix}$ の絶対値である。すなわ

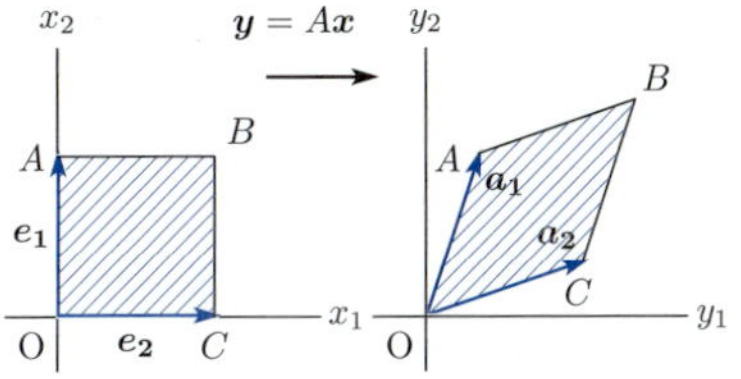

図 5.5　ベクトル $\boldsymbol{e}_1, \boldsymbol{e}_1$ と $\boldsymbol{a}_1, \boldsymbol{a}_2$

ち、$\boldsymbol{y} = A\boldsymbol{x}$ によって、正方形 $OABC$ が写る平行四辺形の大きさが、$|A|$ の絶対値である。

この関係は、各辺が x_1− 軸と x_2− 軸に平行で、1辺の長さが1の正方形であれば、写像 $\boldsymbol{y} = A\boldsymbol{x}$ が線形写像だから、どこでも成り立っている。すなわち、行列式 $|A|$ の値は、$\boldsymbol{y} = A\boldsymbol{x}$ によって、拡大あるいは縮小する割合を表していると見ることができる。したがって、2つのベクトル $\boldsymbol{a}_1$ と $\boldsymbol{a}_2$ が1次従属ならば、$\boldsymbol{a}_1, \boldsymbol{a}_2$ によってできる平行四辺形 $O'A'B'C'$ は直線あるいは点となり、面積は0であることに注意しよう。

ここでは、$n = 2$ のときに見たが、$n = 3$ であれば各辺が x_1− 軸、x_2− 軸と x_3− 軸に平行な1辺の長さが1の立方体の体積と、この立方体が写る平行6面体の体積との関係となっている。この関係は一般の n でも同じである。

5.3　行列式の性質

(5.8) 式で定義した n 次の行列式は、n 個の成分の積を $n!$ 個加えたものなので、行列式を求めることは n の値が大きくなればなるほど計算が複雑になる。しかし、行列式の計算に関する基本的な4つの性質を用いれば、その計算を簡単にできる。証明は複雑ではないが、細かい注意が必要なので、のちほど証明する。性質 5.3.1 は行列式が置換 (順列) の性質を用いて定義されることによることから導かれるものであり、性質 5.3.2 と性質 5.3.3 は和とスカラー倍に関するものである。性質 5.3.4 は転置行列に関するものである。これらの性質が2次あるいは 3 次の行列式で成り立つことを確認することで、これらの性質の意味が実感できるので、2 次の行列式の場合をはじめに示すことにしよう。

(5.6) 式から、2 次の行列式は、

$$\begin{vmatrix} a_{11} & a_{12} \\ a_{21} & a_{22} \end{vmatrix} = a_{11}a_{22} - a_{12}a_{21} \tag{5.9}$$

であった。

この行列式の 1 行目と 2 行目を入れ替えてみれば、

$$\begin{vmatrix} a_{21} & a_{22} \\ a_{11} & a_{12} \end{vmatrix} = a_{12}a_{21} - a_{11}a_{22}$$

となるから、

$$\begin{vmatrix} a_{21} & a_{22} \\ a_{11} & a_{12} \end{vmatrix} = -\begin{vmatrix} a_{11} & a_{12} \\ a_{21} & a_{22} \end{vmatrix}$$

となっている。これが性質 5.3.1 である。

つぎに、

$$\begin{vmatrix} a_{11}+b_{11} & a_{12}+b_{12} \\ a_{21} & a_{22} \end{vmatrix}$$

を考えてみよう。(5.9) 式から、

$$\begin{aligned} \begin{vmatrix} a_{11}+b_{11} & a_{12}+b_{12} \\ a_{21} & a_{22} \end{vmatrix} &= (a_{11}+b_{11})a_{22} - (a_{12}+b_{12})a_{21} \\ &= a_{11}a_{22} - a_{12}a_{21} + b_{11}a_{22} - b_{12}a_{21} \\ &= \begin{vmatrix} a_{11} & a_{12} \\ a_{21} & a_{22} \end{vmatrix} + \begin{vmatrix} b_{11} & b_{12} \\ a_{21} & a_{22} \end{vmatrix} \end{aligned}$$

となる。これが性質 5.3.2 である。

つぎに、

$$\begin{vmatrix} ca_{11} & ca_{12} \\ a_{21} & a_{22} \end{vmatrix}$$

を考えてみよう。(5.9) 式から、

$$\begin{vmatrix} ca_{11} & ca_{12} \\ a_{21} & a_{22} \end{vmatrix} = ca_{11}a_{22} - ca_{12}a_{21} = c(a_{11}a_{22} - a_{12}a_{21}) = c\begin{vmatrix} a_{11} & a_{12} \\ a_{21} & a_{22} \end{vmatrix}$$

となる。これが性質 5.3.3 である。

ところで、

$$A = \begin{pmatrix} a_{11} & a_{12} \\ a_{21} & a_{22} \end{pmatrix}$$

とおけば、

$${}^tA = \begin{pmatrix} a_{11} & a_{21} \\ a_{12} & a_{22} \end{pmatrix}$$

である。このことから、

$$\begin{vmatrix} a_{11} & a_{12} \\ a_{21} & a_{22} \end{vmatrix} = a_{11}a_{22} - a_{12}a_{21}$$

$$\begin{vmatrix} a_{11} & a_{21} \\ a_{12} & a_{22} \end{vmatrix} = a_{11}a_{22} - a_{12}a_{21}$$

となる。これが性質 5.3.4 である。

これらの性質を、n 次の行列式で表せばつぎのようになる。

性質 5.3.1　2 つの行を入れ替えた行列式の値は、もとの行列式の値の (-1) 倍

である。すなわち、

$$
\begin{array}{r}
\\ \\ i\,\text{行目} \\ \\ j\,\text{行目} \\ \\ \\
\end{array}
\begin{vmatrix}
a_{11} & a_{12} & \cdots & a_{1n} \\
\vdots & \vdots & \ddots & \vdots \\
a_{i1} & a_{i2} & \cdots & a_{in} \\
\vdots & \vdots & \ddots & \vdots \\
a_{j1} & a_{j2} & \cdots & a_{jn} \\
\vdots & \vdots & \ddots & \vdots \\
a_{n1} & a_{n2} & \cdots & a_{nn}
\end{vmatrix}
= (-1)
\begin{vmatrix}
a_{11} & a_{12} & \cdots & a_{1n} \\
\vdots & \vdots & \ddots & \vdots \\
a_{j1} & a_{j2} & \cdots & a_{jn} \\
\vdots & \vdots & \ddots & \vdots \\
a_{i1} & a_{i2} & \cdots & a_{in} \\
\vdots & \vdots & \ddots & \vdots \\
a_{n1} & a_{n2} & \cdots & a_{nn}
\end{vmatrix}
\begin{array}{l}
\\ \\ i\,\text{行目} \\ \\ j\,\text{行目} \\ \\ \\
\end{array}
\tag{5.10}
$$

である。

性質 5.3.2　ある行が、2 つの行ベクトルの和として表されているときは、

$$
\begin{aligned}
&\begin{vmatrix}
a_{11} & a_{12} & \cdots & a_{1n} \\
\vdots & \vdots & \ddots & \vdots \\
a_{i1}+b_{i1} & a_{i2}+b_{i2} & \cdots & a_{in}+b_{in} \\
\vdots & \vdots & \ddots & \vdots \\
a_{n1} & a_{n2} & \cdots & a_{nn}
\end{vmatrix} \\
&\quad =
\begin{vmatrix}
a_{11} & a_{12} & \cdots & a_{1n} \\
\vdots & \vdots & \ddots & \vdots \\
a_{i1} & a_{i2} & \cdots & a_{in} \\
\vdots & \vdots & \ddots & \vdots \\
a_{n1} & a_{n2} & \cdots & a_{nn}
\end{vmatrix}
+
\begin{vmatrix}
a_{11} & a_{12} & \cdots & a_{1n} \\
\vdots & \vdots & \ddots & \vdots \\
b_{i1} & b_{i2} & \cdots & b_{in} \\
\vdots & \vdots & \ddots & \vdots \\
a_{n1} & a_{n2} & \cdots & a_{nn}
\end{vmatrix}
\end{aligned}
\tag{5.11}
$$

となる。

性質 5.3.3　1 つの行を c 倍した行列式の値は、もとの行列式の c 倍である。

$$\begin{vmatrix} a_{11} & a_{12} & \cdots & a_{1n} \\ \vdots & \vdots & \ddots & \vdots \\ c\,a_{i1} & c\,a_{i2} & \cdots & c\,a_{in} \\ \vdots & \vdots & \ddots & \vdots \\ a_{n1} & a_{n2} & \cdots & a_{nn} \end{vmatrix} = c \begin{vmatrix} a_{11} & a_{12} & \cdots & a_{1n} \\ \vdots & \vdots & \ddots & \vdots \\ a_{i1} & a_{i2} & \cdots & a_{in} \\ \vdots & \vdots & \ddots & \vdots \\ a_{n1} & a_{n2} & \cdots & a_{nn} \end{vmatrix} \tag{5.12}$$

である。

性質 5.3.4　n 次の行列式を転置しても、行列式の値は等しい。

$$\begin{vmatrix} a_{11} & a_{21} & \cdots & a_{n1} \\ a_{12} & a_{22} & \cdots & a_{n2} \\ \vdots & \vdots & \ddots & \vdots \\ a_{1n} & a_{2n} & \cdots & a_{nn} \end{vmatrix} = \begin{vmatrix} a_{11} & a_{12} & \cdots & a_{1n} \\ a_{21} & a_{22} & \cdots & a_{2n} \\ \vdots & \vdots & \ddots & \vdots \\ a_{n1} & a_{n2} & \cdots & a_{nn} \end{vmatrix}$$

あるいは、

$$|A| = |\,{}^tA|$$

である。

さらに、性質 5.3.4 から、性質 5.3.1 から性質 5.3.3 までの性質は、行を列に置き換えても、そのまま成り立つ。

和とスカラー倍に関することで注意しなければならないのは、行列の和とスカラー倍は 3.6 節の (3.19) 式と (3.20) 式で定義したように、行列全体に関わってくる。しかし、行列式の値は、行ごとに関係するもので、(5.11) 式と (5.12) 式となる。この点が、行列と行列式の演算の相違点であるので、注意する必要がある。

これら 4 つの性質を用いれば、行列式の計算に使える関係が導ける。

系 5.3.1　2 つの行が等しい行列式の値は 0 である。

証明　i 行目と j 行目が等しい行列式 $|A|$ を考えよう。i 行目と j 行目を入れ替えた行列式は性質 5.3.1 から、もとの行列式の (-1) 倍となるから、(5.10) 式で、a_{jk} に a_{ik} を代入すれば $(k = 1, 2, \cdots, n)$、

$$|A| = \begin{array}{r} \\ \\ i\text{行目} \\ \\ j\text{行目} \\ \\ \\ \end{array} \begin{vmatrix} a_{11} & a_{12} & \cdots & a_{1n} \\ \vdots & \vdots & \ddots & \vdots \\ a_{i1} & a_{i2} & \cdots & a_{in} \\ \vdots & \vdots & \ddots & \vdots \\ a_{i1} & a_{i2} & \cdots & a_{in} \\ \vdots & \vdots & \ddots & \vdots \\ a_{n1} & a_{n2} & \cdots & a_{nn} \end{vmatrix}$$

$$= (-1) \begin{vmatrix} a_{11} & a_{12} & \cdots & a_{1n} \\ \vdots & \vdots & \ddots & \vdots \\ a_{i1} & a_{i2} & \cdots & a_{in} \\ \vdots & \vdots & \ddots & \vdots \\ a_{i1} & a_{i2} & \cdots & a_{in} \\ \vdots & \vdots & \ddots & \vdots \\ a_{n1} & a_{n2} & \cdots & a_{nn} \end{vmatrix} \begin{array}{l} \\ \\ i\text{行目} \\ \\ j\text{行目} \\ \\ \\ \end{array} = -|A|$$

となる。したがって、$|A| = 0$ である。□

系 5.3.2　ある行の定数倍を別の行に加えた行列式の値は、もとの行列式の値に等しい。

証明　j 行目に i 行目の c 倍を加えた行列式を $|A|$ としよう。性質 5.3.2 と性質

5.3.3 から、

$$\begin{vmatrix} a_{11} & a_{12} & \cdots & a_{1n} \\ \vdots & \vdots & \ddots & \vdots \\ a_{j1}+ca_{i1} & a_{j2}+ca_{i2} & \cdots & a_{jn}+ca_{in} \\ \vdots & \vdots & \ddots & \vdots \\ a_{n1} & a_{n2} & \cdots & a_{nn} \end{vmatrix} j \text{行目}$$

$$= \begin{vmatrix} a_{11} & a_{12} & \cdots & a_{1n} \\ \vdots & \vdots & \ddots & \vdots \\ a_{j1} & a_{j2} & \cdots & a_{jn} \\ \vdots & \vdots & \ddots & \vdots \\ a_{n1} & a_{n2} & \cdots & a_{nn} \end{vmatrix} + c \begin{vmatrix} a_{11} & a_{12} & \cdots & a_{1n} \\ \vdots & \vdots & \ddots & \vdots \\ a_{i1} & a_{i2} & \cdots & a_{in} \\ \vdots & \vdots & \ddots & \vdots \\ a_{n1} & a_{n2} & \cdots & a_{nn} \end{vmatrix} j \text{行目}$$

となる。また、系 5.3.1 から、

$$\begin{matrix} \\ \\ i \text{行目} \\ \\ j \text{行目} \\ \\ \\ \end{matrix} \begin{vmatrix} a_{11} & a_{12} & \cdots & a_{1n} \\ \vdots & \vdots & \ddots & \vdots \\ a_{i1} & a_{i2} & \cdots & a_{in} \\ \vdots & \vdots & \ddots & \vdots \\ a_{i1} & a_{i2} & \cdots & a_{in} \\ \vdots & \vdots & \ddots & \vdots \\ a_{n1} & a_{n2} & \cdots & a_{nn} \end{vmatrix} = 0$$

である。

したがって、

$$\begin{vmatrix} a_{11} & a_{12} & \cdots & a_{1n} \\ \vdots & \vdots & \ddots & \vdots \\ a_{j1}+ca_{i1} & a_{j2}+ca_{i2} & \cdots & a_{jn}+ca_{in} \\ \vdots & \vdots & \ddots & \vdots \\ a_{n1} & a_{n2} & \cdots & a_{nn} \end{vmatrix} = \begin{vmatrix} a_{11} & a_{12} & \cdots & a_{1n} \\ \vdots & \vdots & \ddots & \vdots \\ a_{j1} & a_{j2} & \cdots & a_{jn} \\ \vdots & \vdots & \ddots & \vdots \\ a_{n1} & a_{n2} & \cdots & a_{nn} \end{vmatrix} j \text{行目}$$

となり、この性質が成り立つ。□

5.3.1 行列式の性質と計算

これらの性質が行列式の計算とどのように関わってくるかを3次の行列式で見てみよう。3次の行列式は、

$$\begin{vmatrix} a_{11} & a_{12} & a_{13} \\ a_{21} & a_{22} & a_{23} \\ a_{31} & a_{32} & a_{33} \end{vmatrix} = a_{13}a_{21}a_{32} + a_{12}a_{23}a_{31} + a_{11}a_{22}a_{33}$$
$$-a_{13}a_{22}a_{31} - a_{11}a_{23}a_{32} - a_{12}a_{21}a_{33}$$

である。この3次の行列式で成分の1つが0だったとしよう。例えば、$a_{31} = 0$ とすれば、この式は、

$$\begin{vmatrix} a_{11} & a_{12} & a_{13} \\ a_{21} & a_{22} & a_{23} \\ 0 & a_{32} & a_{33} \end{vmatrix} = a_{13}a_{21}a_{32} + a_{11}a_{22}a_{33} - a_{11}a_{23}a_{32} - a_{12}a_{21}a_{33}$$

となり、項の数が4となる。さらに、もう一つの成分が0、例えば $a_{21} = 0$ となったとすれば、

$$\begin{vmatrix} a_{11} & a_{12} & a_{13} \\ 0 & a_{22} & a_{23} \\ 0 & a_{32} & a_{33} \end{vmatrix} = a_{11}a_{22}a_{33} - a_{11}a_{23}a_{32}$$
$$= a_{11}(a_{22}a_{33} - a_{23}a_{32}) = a_{11}\begin{vmatrix} a_{22} & a_{23} \\ a_{32} & a_{33} \end{vmatrix}$$

となり、2次の行列式を計算すればよい。このように、行列式の成分に含まれる0の数が多くなればなるほど計算が簡単になる。たとえば、ある行に別の行のスカラー倍を加えて、どれかの成分を0にできれば、行列式の値は同じままで、行列式に含まれる0の数を増やすことができる。したがって、行列式に関する性質 (性質 5.3.1 から 5.3.4) を組み合わせて、系 5.3.2 が導かれ、これらの性質を使えば、行列式の計算を簡単にできる[11)]。

11) このような方法ははき出し法として知られている。6.2.2 節を参照。

つぎの性質は、2 つの n 次正方行列の積と行列式の関係を表す性質である。この性質の証明は難しくないが、ここでは結果のみを紹介し、のちほど証明する。

性質 5.3.5　n 次の行列 A, B に対して、

$$|AB| = |A||B|$$

である。

とくに、n 次の行列 A が正則行列であれば、逆行列 A^{-1} が存在して、$AA^{-1} = I$ となる。したがって、性質 5.3.5 より $|A||A^{-1}| = |I|$ であり、$|I| = 1$ だから $|A| \neq 0$ となる。すなわち、行列 A が正則行列であれば、行列式 $|A|$ の値が 0 でない。反対に、行列式 $|A|$ の値が 0 でなければ、逆行列 A^{-1} が存在することは、次章で示される。したがって、行列 A が正則行列であることと、$|A| \neq 0$ は同値である。

5.4　余因子

n 次の行列式の性質を前節でまとめた。ここでは n 次の行列式を、$n-1$ 次の行列式を使って表すことを考えよう。これは、n 次正方行列の逆行列を求めるときや、n 次正方行列の性質を見るときに用いられる。

いま、n 次の行列式 $\begin{vmatrix} a_{11} & a_{12} & \cdots & a_{1j} & \cdots & a_{1n} \\ \vdots & \vdots & \ddots & \vdots & \ddots & \vdots \\ a_{i1} & a_{i2} & \cdots & a_{ij} & \cdots & a_{in} \\ \vdots & \vdots & \ddots & \vdots & \ddots & \vdots \\ a_{n1} & a_{n2} & \cdots & a_{nj} & \cdots & a_{nn} \end{vmatrix}$ に対して、i 行目と j 列目を取り除いてできる $n-1$ 次の行列式を $(-1)^{i+j}$ 倍したものを A_{ij} とお

き、この $n-1$ 次の行列式を a_{ij} の余因子という。すなわち、

$$A_{ij}=(-1)^{i+j}\begin{vmatrix} a_{11} & \cdots & a_{1\,j-1} & a_{1\,j+1} & \cdots & a_{1n} \\ \vdots & \ddots & \vdots & \ddots & \vdots & \\ a_{i-1\,1} & \cdots & a_{i-1\,j-1} & a_{i-1\,j+1} & \cdots & a_{i-1\,n} \\ a_{i+1\,1} & \cdots & a_{i+1\,j-1} & a_{i+1\,j+1} & \cdots & a_{i+1\,n} \\ \vdots & \vdots & \ddots & \ddots & \vdots & \\ a_{n1} & \cdots & a_{n\,j-1} & a_{n\,j+1} & \cdots & a_{nn} \end{vmatrix}\begin{matrix} \\ \\ i-1 \\ i+1 \\ \\ \\ \end{matrix}$$

$$\qquad\qquad\qquad\qquad j-1 \qquad\quad j+1 \tag{5.13}$$

である。

ところで、3 次の行列式は (5.5) 式で定義した。その式は、

$$\begin{aligned}\begin{vmatrix} a_{11} & a_{12} & a_{13} \\ a_{21} & a_{22} & a_{23} \\ a_{31} & a_{32} & a_{33} \end{vmatrix} &= a_{13}\begin{vmatrix} a_{21} & a_{22} \\ a_{31} & a_{32} \end{vmatrix}+a_{23}\begin{vmatrix} a_{31} & a_{32} \\ a_{11} & a_{12} \end{vmatrix}+a_{33}\begin{vmatrix} a_{11} & a_{12} \\ a_{21} & a_{22} \end{vmatrix} \\ &= a_{13}\begin{vmatrix} a_{21} & a_{22} \\ a_{31} & a_{32} \end{vmatrix}-a_{23}\begin{vmatrix} a_{11} & a_{12} \\ a_{31} & a_{32} \end{vmatrix}+a_{33}\begin{vmatrix} a_{11} & a_{12} \\ a_{21} & a_{22} \end{vmatrix}\end{aligned} \tag{5.14}$$

であった。ところで、行列式 $\begin{vmatrix} a_{11} & a_{12} & a_{13} \\ a_{21} & a_{22} & a_{23} \\ a_{31} & a_{32} & a_{33} \end{vmatrix}$ の余因子を使うと、

$$A_{13}=(-1)^{1+3}\begin{vmatrix} a_{21} & a_{22} \\ a_{31} & a_{32} \end{vmatrix}$$

$$A_{23}=(-1)^{2+3}a_{23}\begin{vmatrix} a_{11} & a_{12} \\ a_{31} & a_{32} \end{vmatrix}$$

$$A_{33} = (-1)^{3+3} a_{33} \begin{vmatrix} a_{11} & a_{12} \\ a_{21} & a_{22} \end{vmatrix}$$

となる。よって、(5.14) 式は、

$$\begin{vmatrix} a_{11} & a_{12} & a_{13} \\ a_{21} & a_{22} & a_{23} \\ a_{31} & a_{32} & a_{33} \end{vmatrix} = a_{13}A_{13} + a_{23}A_{23} + a_{33}A_{33}$$

と表せる。

このように、余因子を使えば、行列式の値はつぎのように表せる。この性質の証明は、のちほど証明する。

性質 5.4.1　n 次の行列式 $|A|$ は、$n-1$ 次の行列式を使って、つぎのように表せる。

$$|A| = i\text{行目} \begin{vmatrix} a_{11} & a_{12} & \cdots & a_{1n} \\ \vdots & \vdots & \ddots & \vdots \\ a_{i1} & a_{i2} & \cdots & a_{in} \\ \vdots & \vdots & \ddots & \vdots \\ a_{n1} & a_{n2} & \cdots & a_{nn} \end{vmatrix}$$

$$= a_{i1}A_{i1} + a_{i2}A_{i2} + \cdots + a_{in}A_{in} = \sum_{j=1}^{n} a_{ij}A_{ij} \qquad (5.15)$$

この性質はラプラスの展開定理という。また、性質 5.3.4 から、列ベクトルに

対しても成り立つ。よって、

$$|A| = \begin{vmatrix} a_{11} & \cdots & a_{1j} & \cdots & a_{1n} \\ \vdots & \ddots & \vdots & \ddots & \vdots \\ a_{i1} & \cdots & a_{ij} & \cdots & a_{in} \\ \vdots & \ddots & \vdots & \ddots & \vdots \\ a_{n1} & \cdots & a_{nj} & \cdots & a_{nn} \end{vmatrix}$$

j 列目

$$= a_{1j}A_{1j} + a_{2j}A_{2j} + \cdots + a_{nj}A_{nj} = \sum_{i=1}^{n} a_{ij}A_{ij} \tag{5.16}$$

となる。

ところで、3 次の行列式を展開した (5.14) 式は、ラプラスの展開式を 3 列目に適応した式である。

ところで、(5.15) 式より、

$$|A| = \begin{array}{r} \\ \\ i\text{ 行目} \\ \\ j\text{ 行目} \\ \\ \\ \end{array} \begin{vmatrix} a_{11} & a_{12} & \cdots & a_{1n} \\ \vdots & \vdots & \ddots & \vdots \\ a_{i1} & a_{i2} & \cdots & a_{in} \\ \vdots & \vdots & \ddots & \vdots \\ a_{j1} & a_{j2} & \cdots & a_{jn} \\ \vdots & \vdots & \ddots & \vdots \\ a_{n1} & a_{n2} & \cdots & a_{nn} \end{vmatrix} = a_{j1}A_{j1} + a_{j2}A_{j2} + \cdots + a_{jn}A_{jn}$$

となった。いっぽう、行列 A に対して、j 行目を i 行目で置き換えた行列を A'

とおこう。すなわち、

$$|A'| = \begin{vmatrix} a_{11} & a_{12} & \cdots & a_{1n} \\ \vdots & \vdots & \ddots & \vdots \\ a_{i1} & a_{i2} & \cdots & a_{in} \\ \vdots & \vdots & \ddots & \vdots \\ a_{i1} & a_{i2} & \cdots & a_{in} \\ \vdots & \vdots & \ddots & \vdots \\ a_{n1} & a_{n2} & \cdots & a_{nn} \end{vmatrix} \begin{matrix} \\ \\ i\text{ 行目} \\ \\ j\text{ 行目} \\ \\ \\ \end{matrix}$$

とする。ここで、行列 A と行列 A' を比較してみよう。j 行に着目すれば、A' の (j, k) 成分の余因子と A の (j, k) 成分の余因子は等しい。したがって、行列式 $|A'|$ に対するラプラスの展開式 ((5.15) 式) を使えば、

$$|A'| = a_{i1}A_{j1} + a_{i2}A_{j2} + \cdots + a_{in}A_{jn}$$

となる。ところで、行列式 $|A'|$ の j 行目と i 行目は等しいから、系 5.3.1 より、$|A'| = 0$ である。このことから、δ_{ij} を、

$$\delta_{ij} = \begin{cases} 1 & i = j \text{ のとき} \\ 0 & i \neq j \text{ のとき} \end{cases}$$

と定義すれば、

$$a_{i1}A_{j1} + a_{i2}A_{j2} + \cdots + a_{in}A_{jn} = \delta_{ij}|A| \tag{5.17}$$

と表せる。

例 5.4.1　性質 5.3.1 から性質 5.3.4 までとラプラスの展開定理を使って、4 次の行列式 $\begin{vmatrix} 1 & 2 & 3 & 4 \\ 2 & 3 & 4 & 1 \\ 3 & 4 & 1 & 2 \\ 4 & 1 & 2 & 3 \end{vmatrix}$ の値を求めてみよう。2, 3, 4 行目に 1 行目の定数倍を

引き、ラプラスの展開定理を使うことで、3次の行列式を求めることに帰着できる。その操作を繰り返せばよいから、つぎのようになる。ただし、$2-1\times 2$は、2行目から1行目の2倍を引くことを意味している。

$$\begin{vmatrix} 1 & 2 & 3 & 4 \\ 2 & 3 & 4 & 1 \\ 3 & 4 & 1 & 2 \\ 4 & 1 & 2 & 3 \end{vmatrix} \underset{2-1\times 2}{=} \begin{vmatrix} 1 & 2 & 3 & 4 \\ 0 & -1 & -2 & -7 \\ 3 & 4 & 1 & 2 \\ 4 & 1 & 2 & 3 \end{vmatrix} \underset{3-1\times 3}{=} \begin{vmatrix} 1 & 2 & 3 & 4 \\ 0 & -1 & -2 & -7 \\ 0 & -2 & -8 & -10 \\ 4 & 1 & 2 & 3 \end{vmatrix}$$

$$\underset{4-1\times 4}{=} \begin{vmatrix} 1 & 2 & 3 & 4 \\ 0 & -1 & -2 & -7 \\ 0 & -2 & -8 & -10 \\ 0 & -9 & -10 & -13 \end{vmatrix} \underset{\text{展開定理}}{=} 1 \times \begin{vmatrix} -1 & -2 & -7 \\ -2 & -8 & -10 \\ -9 & -10 & -13 \end{vmatrix}$$

$$+ 0 \times \begin{vmatrix} 2 & 3 & 4 \\ -2 & -8 & -10 \\ -9 & -10 & -13 \end{vmatrix} + 0 \times \begin{vmatrix} 2 & 3 & 4 \\ -1 & -2 & -7 \\ -9 & -10 & -13 \end{vmatrix}$$

$$+ 0 \times \begin{vmatrix} 2 & 3 & 4 \\ -1 & -2 & -7 \\ -2 & -8 & -10 \end{vmatrix}$$

$$= \begin{vmatrix} -1 & -2 & -7 \\ -2 & -8 & -10 \\ -9 & -10 & -13 \end{vmatrix} \underset{2-1\times 2}{=} \begin{vmatrix} -1 & -2 & -7 \\ 0 & -4 & 4 \\ -9 & -10 & -13 \end{vmatrix} \underset{3-1\times 9}{=} \begin{vmatrix} -1 & -2 & -7 \\ 0 & -4 & 4 \\ 0 & 8 & 50 \end{vmatrix}$$

$$\underset{\text{展開定理}}{=} -1 \times \begin{vmatrix} -4 & 4 \\ 8 & 50 \end{vmatrix} + 0 \times \begin{vmatrix} -2 & -7 \\ 8 & 50 \end{vmatrix} + 0 \times \begin{vmatrix} -2 & -7 \\ -4 & 4 \end{vmatrix} = 232$$

となる。

5.5　ヤコビアン

2 つの 2 変数関数 $u(s,t), v(s,t)$ に対して、

$$\begin{cases} x = u(s,t) \\ y = v(s,t) \end{cases} \tag{5.18}$$

を考えよう。このとき、(5.18) 式によって $(s,t)-$ 平面上の点 (s,t) を、$(x,y)-$ 平面上の点 (x,y) に写す写像となっている。$u(s,t) = as + ct, v(s,t) = bs + dt$ とすればこれまでと同じであるが、この節では、2 変数関数 $u(s,t), v(s,t)$ は、1 次関数とは限定しない。すなわち、適当な条件を満たす「微分・積分」で扱われる一般的な関数である。もちろん 1 次関数も条件を満たす。したがって、「微分・積分」で示した性質や用語を用いるが、ここでは行列式がどのように関わっているかを見るためのものであり、「微分・積分」で得られた結果は与えられたものとして説明する。

そこで、この (5.18) 式で表される変換の性質を行列式を使ってみることにしよう。ここで触れるヤコビアンは重積分における変数変換を始め、経済学でも用いられるものである。つぎの例 5.5.1 は、(5.18) 式で表される変換の 1 つである。

例 5.5.1　平面上の点は、原点から $x-$ 軸方向への距離 x と、$y-$ 軸方向への距離 y を用いて (x,y) と表せた。しかし、同じ点を、図 5.6 のように原点からの距離 r と、$x-$ 軸からの回転角度 θ を用いて表すこともできる。この表現を極座標という。したがって、(x,y) と (r,θ) の関係は、

$$\begin{cases} x = r\cos\theta \\ y = r\sin\theta \end{cases} \qquad (0 \le r \le \infty, 0 \le \theta \le 2\pi)$$

となっている。

ところで、5.1 節では、2 つのベクトル $\boldsymbol{a}_1 = \begin{pmatrix} a_{11} \\ a_{21} \end{pmatrix}$，　$\boldsymbol{a}_2 = \begin{pmatrix} a_{12} \\ a_{22} \end{pmatrix}$ を

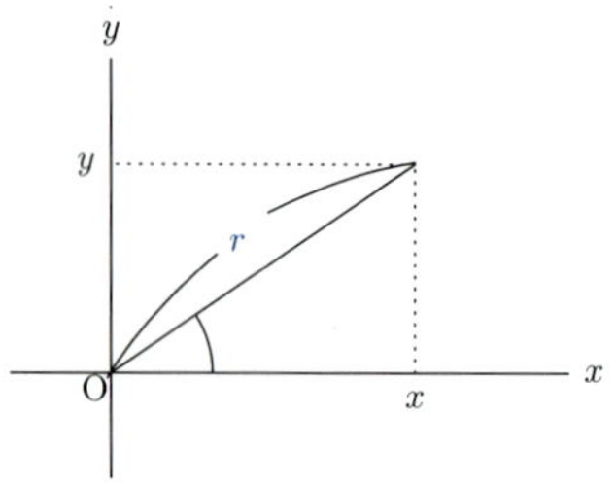

図 5.6　平面上の点の極座標による表現

2 辺とする平行四辺形の面積は、2 次の行列式 $\begin{vmatrix} a_{11} & a_{12} \\ a_{21} & a_{22} \end{vmatrix}$ の絶対値であることを示した。このことを使って、(5.18) 式で表される変換をみることにしよう。

いま、図 5.7 の $(s,t)-$ 平面上の長方形 $ABCD$ の頂点が、(5.18) 式によって、それぞれ $A'B'C'D'$ に写ったとしよう。このとき、長方形 $ABCD$ の面積と、この (5.18) 式によって写った図形 $A'B'C'D'$ の面積の関係を考えよう。

いま、長方形 $ABCD$ の頂点をそれぞれ、$A(a,b), B(a+h,b), C(a,b+k), D(a+h,b+k)$ とする。このとき、(5.18) 式で表される写像によって、頂点 $ABCD$ はそれぞれ $A'B'C'D'$ へ写る。よって、それらの座標はそれぞれ、

$$\begin{array}{ll} A' & (u(a,b), v(a,b)) \\ B' & (u(a+h,b), v(a+h,b)) \\ C' & (u(a,b+k), v(a,b+k)) \\ D' & (u(a+h,b+k), v(a+h,b+k)) \end{array}$$

となる。

ここで、$(s,t)-$ 平面上の長方形 $ABCD$ が、この写像で写った $(x,y)-$ 平面での図形は、一般的には長方形ではなく何らかの曲線で囲まれる。したがって、図形 $A'B'C'D'$ の面積を求めることは難しい。そこで、図形 $A'B'C'D'$ の面積を求める代わりに、$A'B'$ と $A'C'$ を 2 つの辺とする平行四辺形の面積 S を求めることにしよう。このとき、2 変数関数 $u(s,t), v(s,t)$ が偏微分可能であれば、

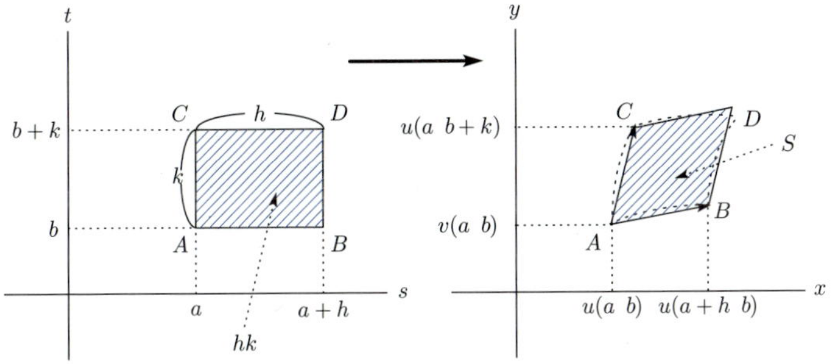

図 5.7　写像 $x = u(s,t), y = v(s,t)$

h,k が十分小さいとき、図形 $A'B'C'D'$ の面積 S は、この平行四辺形で近似できることが知られている。

いま、$A'B'$ と $A'C'$ を 2 つの辺とする平行四辺形で、ベクトル $\overrightarrow{A'B'}$ と $\overrightarrow{A'C'}$ を成分で表せば、

$$\overrightarrow{A'B'} = \begin{pmatrix} u(a+h,b) - u(a,b) \\ v(a+h,b) - v(a,b) \end{pmatrix}$$

$$\overrightarrow{A'C'} = \begin{pmatrix} u(a,b+k) - u(a,b) \\ v(a,b+k) - v(a,b) \end{pmatrix}$$

である。したがって、(5.4) 式を用いれば $A'B'$ と $A'C'$ を 2 つの辺とする平行四辺形の面積 S は、

$$S = \begin{vmatrix} u(a+h,b) - u(a,b) & u(a,b+k) - u(a,b) \\ v(a+h,b) - v(a,b) & v(a,b+k) - v(a,b) \end{vmatrix} \text{ の絶対値} \qquad (5.19)$$

である。ところで、2 変数関数 $u(s,t), v(s,t)$ が点 (a,b) の周りで偏微分可能で偏導関数が連続ならば、十分小さい ϵ_1 を用いて、

$$u(a+h,b) - u(a,b) = (u_s(a,b) + \epsilon_1)h$$

と表せる。同じように、

$$
\begin{aligned}
u(a,b+k)-u(a,b) &= (u_t(a,b)+\epsilon_2)k \\
v(a+h,b)-v(a,b) &= (v_s(a,b)+\epsilon_3)h \\
v(a,b+k)-v(a,b) &= (v_t(a,b)+\epsilon_4)k
\end{aligned}
$$

となる12)。よって、(5.19) 式は、

$$
\begin{vmatrix} (u_s(a,b)+\epsilon_1)h & (u_t(a,b)+\epsilon_2)k \\ (v_s(a,b)+\epsilon_3)h & (v_t(a,b)+\epsilon_4)k \end{vmatrix} \tag{5.20}
$$

となる。ここで、$\epsilon_1, \epsilon_2, \epsilon_3, \epsilon_4$ は $\sqrt{h^2+k^2} \to 0$ のとき 0 に近づく十分小さい数である13)。すなわち $\epsilon_1 = \epsilon_2 = \epsilon_3 = \epsilon_4 = o(hk)$ となっている14)。ここで、行列式を計算すれば、

$$
\begin{aligned}
S &= \begin{vmatrix} (u_s(a,b)+\epsilon_1)h & (u_t(a,b)+\epsilon_2)k \\ (v_s(a,b)+\epsilon_3)h & (v_t(a,b)+\epsilon_4)k \end{vmatrix} \\
&= (u_s(a,b)+\epsilon_1)(v_t(a,b)+\epsilon_4)hk-(u_t(a,b)+\epsilon_2)(v_s(a,b)+\epsilon_3)hk \\
&= (u_s(a,b)v_t(a,b)-u_t(a,b)v_s(a,b))hk \\
&\quad +(\epsilon_1 v_t(a,b)+\epsilon_4 u_s(a,b)+\epsilon_1\epsilon_4-\epsilon_2 v_s(a,b)-\epsilon_3 u_t(a,b)-\epsilon_2\epsilon_3)hk \\
&= \begin{vmatrix} u_s(a,b) & u_t(a,b) \\ v_s(a,b) & v_t(a,b) \end{vmatrix} hk + o(hk)
\end{aligned}
$$

---

12) 点 (a,b) の周りで偏微分可能で偏導関数が連続な 2 変数関数 $u(s,t), v(s,t)$ が、このように表すことができることは、「経済数学 (微分積分編)」第 6 章「テイラー展開とその性質」の「関数の近似」の脚注を参照してもらいたい。また偏微分の計算についても同書に詳しい。

13) $\epsilon_1 = \epsilon_3 = \dfrac{o(h)}{h}, \epsilon_2 = \epsilon_4 = \dfrac{o(k)}{k}$ だから、$\displaystyle\lim_{\sqrt{h^2+k^2}\to 0} \epsilon_i = 0$ である $(i=1,2,3,4)$。この o はランダウ (Landau) の記号といい、詳細は「経済数学 (微分積分編)」3.3.1 節に詳しい。ここでは、$o(h)$ は h と比べて無視していいほど小さいことを意味していると考えてよい。ここで、$o(h)$ は、$\displaystyle\lim_{h\to 0}\frac{o(h)}{h} = 0$ となることを表している。

14) $\sqrt{h^2+k^2} \to 0$ のとき、$h \to 0, k \to 0$ だから、$o(\sqrt{h^2+k^2}) = o(hk)$ である。

となる。このことから、

$$\lim_{\sqrt{h^2+k^2}\to 0}\frac{S}{hk}=\begin{vmatrix} u_s(a,b) & u_t(a,b) \\ v_s(a,b) & v_t(a,b) \end{vmatrix} \tag{5.21}$$

となる。ところで、hk はもとの長方形 $ABCD$ の面積であり、S が (5.18) 式で写る図形の面積を近似しているから、(5.21) 式から、

$$\begin{vmatrix} u_s(a,b) & u_t(a,b) \\ v_s(a,b) & v_t(a,b) \end{vmatrix} \tag{5.22}$$

は、この写像によって写る図形の拡大 (または縮小) の割合を表している。もちろん、この割合は点 (a,b) の位置によって異なる。

この (5.22) 式をヤコビアン (Jacobian) といい、関数を用いた変換の性質をみるときに重要な役割を果たす。また、定義域に含まれる点 (s,t) に対し、その点でのヤコビアンの値が対応する関数を J と表せば、

$$J=\frac{\partial(u,v)}{\partial(s,t)}=\begin{vmatrix} u_s & u_t \\ v_s & v_t \end{vmatrix}$$

と表す。

例 5.5.2　(5.18) 式の写像として、1 次関数を考えよう。すなわち、

$$\begin{cases} x = as+bt \\ y = cs+dt \end{cases}$$

とする。このとき、ヤコビアンは、

$$\begin{vmatrix} u_s(s,t) & u_t(s,t) \\ v_s(s,t) & v_t(s,t) \end{vmatrix}=\begin{vmatrix} a & b \\ c & d \end{vmatrix}$$

となる。このことから、$u(s,t), v(s,t)$ が 1 次関数ならば、ヤコビアンの値は一定であり、図 5.8 のようにどの点でも図形の拡大あるいは縮小率は一定となる。

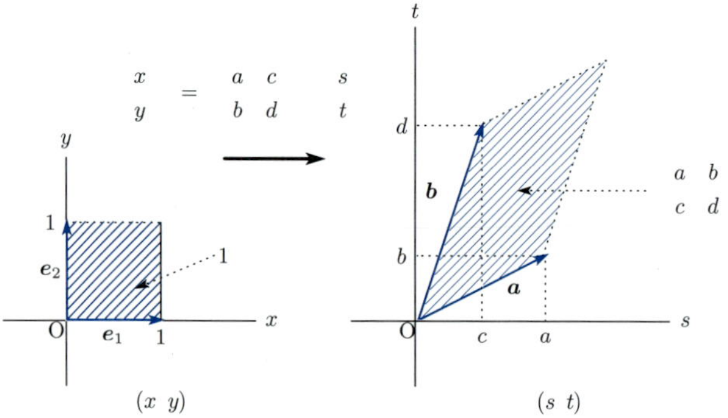

図 5.8　線形変換

いっぽう、この変換は 1 次関数なので、ベクトルと行列を使って表せる。すなわち、

$$\begin{pmatrix} x \\ y \end{pmatrix} = \begin{pmatrix} a & c \\ b & d \end{pmatrix} \begin{pmatrix} s \\ t \end{pmatrix}$$

である。すなわち、この変換は図 5.8 のようになる。ここで、原点と $(0,1), (1,0), (1,1)$ によってできる正方形を考えてみよう。この正方形は、この変換によってベクトル $\begin{pmatrix} a \\ b \end{pmatrix}$ と $\begin{pmatrix} c \\ d \end{pmatrix}$ でできる平行四辺形に写る。いっぽう、もとの正方形の面積は 1 であり、ベクトル $\begin{pmatrix} a \\ b \end{pmatrix}$ と $\begin{pmatrix} c \\ d \end{pmatrix}$ によってできる平行四辺形の面積は $\begin{vmatrix} a & b \\ c & d \end{vmatrix}$ である。すなわち、ヤコビアンの値が面積の拡大率に等しい。

例 5.5.3　例 5.5.1 について、ヤコビアンを求めてみよう。(x, y) と (r, θ) の関係は、

$$\begin{cases} x = u(r, \theta) = r\cos\theta \\ y = v(r, \theta) = r\sin\theta \end{cases}$$

である。たとえば、$1 \leq r \leq 2, 0 \leq \theta \leq \dfrac{\pi}{2}$ で定まる長方形が写る領域は、図 5.9 のようになる。よって、

$$
\begin{aligned}
u_r(r,\theta) &= \cos\theta, & u_\theta(r,\theta) &= -r\sin\theta \\
v_r(r,\theta) &= \sin\theta, & v_\theta(r,\theta) &= r\cos\theta
\end{aligned}
$$

だから、

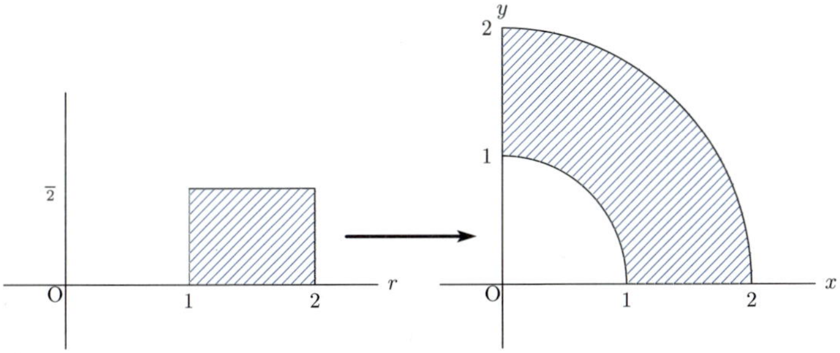

図 5.9　2 つの領域の関係

$$
\begin{aligned}
\begin{vmatrix} u_r(r,\theta) & u_\theta(r,\theta) \\ v_r(r,\theta) & v_\theta(r,\theta) \end{vmatrix} &= \begin{vmatrix} \cos\theta & -r\sin\theta \\ \sin\theta & r\cos\theta \end{vmatrix} \\
&= r\cos^2\theta + r\sin^2\theta = r(\cos^2\theta + \sin^2\theta) = r
\end{aligned}
$$

となる。したがって、ヤコビアンの値は、原点からの距離 r に比例することがわかる。すなわち、原点から離れれば離れるほど、もとの図形と写った図形の拡大率は大きくなるのである。

第 5 章の定理と性質の証明で残ったものをまとめておくことにしよう。

性質 5.3.1 の証明　1 から n までの n 個の数字の並びである置換を $(a_{1i_1}, a_{2i_2}, \cdots, a_{ni_n})$ とする。このとき、この数字の並びの k 番目と l 番目を入れ替えたものの関係を考えよう。すなわち、$(a_{1i_1}, \cdots, \overset{k}{a_{ki_k}}, \cdots, \overset{l}{a_{li_l}}, \cdots, a_{ni_n})$ と

$(a_{1i_1},\cdots,\overset{k}{a_{li_l}},\cdots,\overset{l}{a_{ki_k}},\cdots,a_{ni_n})$ である。この 2 つは数字の入れ替えを 1 回行えばよいから、

$$\mathrm{sgn}(i_1,\cdots,i_l,\cdots,i_k,\cdots,i_n)=-\mathrm{sgn}(i_1,\cdots,i_k,\cdots,i_l,\cdots,i_n)$$

となっている。

したがって、

$$\begin{array}{r} \\ \\ k\text{ 行目} \\ \\ l\text{ 行目} \\ \\ \\ \end{array}\begin{vmatrix} a_{11} & a_{12} & \cdots & a_{1n} \\ \vdots & \vdots & \ddots & \vdots \\ a_{k1} & a_{k2} & \cdots & a_{kn} \\ \vdots & \vdots & \ddots & \vdots \\ a_{l1} & a_{l2} & \cdots & a_{ln} \\ \vdots & \vdots & \ddots & \vdots \\ a_{n1} & a_{n2} & \cdots & a_{nn} \end{vmatrix}$$

$$\begin{aligned}
&= \sum_{(i_1,i_2,\cdots,i_n)\in\mathfrak{S}_n} \mathrm{sgn}(i_1,\cdots,i_k,\cdots,i_l,\cdots,i_n) \\
&\qquad \times a_{1i_1}\cdots a_{ki_k}\cdots a_{li_l}\cdots a_{ni_n} \\
&= -\sum_{(i_1,i_2,\cdots,i_n)\in\mathfrak{S}_n} \mathrm{sgn}(i_1,\cdots,i_l,\cdots,i_k,\cdots,i_n) \\
&\qquad \times a_{1i_1}\cdots a_{li_l}\cdots a_{ki_k}\cdots a_{ni_n} \\
&= (-1)\begin{vmatrix} a_{11} & a_{12} & \cdots & a_{1n} \\ \vdots & \vdots & \ddots & \vdots \\ a_{l1} & a_{l2} & \cdots & a_{ln} \\ \vdots & \vdots & \ddots & \vdots \\ a_{k1} & a_{k2} & \cdots & a_{kn} \\ \vdots & \vdots & \ddots & \vdots \\ a_{n1} & a_{n2} & \cdots & a_{nn} \end{vmatrix}\begin{array}{l} \\ \\ k\text{ 行目} \\ \\ l\text{ 行目} \\ \\ \\ \end{array}
\end{aligned}$$

となり、この性質が成り立つ。 □

性質 5.3.2 の証明

$$
\begin{vmatrix}
a_{11} & a_{12} & \cdots & a_{1n} \\
\vdots & \vdots & \ddots & \vdots \\
a_{i1}+b_{i1} & a_{i2}+b_{i2} & \cdots & a_{in}+b_{in} \\
\vdots & \vdots & \ddots & \vdots \\
a_{n1} & a_{n2} & \cdots & a_{nn}
\end{vmatrix}
$$

$$
\begin{aligned}
&= \sum_{(i_1,i_2,\cdots,i_n)\in\mathfrak{S}_n} \mathrm{sgn}(i_1,i_2,\cdots,i_n) a_{1i_1}a_{2i_2}\cdots(a_{ki_k}+b_{ki_k})\cdots a_{ni_n} \\
&= \sum_{(i_1,i_2,\cdots,i_n)\in\mathfrak{S}_n} \mathrm{sgn}(i_1,i_2,\cdots,i_n) a_{1i_1}a_{2i_2}\cdots a_{ki_k}\cdots a_{ni_n} \\
&\quad + \sum_{(i_1,i_2,\cdots,i_n)\in\mathfrak{S}_n} \mathrm{sgn}(i_1,i_2,\cdots,i_n) a_{1i_1}a_{2i_2}\cdots b_{ki_k}\cdots a_{ni_n} \\
&= \begin{vmatrix}
a_{11} & a_{12} & \cdots & a_{1n} \\
\vdots & \vdots & \ddots & \vdots \\
a_{i1} & a_{i2} & \cdots & a_{in} \\
\vdots & \vdots & \ddots & \vdots \\
a_{n1} & a_{n2} & \cdots & a_{nn}
\end{vmatrix}
+
\begin{vmatrix}
a_{11} & a_{12} & \cdots & a_{1n} \\
\vdots & \vdots & \ddots & \vdots \\
b_{i1} & b_{i2} & \cdots & b_{in} \\
\vdots & \vdots & \ddots & \vdots \\
a_{n1} & a_{n2} & \cdots & a_{nn}
\end{vmatrix}
\end{aligned}
$$

だから、この性質が成り立つ。 □

性質 5.3.3 の証明

$$
\begin{vmatrix}
a_{11} & a_{12} & \cdots & a_{1n} \\
\vdots & \vdots & \ddots & \vdots \\
c\,a_{i1} & c\,a_{i2} & \cdots & c\,a_{in} \\
\vdots & \vdots & \ddots & \vdots \\
a_{n1} & a_{n2} & \cdots & a_{nn}
\end{vmatrix}
$$

$$
= \sum_{(i_1,i_2,\cdots,i_n)\in\mathfrak{S}_n} \mathrm{sgn}(i_1,i_2,\cdots,i_n) a_{1i_1}a_{2i_2}\cdots(ca_{ki_k})\cdots a_{ni_n}
$$

$$
\begin{aligned}
&= c \sum_{(i_1,i_2,\cdots,i_n)\in\mathfrak{S}_n} \mathrm{sgn}(i_1,i_2,\cdots,i_n) \times a_{1i_1}a_{2i_2}\cdots a_{ki_k}\cdots a_{ni_n} \\
&= c\begin{vmatrix} a_{11} & a_{12} & \cdots & a_{1n} \\ \vdots & \vdots & \ddots & \vdots \\ a_{i1} & a_{i2} & \cdots & a_{in} \\ \vdots & \vdots & \ddots & \vdots \\ a_{n1} & a_{n2} & \cdots & a_{nn} \end{vmatrix}
\end{aligned}
$$

だから、この性質が成り立つ。 □

性質 5.3.4 の証明　$A = \begin{pmatrix} a_{11} & a_{21} & \cdots & a_{n1} \\ a_{12} & a_{22} & \cdots & a_{n2} \\ \vdots & \vdots & \ddots & \vdots \\ a_{1n} & a_{2n} & \cdots & a_{nn} \end{pmatrix}$ とし、

$$
{}^tA = \begin{pmatrix} a_{11} & a_{12} & \cdots & a_{1n} \\ a_{21} & a_{22} & \cdots & a_{2n} \\ \vdots & \vdots & \ddots & \vdots \\ a_{n1} & a_{n2} & \cdots & a_{nn} \end{pmatrix} = \begin{pmatrix} b_{11} & b_{21} & \cdots & b_{n1} \\ b_{12} & b_{22} & \cdots & b_{n2} \\ \vdots & \vdots & \ddots & \vdots \\ b_{1n} & b_{2n} & \cdots & b_{nn} \end{pmatrix}
$$
とおく。

したがって、

$$
\begin{aligned}
|{}^tA| &= \begin{vmatrix} b_{11} & b_{12} & \cdots & b_{1n} \\ b_{21} & b_{22} & \cdots & b_{2n} \\ \vdots & \vdots & \ddots & \vdots \\ b_{n1} & b_{n2} & \cdots & b_{nn} \end{vmatrix} \\
&= \sum_{(i_1,i_2,\cdots,i_n)\in\mathfrak{S}_n} \mathrm{sgn}(i_1,i_2,\cdots,i_n) b_{1i_1}b_{2i_2}\cdots b_{ni_n} \\
&= \sum_{(i_1,i_2,\cdots,i_n)\in\mathfrak{S}_n} \mathrm{sgn}(i_1,i_2,\cdots,i_n) a_{i_11}a_{i_22}\cdots a_{i_nn}
\end{aligned}
$$

となる。ところで、$(i_1, i_2, \cdots, i_n)$ は 1 つの置換だから、$i_1, i_2, \cdots, i_n$ の中には 1 から n の数字が 1 つずつ含まれている。このことから、$a_{i_11}, a_{i_22}, \cdots, a_{i_nn}$

を並べ替えて、$a_{1j_1}, a_{2j_2}, \cdots, a_{nj_n}$ とでき、

$$a_{i_1 1} a_{i_2 2} \cdots a_{i_n n} = a_{1j_1} a_{2j_2} \cdots a_{nj_n} \tag{5.23}$$

となっている。

ここで、$a_{i_1 1}, a_{i_2 2}, \cdots, a_{i_n n}$ の n 個の要素を入れ替えて、$a_{1j_1}, a_{2j_2}, \cdots, a_{nj_n}$ となるまでの入れ替え回数を k 回とする。すなわち、置換 $(i_1, i_2, \cdots, i_n)$ の数字を k 回入れ替えれば $(1, 2, \cdots, n)$ とできる。いっぽう、$a_{i_1 1}, a_{i_2 2}, \cdots, a_{i_n n}$ と $a_{1j_1}, a_{2j_2}, \cdots, a_{nj_n}$ の添え字の後ろの数字を見れば、同時に入れ替えを行っているから、同じ回数 k で、n 個の数字の並び $(1, 2, \cdots, n)$ を $(j_1, j_2, \cdots, j_n)$ とできることがわかる。これらをあわせれば、$(i_1, i_2, \cdots, i_n)$ を $2k$ 回の入れ替えて $(j_1, j_2, \cdots, j_n)$ とできる。

ところで、$2k$ は偶数なので、

$$\mathrm{sgn}(i_1, i_2, \cdots, i_n) = \mathrm{sgn}(j_1, j_2, \cdots, j_n) \tag{5.24}$$

である。

ここで、(5.23) 式と (5.24) 式を組み合わせれば、

$$|{}^tA| = \sum_{(i_1, i_2, \cdots, i_n) \in \mathfrak{S}_n} \mathrm{sgn}(j_1, j_2, \cdots, j_n) a_{1j_1} a_{2j_2} \cdots a_{nj_n}$$

となる。

最後に、$(i_1, i_2, \cdots, i_n)$ がすべての置換をとるとき、$(j_1, j_2, \cdots, j_n)$ は $(i_1, i_2, \cdots, i_n)$ の数字を並べ替えただけだから、すべての置換をとる。よって、

$$\sum_{(i_1, i_2, \cdots, i_n) \in \mathfrak{S}_n} \mathrm{sgn}(j_1, j_2, \cdots, j_n) a_{1j_1} a_{2j_2} \cdots a_{nj_n} = \sum_{(j_1, j_2, \cdots, j_n) \in \mathfrak{S}_n} \mathrm{sgn}(j_1, j_2, \cdots, j_n) a_{1j_1} a_{2j_2} \cdots a_{nj_n}$$

なので、

$$|A| = |{}^tA|$$

となる。 □

性質 5.3.5 の証明　$A = \begin{pmatrix} a_{11} & a_{12} & \cdots & a_{1n} \\ a_{21} & a_{22} & \cdots & a_{2n} \\ \vdots & \vdots & \ddots & \vdots \\ a_{n1} & a_{n2} & \cdots & a_{nn} \end{pmatrix}$ および

$B = \begin{pmatrix} b_{11} & b_{12} & \cdots & b_{1n} \\ b_{21} & b_{22} & \cdots & b_{2n} \\ \vdots & \vdots & \ddots & \vdots \\ b_{n1} & b_{n2} & \cdots & b_{nn} \end{pmatrix}$ とおけば、

$$AB = \begin{pmatrix} \sum_{k=1}^{n} a_{1k}b_{k1} & \sum_{k=1}^{n} a_{1k}b_{k2} & \cdots & \sum_{k=1}^{n} a_{1k}b_{kn} \\ \sum_{k=1}^{n} a_{2k}b_{k1} & \sum_{k=1}^{n} a_{2k}b_{k2} & \cdots & \sum_{k=1}^{n} a_{2k}b_{kn} \\ \vdots & \vdots & \ddots & \vdots \\ \sum_{k=1}^{n} a_{nk}b_{k1} & \sum_{k=1}^{n} a_{nk}b_{k2} & \cdots & \sum_{k=1}^{n} a_{nk}b_{kn} \end{pmatrix}$$

である。よって、

$$\begin{aligned} |AB| &= \sum_{(i_1,i_2,\cdots,i_n)\in\mathfrak{S}_n} \mathrm{sgn}(i_1, i_2, \cdots, i_n) \left(\sum_{k_1=1}^{n} a_{1k_1} b_{k_1 i_1}\right) \\ &\qquad \times \left(\sum_{k_2=1}^{n} a_{2k_2} b_{k_2 i_2}\right) \cdots \left(\sum_{k_n=1}^{n} a_{nk_n} b_{k_n i_n}\right) \\ &= \sum_{k_1=1}^{n} \sum_{k_2=1}^{n} \cdots \sum_{k_n=1}^{n} a_{1k_1} a_{2k_2} \cdots a_{nk_n} \\ &\qquad \times \sum_{(i_1,i_2,\cdots,i_n)\in\mathfrak{S}_n} \mathrm{sgn}(i_1, i_2, \cdots, i_n) b_{k_1 i_1} b_{k_2 i_2} \cdots b_{k_n i_2} \end{aligned}$$

$$= \sum_{k_1=1}^{n}\sum_{k_2=1}^{n}\cdots\sum_{k_n=1}^{n} a_{1k_1}a_{2k_2}\cdots a_{nk_n}\begin{vmatrix} b_{k_1 1} & b_{k_1 2} & \cdots & b_{k_1 n} \\ b_{k_2 1} & b_{k_2 2} & \cdots & b_{k_2 n} \\ \vdots & \vdots & \ddots & \vdots \\ b_{k_n 1} & b_{k_n 2} & \cdots & b_{k_n n} \end{vmatrix}$$

となる。ここで、

$$\sum_{(i_1,i_2,\cdots,i_n)\in\mathfrak{S}_n} \mathrm{sgn}(i_1,i_2,\cdots,i_n) b_{k_1 i_1} b_{k_2 i_2}\cdots b_{k_n i_2}$$

$$= \begin{vmatrix} b_{k_1 1} & b_{k_1 2} & \cdots & b_{k_1 n} \\ b_{k_2 1} & b_{k_2 2} & \cdots & b_{k_2 n} \\ \vdots & \vdots & \ddots & \vdots \\ b_{k_n 1} & b_{k_n 2} & \cdots & b_{k_n n} \end{vmatrix}$$

となることを使った。ところで、$(k_1, k_2, \cdots, k_n)$ は1から n までの n 個の数字を並べ替えた置換だから、$\begin{vmatrix} b_{k_1 1} & b_{k_1 2} & \cdots & b_{k_1 n} \\ b_{k_2 1} & b_{k_2 2} & \cdots & b_{k_2 n} \\ \vdots & \vdots & \ddots & \vdots \\ b_{k_n 1} & b_{k_n 2} & \cdots & b_{k_n n} \end{vmatrix}$ の行を入れ替えれば、

$$\begin{vmatrix} b_{k_1 1} & b_{k_1 2} & \cdots & b_{k_1 n} \\ b_{k_2 1} & b_{k_2 2} & \cdots & b_{k_2 n} \\ \vdots & \vdots & \ddots & \vdots \\ b_{k_n 1} & b_{k_n 2} & \cdots & b_{k_n n} \end{vmatrix} = \mathrm{sgn}(k_1, k_2, \cdots, k_n)\begin{vmatrix} b_{11} & b_{12} & \cdots & b_{1n} \\ b_{21} & b_{22} & \cdots & b_{2n} \\ \vdots & \vdots & \ddots & \vdots \\ b_{n1} & b_{n2} & \cdots & b_{nn} \end{vmatrix}$$

となり、$\begin{vmatrix} b_{11} & b_{12} & \cdots & b_{1n} \\ b_{21} & b_{22} & \cdots & b_{2n} \\ \vdots & \vdots & \ddots & \vdots \\ b_{n1} & b_{n2} & \cdots & b_{nn} \end{vmatrix}$ は k に関わらないスカラーである。

よって、

$$\sum_{k_1=1}^{n}\sum_{k_2=1}^{n}\cdots\sum_{k_n=1}^{n} a_{1k_1}a_{2k_2}\cdots a_{nk_n}\begin{vmatrix} b_{k_1 1} & b_{k_1 2} & \cdots & b_{k_1 n} \\ b_{k_2 1} & b_{k_2 2} & \cdots & b_{k_2 n} \\ \vdots & \vdots & \ddots & \vdots \\ b_{k_n 1} & b_{k_n 2} & \cdots & b_{k_n n} \end{vmatrix}$$

$$= \sum_{k_1=1}^{n}\sum_{k_2=1}^{n}\cdots\sum_{k_n=1}^{n} a_{1k_1}a_{2k_2}\cdots a_{nk_n}$$

$$\times \operatorname{sgn}(k_1, k_2, \cdots, k_n)\begin{vmatrix} b_{11} & b_{12} & \cdots & b_{1n} \\ b_{21} & b_{22} & \cdots & b_{2n} \\ \vdots & \vdots & \ddots & \vdots \\ b_{n1} & b_{n2} & \cdots & b_{nn} \end{vmatrix}$$

$$= \begin{vmatrix} b_{11} & b_{12} & \cdots & b_{1n} \\ b_{21} & b_{22} & \cdots & b_{2n} \\ \vdots & \vdots & \ddots & \vdots \\ b_{n1} & b_{n2} & \cdots & b_{nn} \end{vmatrix} \sum_{k_1=1}^{n}\cdots\sum_{k_n=1}^{n} \operatorname{sgn}(k_1, k_2, \cdots, k_n) a_{1k_1}\cdots a_{nk_n}$$

$$= \begin{vmatrix} b_{11} & b_{12} & \cdots & b_{1n} \\ b_{21} & b_{22} & \cdots & b_{2n} \\ \vdots & \vdots & \ddots & \vdots \\ b_{n1} & b_{n2} & \cdots & b_{nn} \end{vmatrix} \sum_{(k_1, k_2, \cdots, k_n) \in \mathfrak{S}_n} \operatorname{sgn}(k_1, k_2, \cdots, k_n) a_{1k_1}\cdots a_{nk_n}$$

$$= \begin{vmatrix} b_{11} & b_{12} & \cdots & b_{1n} \\ b_{21} & b_{22} & \cdots & b_{2n} \\ \vdots & \vdots & \ddots & \vdots \\ b_{n1} & b_{n2} & \cdots & b_{nn} \end{vmatrix} \begin{vmatrix} a_{11} & a_{12} & \cdots & a_{1n} \\ a_{21} & a_{22} & \cdots & a_{2n} \\ \vdots & \vdots & \ddots & \vdots \\ a_{n1} & a_{n2} & \cdots & a_{nn} \end{vmatrix}$$

となる。いっぽう、行列式はスカラーだから、

$$\begin{vmatrix} b_{11} & b_{12} & \cdots & b_{1n} \\ b_{21} & b_{22} & \cdots & b_{2n} \\ \vdots & \vdots & \ddots & \vdots \\ b_{n1} & b_{n2} & \cdots & b_{nn} \end{vmatrix} \begin{vmatrix} a_{11} & a_{12} & \cdots & a_{1n} \\ a_{21} & a_{22} & \cdots & a_{2n} \\ \vdots & \vdots & \ddots & \vdots \\ a_{n1} & a_{n2} & \cdots & a_{nn} \end{vmatrix}$$

$$= \begin{vmatrix} a_{11} & a_{12} & \cdots & a_{1n} \\ a_{21} & a_{22} & \cdots & a_{2n} \\ \vdots & \vdots & \ddots & \vdots \\ a_{n1} & a_{n2} & \cdots & a_{nn} \end{vmatrix} \begin{vmatrix} b_{11} & b_{12} & \cdots & b_{1n} \\ b_{21} & b_{22} & \cdots & b_{2n} \\ \vdots & \vdots & \ddots & \vdots \\ b_{n1} & b_{n2} & \cdots & b_{nn} \end{vmatrix}$$

なので、この性質が成り立つ。 □

性質 5.4.1 の証明　1 行目について考えよう。1 から n の n 個の数字を並べ替えた 1 つの置換 $(i_1, i_2, \cdots, i_n)$ を見てみよう。i_1 を除いた $(i_2, i_3, \cdots, i_n)$ は $n-1$ 個の数字 $1, 2, \cdots, i_1-1, i_1+1, \cdots n$ を並べ替えた 1 つの置換となっている。ところで、$(i_2, i_3, \cdots, i_n)$ を $(1, 2, \cdots, i_1-1, i_1+1, \cdots n)$ と並べ替えてから、$(i_1, 1, 2, \cdots, i_1-1, i_1+1, \cdots n)$ を $(1, 2, 3, \cdots, n)$ とするには、i_1 を 1 と入れ替え、つぎに 2 と入れ替え、さらに 3 と入れ替える。このように、入れ替えを i_1-1 回繰り返せばよい。したがって、

$$\mathrm{sgn}(i_1, i_2, \cdots, i_n) = (-1)^{i_1-1}\mathrm{sgn}(i_2, i_3, \cdots, i_n)$$

の関係がある。よって、a_{1i_1} に注意して整理すれば、

$$\begin{vmatrix} a_{11} & a_{12} & \cdots & a_{1n} \\ a_{21} & a_{22} & \cdots & a_{2n} \\ \vdots & \vdots & \ddots & \vdots \\ a_{n1} & a_{n2} & \cdots & a_{nn} \end{vmatrix} = \sum_{(i_1, i_2, \cdots, i_n) \in \mathfrak{S}_n} \mathrm{sgn}(i_1, i_2, \cdots, i_n) a_{1i_1} a_{2i_2} \cdots a_{ni_n}$$

$$= \sum_{i_1=1}^{n} a_{1i_1} \sum_{(i_2, i_3, \cdots, i_n) \in \mathfrak{S}_n} (-1)^{i_1-1}\mathrm{sgn}(i_2, i_3, \cdots, i_n) a_{2i_2} a_{3i_3} \cdots a_{ni_n}$$

$$= \sum_{i_1=1}^{n} a_{1i_1}(-1)^{i_1-1} \begin{vmatrix} a_{11} & \cdots & a_{1i_1-1} & a_{1i_1+1} & \cdots & a_{1n} \\ a_{21} & \cdots & a_{2i_1-1} & a_{2i_1+1} & \cdots & a_{2n} \\ \vdots & \ddots & \vdots & \vdots & \ddots & \vdots \\ a_{n1} & \cdots & a_{ni_1-1} & a_{ni_1+1} & \cdots & a_{nn} \end{vmatrix}$$

となる。ここで、$\displaystyle\sum_{(i_2,i_3,\cdots,i_n)\in\mathfrak{S}_n}$ は i_1 を除いた $n-1$ 個の $i_2, i_3, \cdots, i_n$ の置換に関する和だから、

$$\sum_{(i_2,i_3,\cdots,i_n)\in\mathfrak{S}_n} \mathrm{sgn}(i_2, i_3, \cdots, i_n) a_{2i_2} a_{3i_3} \cdots a_{ni_n}$$

$$= \begin{vmatrix} a_{21} & \cdots & a_{2i_1-1} & a_{2i_1+1} & \cdots & a_{2n} \\ a_{31} & \cdots & a_{3i_1-1} & a_{3i_1+1} & \cdots & a_{3n} \\ \vdots & \ddots & \vdots & \vdots & \ddots & \vdots \\ a_{n1} & \cdots & a_{ni_1-1} & a_{ni_1+1} & \cdots & a_{nn} \end{vmatrix}$$

となることを使った。ここで、i_1 を j で置き換えれば、

$$\begin{vmatrix} a_{11} & a_{12} & \cdots & a_{1n} \\ a_{21} & a_{22} & \cdots & a_{2n} \\ \vdots & \vdots & \ddots & \vdots \\ a_{n1} & a_{n2} & \cdots & a_{nn} \end{vmatrix}$$

$$= \sum_{j=1}^{n} a_{1j}(-1)^{j-1} \begin{vmatrix} a_{21} & \cdots & a_{2\,j-1} & a_{2\,j+1} & \cdots & a_{2n} \\ a_{31} & \cdots & a_{3\,j-1} & a_{3\,j+1} & \cdots & a_{3n} \\ \vdots & \ddots & \vdots & \vdots & \ddots & \vdots \\ a_{n1} & \cdots & a_{n\,j-1} & a_{n\,j+1} & \cdots & a_{nn} \end{vmatrix} = \sum_{j=1}^{n} a_{1j} A_{1j}$$

となる。ここで、$A_{1j} = (-1)^{j-1} \begin{vmatrix} a_{21} & \cdots & a_{2\,j-1} & a_{2\,j+1} & \cdots & a_{2n} \\ a_{31} & \cdots & a_{3\,j-1} & a_{3\,j+1} & \cdots & a_{3n} \\ \vdots & \ddots & \vdots & \vdots & \ddots & \vdots \\ a_{n1} & \cdots & a_{n\,j-1} & a_{n\,j+1} & \cdots & a_{nn} \end{vmatrix}$ を

使った。

つぎに、i 行目について考えよう。行の入れ替えを繰り返せば、

$$|A| = \begin{vmatrix} a_{11} & a_{12} & \cdots & a_{1n} \\ \vdots & \vdots & \ddots & \vdots \\ a_{i-1\,1} & a_{i-1\,2} & \cdots & a_{i-1\,n} \\ a_{i1} & a_{i2} & \cdots & a_{in} \\ a_{i+1\,1} & a_{i+1\,2} & \cdots & a_{i+1\,n} \\ \vdots & \vdots & \ddots & \vdots \\ a_{n1} & a_{n2} & \cdots & a_{nn} \end{vmatrix}$$

$$= (-1) \begin{vmatrix} a_{11} & a_{12} & \cdots & a_{1n} \\ \vdots & \vdots & \ddots & \vdots \\ a_{i1} & a_{i2} & \cdots & a_{in} \\ a_{i-1\,1} & a_{i-1\,2} & \cdots & a_{i-1\,n} \\ a_{i+1\,1} & a_{i+1\,2} & \cdots & a_{i+1\,n} \\ \vdots & \vdots & \ddots & \vdots \\ a_{n1} & a_{n2} & \cdots & a_{nn} \end{vmatrix}$$

$$= \cdots = (-1)^{i-1} \begin{vmatrix} a_{i1} & a_{i2} & \cdots & a_{in} \\ a_{11} & a_{12} & \cdots & a_{1n} \\ \vdots & \vdots & \ddots & \vdots \\ a_{i-1\,1} & a_{i-1\,2} & \cdots & a_{i-1\,n} \\ a_{i+1\,1} & a_{i+1\,2} & \cdots & a_{i+1\,n} \\ \vdots & \vdots & \ddots & \vdots \\ a_{n1} & a_{n2} & \cdots & a_{nn} \end{vmatrix}$$

となる。この最後の行列式を 1 行目で展開すれば、

$$
\begin{aligned}
|A| = (-1)^{i-1} \Bigg\{ & a_{i1} \begin{vmatrix} a_{i2} & a_{i3} & \cdots & a_{in} \\ a_{12} & a_{13} & \cdots & a_{1n} \\ \vdots & \vdots & \ddots & \vdots \\ a_{i-1\,2} & a_{i-1\,3} & \cdots & a_{i-1\,n} \\ a_{i+1\,2} & a_{i+1\,3} & \cdots & a_{i+1\,n} \\ \vdots & \vdots & \ddots & \vdots \\ a_{n2} & a_{n3} & \cdots & a_{nn} \end{vmatrix} \\
& - a_{i2} \begin{vmatrix} a_{i1} & a_{i3} & \cdots & a_{in} \\ a_{11} & a_{13} & \cdots & a_{1n} \\ \vdots & \vdots & \ddots & \vdots \\ a_{i-1\,1} & a_{i-1\,3} & \cdots & a_{i-1\,n} \\ a_{i+1\,1} & a_{i+1\,3} & \cdots & a_{i+1\,n} \\ \vdots & \vdots & \ddots & \vdots \\ a_{n1} & a_{n3} & \cdots & a_{nn} \end{vmatrix} \\
& + \cdots + (-1)^{n-1} a_{in} \begin{vmatrix} a_{i1} & a_{i2} & \cdots & a_{in} \\ a_{11} & a_{12} & \cdots & a_{1n} \\ \vdots & \vdots & \ddots & \vdots \\ a_{i-1\,1} & a_{i-1\,2} & \cdots & a_{i-1\,n} \\ a_{i+1\,1} & a_{i+1\,2} & \cdots & a_{i+1\,n} \\ \vdots & \vdots & \ddots & \vdots \\ a_{n1} & a_{n2} & \cdots & a_{nn} \end{vmatrix} \Bigg\} \\
= {} & a_{i1}A_{i1} + a_{i2}A_{i2} + \cdots + a_{in}A_{in}
\end{aligned}
$$

となる。したがって、この性質が成り立つ。 □

練習問題

5.1　つぎのことを示しなさい。

(1)　106 ページの平行四辺形の面積は、$S = |ad - bc|$ である。

(2)　107 ページの平行四辺形の面積は、
$S = \sqrt{(bf - ce)^2 + (af - cd)^2 + (ae - bd)^2}$ である。

(3)　110 ページの平行四辺体の体積は、
$V = |g(bf - ce) + h(cd - af) + i(ae - bd)|$ である。

5.2　(5.8) 式の行列式の定義にしたがって、$n = 2, 3$ の場合を求めれば、(5.6) 式と (5.7) 式を導けることを確認しなさい。

5.3　つぎの順列は、偶置換か奇置換かを判定しなさい。

(1) $(3, 2, 1)$　(2) $(4, 3, 2, 1)$　(3) $(5, 4, 3, 2, 1)$　(4) $(3, 2, 1, 4)$　(5) $(4, 3, 2, 1, 5)$

5.4　性質 5.3.1 から性質 5.3.4 までが成り立つことを 3 次の行列式で確認しなさい。

5.5　性質 5.3.1 から性質 5.3.3 を行ベクトルを使って表しなさい。

5.6　つぎの行列式の値を求めなさい。

(1) $\begin{vmatrix} 1 & 2 \\ 2 & 1 \end{vmatrix}$　(2) $\begin{vmatrix} 1 & 2 & 3 \\ 3 & 1 & 2 \\ 2 & 3 & 1 \end{vmatrix}$　(3) $\begin{vmatrix} 0 & 1 & 2 \\ 2 & 0 & 1 \\ 1 & 2 & 0 \end{vmatrix}$　(4) $\begin{vmatrix} 0 & 1 & 1 \\ 1 & 0 & 1 \\ 1 & 1 & 0 \end{vmatrix}$

(5) $\begin{vmatrix} 1 & 1 & 1 & 1 \\ 0 & 1 & 1 & 1 \\ 0 & 0 & 1 & 1 \\ 1 & 0 & 0 & 1 \end{vmatrix}$　(6) $\begin{vmatrix} 0 & 1 & 2 & 3 \\ 3 & 0 & 1 & 2 \\ 2 & 3 & 0 & 1 \\ 1 & 2 & 3 & 0 \end{vmatrix}$　(7) $\begin{vmatrix} 0 & 1 & 1 & 1 \\ 1 & 0 & 1 & 1 \\ 1 & 1 & 0 & 1 \\ 1 & 1 & 1 & 0 \end{vmatrix}$

5.7　つぎの式を示しなさい。

$$(1)\ \begin{vmatrix} 1 & a & a^2 \\ 1 & b & b^2 \\ 1 & c & c^2 \end{vmatrix} = (a-b)(b-c)(c-a)$$

$$(2)\ \begin{vmatrix} 2a+b+c & b & c \\ a & a+2b+c & c \\ a & b & a+b+2c \end{vmatrix} = 2(a+b+c)^3$$

5.8　A, B を n 次の正方行列とし、A', B' を $n-1$ 次の正方行列で、

$$A = \begin{pmatrix} a_{11} & a_{12} \cdots a_{1n} \\ 0 & \\ \vdots & A' \\ 0 & \end{pmatrix}, B = \begin{pmatrix} b_{11} & b_{12} \cdots b_{1n} \\ 0 & \\ \vdots & B' \\ 0 & \end{pmatrix}$$

とする。このとき、$|A'B'| = |A'||B'|$ ならば、性質 5.3.5 が成り立つことを示しなさい。

5.9　2 次方程式 $ax^2 + 2bx + c = 0$ の判別式 $D = b^2 - ac$ は、行列式を使って $D = -\begin{vmatrix} a & b \\ b & c \end{vmatrix}$ と表すことができる。

点 (a, b) の周りで 2 回偏微分可能であって、2 次偏導関数が連続な 2 変数関数 $z = f(x, y)$ が、点 (a, b) で $f_x(a, b) = f_y(a, b) = 0$ とする。このとき、$D(x, y) = \{f_{xy}(x, y)\}^2 - f_{xx}(x, y)f_{yy}(x, y)$ とおけば、$D(a, b) < 0$ で $f_{xx}(a, b) > 0$ ならば、関数 $z = f(x, y)$ は点 (a, b) で極小値となり、$D(a, b) < 0$ で $f_{xx}(a, b) < 0$ ならば、関数 $z = f(x, y)$ は点 (a, b) で極大値となる。この条件を、行列式を使って表しなさい。

5.10　(x, y) と (u, v) の関係がつぎのとき、ヤコビアンの値を求めなさい。

$$(1)\ \begin{cases} x = uv \\ y = v \end{cases} \qquad (2)\ \begin{cases} x = \dfrac{u+v}{2} \\ y = \dfrac{u-v}{2} \end{cases}$$

第6章　逆行列と連立1次方程式

n 次の正則行列には、逆行列が存在した。ここでは、5章で定義した行列式を使って、逆行列を具体的に求める方法と、よく知られている連立1次方程式の解との関係を考えよう。

6.1　余因子と逆行列

(5.13) 式で定義した余因子を使って、逆行列を求めよう。いま、n 次の正則行列、

$$A = \begin{pmatrix} a_{11} & a_{12} & \cdots & a_{1n} \\ a_{21} & a_{22} & \cdots & a_{2n} \\ \vdots & \vdots & \ddots & \vdots \\ a_{n1} & a_{n2} & \cdots & a_{nn} \end{pmatrix}$$

と、余因子 $A_{ij}\,(i,j=1,2,\cdots,n)$ によってできる n 次正方行列 A' を、

$$A' = \begin{pmatrix} A_{11} & A_{21} & \cdots & A_{n1} \\ A_{12} & A_{22} & \cdots & A_{n2} \\ \vdots & \vdots & \ddots & \vdots \\ A_{1n} & A_{2n} & \cdots & A_{nn} \end{pmatrix} \qquad (6.1)$$

とおく。このとき、A' の成分の添え字が、A とは異なっていることに注意すれば、AA' の (i,j) 成分は、

$$\sum_{k=1}^{n} a_{ik}A_{jk} = a_{i1}A_{j1} + a_{i2}A_{j2} + \cdots + a_{in}A_{jn}$$

となる。いっぽう、(5.17) 式より、

$$a_{i1}A_{j1} + a_{i2}A_{j2} + \cdots + a_{in}A_{jn} = \delta_{ij}|A| = \begin{cases} |A| & i = j \text{ のとき} \\ 0 & i \neq j \text{ のとき} \end{cases}$$

と表せた。したがって、

$$AA' = \begin{pmatrix} |A| & 0 & \cdots & 0 \\ 0 & |A| & \cdots & 0 \\ \vdots & \vdots & \ddots & \vdots \\ 0 & 0 & \cdots & |A| \end{pmatrix} = |A| \begin{pmatrix} 1 & 0 & \cdots & 0 \\ 0 & 1 & \cdots & 0 \\ \vdots & \vdots & \ddots & \vdots \\ 0 & 0 & \cdots & 1 \end{pmatrix} = |A|I$$

となる。ここで、$|A| \neq 0$ のとき、

$$B = \frac{1}{|A|}A' = \frac{1}{|A|} \begin{pmatrix} A_{11} & A_{21} & \cdots & A_{n1} \\ A_{12} & A_{22} & \cdots & A_{n2} \\ \vdots & \vdots & \ddots & \vdots \\ A_{1n} & A_{2n} & \cdots & A_{nn} \end{pmatrix} \tag{6.2}$$

とおけば、

$$AB = I$$

となる。よって、$\dfrac{1}{|A|}(A_{ji})$ が行列 A の逆行列 A^{-1} である。すなわち、

$$A^{-1} = \frac{1}{|A|}(A_{ij}) = \frac{1}{|A|} \begin{pmatrix} A_{11} & A_{21} & \cdots & A_{n1} \\ A_{12} & A_{22} & \cdots & A_{n2} \\ \vdots & \vdots & \ddots & \vdots \\ A_{1n} & A_{2n} & \cdots & A_{nn} \end{pmatrix} \tag{6.3}$$

である。また、$|A| = 0$ ならば、(6.2) 式は定義できない。このことからも、5.3 節で述べた次の性質が導かれる。

定理 6.1.1　n 次正方行列 A が正則行列であることと、$|A| \neq 0$ となることは同値である。

6.2　連立 1 次方程式

変数の数が 2 で式の数が 2 の、簡単な連立 1 次方程式を考えよう。例えば、

$$\begin{cases} x + 2y = 2 \cdots ① \\ 2x + y = 3 \cdots ② \end{cases} \tag{6.4}$$

とする。このとき、左辺の係数を並べた 2 次の正方行列 A を $A = \begin{pmatrix} 1 & 2 \\ 2 & 1 \end{pmatrix}$ とおけば、(6.4) 式はベクトル $\begin{pmatrix} x \\ y \end{pmatrix}, \begin{pmatrix} 2 \\ 3 \end{pmatrix}$ を用いて、

$$\begin{pmatrix} 1 & 2 \\ 2 & 1 \end{pmatrix} \begin{pmatrix} x \\ y \end{pmatrix} = \begin{pmatrix} 2 \\ 3 \end{pmatrix} \tag{6.5}$$

と表せる。

このような連立 1 次方程式は、未知数の数が n で、式の数が n であれば、

$$\begin{cases} a_{11}x_1 + a_{12}x_2 + \cdots + a_{1n}x_n = b_1 \\ a_{21}x_1 + a_{22}x_2 + \cdots + a_{2n}x_n = b_2 \\ \qquad \vdots \qquad\qquad\qquad \vdots \quad \vdots \\ a_{n1}x_1 + a_{n2}x_2 + \cdots + a_{nn}x_n = b_n \end{cases} \tag{6.6}$$

となる。これらの連立 1 次方程式の解には、解がただ一つ求まる場合と、解が複数存在する「不定」の場合、さらには解が存在しない「不能」の場合があった。これらの違いは、どこにあるのだろうか。行列と行列式を使って考えよう。

(6.4) 式を、ベクトルと行列を使って (6.5) 式のように表した。同じように、連立 1 次方程式 (6.6) の左辺の係数を並べて、行列 A を、

$$A = \begin{pmatrix} a_{11} & a_{12} & \cdots & a_{1n} \\ a_{21} & a_{22} & \cdots & a_{2n} \\ \vdots & \vdots & \ddots & \vdots \\ a_{n1} & a_{n2} & \cdots & a_{nn} \end{pmatrix}$$

とおこう。このような $n \times n$ 行列 A を係数行列という[1)]。このとき、ベクトル $\boldsymbol{x} = \begin{pmatrix} x_1 \\ x_2 \\ \vdots \\ x_n \end{pmatrix}, \boldsymbol{b} = \begin{pmatrix} b_1 \\ b_2 \\ \vdots \\ b_n \end{pmatrix}$ を用いれば、連立 1 次方程式 (6.6) は、(6.5) 式のように、

$$A\boldsymbol{x} = \boldsymbol{b}$$

と表せる。

ここで、A が正則行列ならば、逆行列 A^{-1} を両辺に左からかければ、

$$\boldsymbol{x} = A^{-1}\boldsymbol{b}$$

となる。このことは連立方程式 (6.6) を解くことと同じである。

6.2.1　連立 1 次方程式を解くことと行列

(6.4) 式の連立 1 次方程式を考えよう。これを解くには、② + ① × (−2) とすれば、

$$\begin{cases} x + 2y = 2 & \cdots ① \\ \quad -3y = -1 & \cdots ③ \end{cases} \tag{6.7}$$

となる。ここで、③ × $-\dfrac{1}{3}$ とすれば、

$$\begin{cases} x + 2y = 2 & \cdots ① \\ \quad y = \dfrac{1}{3} & \cdots ④ \end{cases} \tag{6.8}$$

となる。つぎに、① + ④ × (−2) とすれば、

$$\begin{cases} x = \dfrac{4}{3} & \cdots ⑤ \\ y = \dfrac{1}{3} & \cdots ④ \end{cases}$$

1)　未知数の数が n で、式の数が m の連立 1 次方程式でも、同じように $m \times n$ 行列となる係数行列を作ることができる。

となり、$x = \frac{4}{3}, y = \frac{1}{3}$ という解が求まる。

ところで、(6.4) 式は、行列とベクトルを使って、

$$\begin{pmatrix} 1 & 2 \\ 2 & 1 \end{pmatrix} \begin{pmatrix} x \\ y \end{pmatrix} = \begin{pmatrix} 2 \\ 3 \end{pmatrix} \tag{6.9}$$

と表した。そこで、行列 $\begin{pmatrix} 1 & 0 \\ -2 & 1 \end{pmatrix}$ を (6.9) 式の両辺へ左からかけよう。このとき、

$$\begin{pmatrix} 1 & 0 \\ -2 & 1 \end{pmatrix} \begin{pmatrix} 1 & 2 \\ 2 & 1 \end{pmatrix} \begin{pmatrix} x \\ y \end{pmatrix} = \begin{pmatrix} 1 & 0 \\ -2 & 1 \end{pmatrix} \begin{pmatrix} 2 \\ 3 \end{pmatrix}$$

となる。ここで、左辺の行列の積と右辺の行列とベクトルの積を計算すれば、

$$\begin{pmatrix} 1 & 2 \\ 0 & -3 \end{pmatrix} \begin{pmatrix} x \\ y \end{pmatrix} = \begin{pmatrix} 2 \\ -1 \end{pmatrix} \tag{6.10}$$

となる。これは (6.7) 式を、行列を使って表したものである。すなわち、行列 $\begin{pmatrix} 1 & 0 \\ -2 & 1 \end{pmatrix}$ を左からかけることは、2 行目に 1 行目を -2 倍したものを加える操作と同じである。

つぎに、行列 $\begin{pmatrix} 1 & 0 \\ 0 & -\frac{1}{3} \end{pmatrix}$ を、(6.10) 式の両辺へ左からかけよう。このとき、

$$\begin{pmatrix} 1 & 0 \\ 0 & -\frac{1}{3} \end{pmatrix} \begin{pmatrix} 1 & 2 \\ 0 & -3 \end{pmatrix} \begin{pmatrix} x \\ y \end{pmatrix} = \begin{pmatrix} 1 & 0 \\ 0 & -\frac{1}{3} \end{pmatrix} \begin{pmatrix} 2 \\ -1 \end{pmatrix}$$

となるから、左辺の行列の積と右辺の行列とベクトルの積を計算すれば、

$$\begin{pmatrix} 1 & 2 \\ 0 & 1 \end{pmatrix} \begin{pmatrix} x \\ y \end{pmatrix} = \begin{pmatrix} 2 \\ \frac{1}{3} \end{pmatrix} \tag{6.11}$$

となる。これは (6.8) 式を、行列を使って表したものである。すなわち、行列 $\begin{pmatrix} 1 & 0 \\ 0 & -\frac{1}{3} \end{pmatrix}$ を、左からかけることは、2 行目を $-\frac{1}{3}$ 倍する操作と同じである。

最後に行列 $\begin{pmatrix} 1 & -2 \\ 0 & 1 \end{pmatrix}$ を (6.11) 式の両辺へ左から掛けると、

$$\begin{pmatrix} 1 & -2 \\ 0 & 1 \end{pmatrix}\begin{pmatrix} 1 & 2 \\ 0 & 1 \end{pmatrix}\begin{pmatrix} x \\ y \end{pmatrix} = \begin{pmatrix} 1 & -2 \\ 0 & 1 \end{pmatrix}\begin{pmatrix} 2 \\ \frac{1}{3} \end{pmatrix}$$

となる。よって、左辺の行列の積と右辺の行列とベクトルの積を計算すれば、

$$\begin{pmatrix} 1 & 0 \\ 0 & 1 \end{pmatrix}\begin{pmatrix} x \\ y \end{pmatrix} = \begin{pmatrix} x \\ y \end{pmatrix} = \begin{pmatrix} \frac{4}{3} \\ \frac{1}{3} \end{pmatrix} \tag{6.12}$$

となる。したがって、$x = \frac{4}{3}, y = \frac{1}{3}$ となり、連立方程式 (6.4) の解が求まる。すなわち、行列 $\begin{pmatrix} 1 & -2 \\ 0 & 1 \end{pmatrix}$ を左からかけることは、1 行目に 2 行目の -2 倍したものを加えることと同じ操作である。

ここで、(6.9) 式から (6.12) 式までをまとめれば、

$$\begin{aligned}
\begin{pmatrix} 1 & 0 \\ -2 & 1 \end{pmatrix}\begin{pmatrix} 1 & 2 \\ 2 & 1 \end{pmatrix}\begin{pmatrix} x \\ y \end{pmatrix} &= \begin{pmatrix} 1 & 2 \\ 0 & -3 \end{pmatrix}\begin{pmatrix} x \\ y \end{pmatrix} \\
\begin{pmatrix} 1 & 0 \\ 0 & -\frac{1}{3} \end{pmatrix}\begin{pmatrix} 1 & 0 \\ -2 & 1 \end{pmatrix}\begin{pmatrix} 1 & 2 \\ 2 & 1 \end{pmatrix}\begin{pmatrix} x \\ y \end{pmatrix} &= \begin{pmatrix} 1 & 2 \\ 0 & 1 \end{pmatrix}\begin{pmatrix} x \\ y \end{pmatrix} \\
\begin{pmatrix} 1 & -2 \\ 0 & 1 \end{pmatrix}\begin{pmatrix} 1 & 0 \\ 0 & -\frac{1}{3} \end{pmatrix}\begin{pmatrix} 1 & 0 \\ -2 & 1 \end{pmatrix}\begin{pmatrix} 1 & 2 \\ 2 & 1 \end{pmatrix}\begin{pmatrix} x \\ y \end{pmatrix} &= \begin{pmatrix} 1 & 0 \\ 0 & 1 \end{pmatrix}\begin{pmatrix} x \\ y \end{pmatrix} \\
&= \begin{pmatrix} x \\ y \end{pmatrix}
\end{aligned}$$

となっている。したがって、

$$\begin{pmatrix} 1 & -2 \\ 0 & 1 \end{pmatrix}\begin{pmatrix} 1 & 0 \\ 0 & -\frac{1}{3} \end{pmatrix}\begin{pmatrix} 1 & 0 \\ -2 & 1 \end{pmatrix}\begin{pmatrix} 1 & 2 \\ 2 & 1 \end{pmatrix} = \begin{pmatrix} 1 & 0 \\ 0 & 1 \end{pmatrix} = I$$

となる。ここで、

$$B = \begin{pmatrix} 1 & -2 \\ 0 & 1 \end{pmatrix}\begin{pmatrix} 1 & 0 \\ 0 & -\frac{1}{3} \end{pmatrix}\begin{pmatrix} 1 & 0 \\ -2 & 1 \end{pmatrix} = \begin{pmatrix} -\frac{1}{3} & \frac{2}{3} \\ \frac{2}{3} & -\frac{1}{3} \end{pmatrix}$$

とおけば、$BA = I$ となり、行列 B は行列 A の逆行列となっている。

このように、連立 1 次方程式を解く場合、

(1)　ある式に別の式の定数倍を加える (引く)
(2)　ある式を定数倍する
(3)　ある式と別の式を入れ替える

の 3 つの操作を繰り返して解を求めることができた。これまで見たように、これらの操作は、係数行列に適当な行列を左から掛けることで表せる。さらに、また、連立 1 次方程式を解くことは、係数行列の逆行列を求めることにもなっている。

これまでは、2 行 2 列の行列で説明したが、一般の場合も同じである。そのためには、$\begin{pmatrix} 1 & -2 \\ 0 & 1 \end{pmatrix}$ や $\begin{pmatrix} 1 & 0 \\ 0 & -\frac{1}{3} \end{pmatrix}$ といった行列を、次のようにすればよい。

(1)　i 行目に j 行目の c 倍を加えるには、

$$\begin{array}{cc} & \begin{array}{ccccccc} & & i & & j & & \end{array} \\ \begin{array}{c} \\ \\ i \\ \\ j \\ \\ \\ \end{array} & \begin{pmatrix} 1 & \cdots & 0 & \cdots & 0 & \cdots & 0 \\ \vdots & \ddots & \vdots & \ddots & \vdots & \ddots & \vdots \\ 0 & \cdots & 1 & \cdots & c & \cdots & 0 \\ \vdots & \ddots & \vdots & \ddots & \vdots & \ddots & \vdots \\ 0 & \cdots & 0 & \cdots & 1 & \cdots & 0 \\ \vdots & \ddots & \vdots & \ddots & \vdots & \ddots & \vdots \\ 0 & \cdots & 0 & \cdots & 0 & \cdots & 1 \end{pmatrix} \end{array}$$

を左からかければよい。ただし、(i,j) 成分以外は単位行列と等しい。

(2)　i 行目と j 行目を入れ替えるには、

$$\begin{array}{cc} & \begin{array}{ccccccc} & & i & & j & & \end{array} \\ \begin{array}{c} \\ \\ i \\ \\ j \\ \\ \\ \end{array} & \begin{pmatrix} 1 & \cdots & 0 & \cdots & 0 & \cdots & 0 \\ \vdots & \ddots & \vdots & \ddots & \vdots & \ddots & \vdots \\ 0 & \cdots & 0 & \cdots & 1 & \cdots & 0 \\ \vdots & \ddots & \vdots & \ddots & \vdots & \ddots & \vdots \\ 0 & \cdots & 1 & \cdots & 0 & \cdots & 0 \\ \vdots & \ddots & \vdots & \ddots & \vdots & \ddots & \vdots \\ 0 & \cdots & 0 & \cdots & 0 & \cdots & 1 \end{pmatrix} \end{array}$$

を左からかければよい。ただし、$(i,i),(i,j),(j,i),(j,j)$ 成分以外は単位行列と等しい。

(3)　i 行目を c 倍するには、

$$\begin{array}{cc} & \begin{array}{ccccc} & & i & & \end{array} \\ \begin{array}{c} \\ \\ i \\ \\ \\ \end{array} & \begin{pmatrix} 1 & \cdots & 0 & \cdots & 0 \\ \vdots & \ddots & \vdots & \ddots & \vdots \\ 0 & \cdots & c & \cdots & 0 \\ \vdots & \ddots & \vdots & \ddots & \vdots \\ 0 & \cdots & 0 & \cdots & 1 \end{pmatrix} \end{array}$$

を左からかければよい。ただし、(i,i) 成分以外は単位行列と等しい。

これらの操作を繰り返せば、連立１次方程式の解がどのようになるかを求めることができる。さらに、係数行列 A が正則な正方行列であれば、係数行列の逆行列を求めることにもなる。また、(1)、(2)、(3) の操作で用いた行列は、すべて正則行列である[2)]。

6.2.2　はき出し法

(6.4) 式を変形して、(6.12) 式にすることで、連立 1 次方程式の解を求めることができた。この方法は、はき出し法あるいはガウス (Gauss) の消去法とも呼ばれている。その意味するところは、前節で説明したとおりであるが、その計算に用いられる表し方があり、その 1 つの方法として、

$$\left[\begin{array}{cc|c} 1 & 2 & 2 \\ 2 & 1 & 3 \end{array}\right] \to \left[\begin{array}{cc|c} 1 & 2 & 2 \\ 0 & -3 & -1 \end{array}\right] \to \left[\begin{array}{cc|c} 1 & 2 & 2 \\ 0 & 1 & \frac{1}{3} \end{array}\right] \to \left[\begin{array}{cc|c} 1 & 0 & \frac{4}{3} \\ 0 & 1 & \frac{1}{3} \end{array}\right] \tag{6.13}$$

と表す。ここで、→ で表される変形は、ある行に別の行の定数倍を加える、ある行を定数倍するといった、(6.9) 式から (6.12) 式までの変形に対応している。

この方法を応用すれば、行列 A の逆行列を求めることができる。たとえば、$A = \begin{pmatrix} 1 & 2 \\ 2 & 1 \end{pmatrix}$ としよう。このとき、2 つの連立 1 次方程式、

$$\begin{cases} x + 2y = 1 \\ 2x + y = 0 \end{cases} \qquad \begin{cases} x + 2y = 0 \\ 2x + y = 1 \end{cases}$$

の解を、はき出し法で求めれば、それぞれ、

$$\left[\begin{array}{cc|c} 1 & 2 & 1 \\ 2 & 1 & 0 \end{array}\right] \to \left[\begin{array}{cc|c} 1 & 2 & 1 \\ 0 & -3 & -2 \end{array}\right] \to \left[\begin{array}{cc|c} 1 & 2 & 1 \\ 0 & 1 & \frac{2}{3} \end{array}\right] \to \left[\begin{array}{cc|c} 1 & 0 & -\frac{1}{3} \\ 0 & 1 & \frac{2}{3} \end{array}\right]$$

2)　問題 6.1

および、

$$\left[\begin{array}{cc|c} 1 & 2 & 0 \\ 2 & 1 & 1 \end{array}\right] \to \left[\begin{array}{cc|c} 1 & 2 & 0 \\ 0 & -3 & 1 \end{array}\right] \to \left[\begin{array}{cc|c} 1 & 2 & 0 \\ 0 & 1 & -\frac{1}{3} \end{array}\right] \to \left[\begin{array}{cc|c} 1 & 0 & \frac{2}{3} \\ 0 & 1 & -\frac{1}{3} \end{array}\right]$$

となる。これら2つを比べればわかるように、| の左側はどちらも同じなので、2つをあわせて表すことにしよう。すなわち、$\left[\begin{array}{cc|cc} 1 & 2 & 1 & 0 \\ 2 & 1 & 0 & 1 \end{array}\right]$ からはじめて、はき出し法によって次のように変形する。ここで、[·|·] で、| の左側は係数行列であり、| の右側には2組の連立1次方程式の定数項となっている。したがって、

$$\left[\begin{array}{cc|cc} 1 & 2 & 1 & 0 \\ 2 & 1 & 0 & 1 \end{array}\right] \to \left[\begin{array}{cc|cc} 1 & 2 & 1 & 0 \\ 0 & -3 & -2 & 1 \end{array}\right] \to \left[\begin{array}{cc|cc} 1 & 2 & 1 & 0 \\ 0 & 1 & \frac{2}{3} & -\frac{1}{3} \end{array}\right]$$
$$\to \left[\begin{array}{cc|cc} 1 & 0 & -\frac{1}{3} & \frac{2}{3} \\ 0 & 1 & \frac{2}{3} & -\frac{1}{3} \end{array}\right]$$

とすればよい。これらの操作は、左から $B = \begin{pmatrix} 1 & -2 \\ 0 & 1 \end{pmatrix} \begin{pmatrix} 1 & 0 \\ 0 & -\frac{1}{3} \end{pmatrix} \begin{pmatrix} 1 & 0 \\ -2 & 1 \end{pmatrix}$ をかけることに等しい。したがって、最初の項の | の右側は単位行列だから、単位行列に左から行列 B をかければ B となるので、行列 $A = \begin{pmatrix} 1 & 2 \\ 2 & 1 \end{pmatrix}$ の逆行列は、最後の項の | の右側を見ればよい。したがって、$A^{-1} = \begin{pmatrix} -\frac{1}{3} & \frac{2}{3} \\ \frac{2}{3} & -\frac{1}{3} \end{pmatrix}$ と求められる。

ところで、n 次正方行列 $A = \begin{pmatrix} a_{11} & a_{12} & \cdots & a_{1n} \\ a_{21} & a_{22} & \cdots & a_{2n} \\ \vdots & \vdots & \ddots & \vdots \\ a_{n1} & a_{n2} & \cdots & a_{nn} \end{pmatrix}$ に対して、A^{-1} $= \begin{pmatrix} x_{11} & x_{12} & \cdots & x_{1n} \\ x_{21} & x_{22} & \cdots & x_{2n} \\ \vdots & \vdots & \ddots & \vdots \\ x_{n1} & x_{n2} & \cdots & x_{nn} \end{pmatrix}$ とすれば、$AA^{-1} = I$ となっていればよい。したがって、$AA^{-1} = I$ を要素ごとに計算すれば

$$\begin{cases} a_{11}x_{11} + a_{12}x_{21} + \cdots + a_{1n}x_{n1} & = 1 \\ a_{21}x_{11} + a_{22}x_{21} + \cdots + a_{2n}x_{n1} & = 0 \\ \qquad\qquad\vdots & \vdots\ \vdots \\ a_{n1}x_{11} + a_{n2}x_{21} + \cdots + a_{nn}x_{n1} & = 0 \end{cases}$$

$$\begin{cases} a_{11}x_{12} + a_{12}x_{22} + \cdots + a_{1n}x_{n2} & = 0 \\ a_{21}x_{12} + a_{22}x_{22} + \cdots + a_{2n}x_{n2} & = 1 \\ \qquad\qquad\vdots & \vdots\ \vdots \\ a_{n1}x_{12} + a_{n2}x_{22} + \cdots + a_{nn}x_{n2} & = 0 \end{cases}$$

$$\vdots$$

$$\begin{cases} a_{11}x_{1n} + a_{12}x_{2n} + \cdots + a_{1n}x_{nn} & = 0 \\ a_{21}x_{1n} + a_{22}x_{2n} + \cdots + a_{2n}x_{nn} & = 0 \\ \qquad\qquad\vdots & \vdots\ \vdots \\ a_{n1}x_{1n} + a_{n2}x_{2n} + \cdots + a_{nn}x_{nn} & = 1 \end{cases}$$

となり、逆行列を求めることはこれら n 組の連立 1 次方程式を解くことと同じである。これら n 組の連立 1 次方程式の左辺の係数はどれも等しく、右辺の定数の部分だけが異なることに注意しよう。したがって、(6.13) で表された変形を同時に行うことによって、逆行列が求まるのである。

このように、$A = \begin{pmatrix} a_{11} & a_{12} & \cdots & a_{1n} \\ a_{21} & a_{22} & \cdots & a_{2n} \\ \vdots & \vdots & \ddots & \vdots \\ a_{n1} & a_{n2} & \cdots & a_{nn} \end{pmatrix}$ としたとき、$[A \mid I]$ を、

(1)　i 行目の c 倍を j 行目に加える

(2)　i 行目と j 行目を入れ替える

(3)　i 行目を c 倍する

の 3 つの操作を繰り返し用いて $[I \mid B]$ の形にできれば、行列 A は正則行列であり、このように変形した B が行列 A の逆行列である。

6.2.3　クラメル (Cramer) の公式

6.2.2 節では、連立 1 次方程式の解法で用いたはき出し法を使って逆行列を求めた。ところで、余因子の性質を使えば、正則行列の逆行列を求める公式が導ける。すなわち、連立 1 次方程式 (6.6) 式の係数からできる係数行列、

$$A = \begin{pmatrix} a_{11} & a_{12} & \cdots & a_{1n} \\ a_{21} & a_{22} & \cdots & a_{2n} \\ \vdots & \vdots & \ddots & \vdots \\ a_{n1} & a_{n2} & \cdots & a_{nn} \end{pmatrix}$$

が正則行列であれば、逆行列 A^{-1} は余因子を使って 6.1 節の (6.2) 式から、

$$A^{-1} = \frac{1}{|A|}(A_{ji}) = \frac{1}{|A|} \begin{pmatrix} A_{11} & A_{21} & \cdots & A_{n1} \\ A_{12} & A_{22} & \cdots & A_{n2} \\ \vdots & \vdots & \ddots & \vdots \\ A_{1n} & A_{2n} & \cdots & A_{nn} \end{pmatrix}$$

である。

いま、連立 1 次方程式を、係数行列 A と、ベクトル $\boldsymbol{x} = \begin{pmatrix} x_1 \\ x_2 \\ \vdots \\ x_n \end{pmatrix}, \boldsymbol{b} = \begin{pmatrix} b_1 \\ b_2 \\ \vdots \\ b_n \end{pmatrix}$ を用いて、

$$A\boldsymbol{x} = \boldsymbol{b}$$

と表せば、その解は、

$$\boldsymbol{x} = A^{-1}\boldsymbol{b}$$

である。したがって、(6.3) 式より

$$\begin{aligned} \boldsymbol{x} &= A^{-1}\boldsymbol{b} = \frac{1}{|A|}(A_{ji}) \begin{pmatrix} b_1 \\ b_2 \\ \vdots \\ b_n \end{pmatrix} \\ &= \frac{1}{|A|} \begin{pmatrix} A_{11} & A_{21} & \cdots & A_{n1} \\ A_{12} & A_{22} & \cdots & A_{n2} \\ \vdots & \vdots & \ddots & \vdots \\ A_{1n} & A_{2n} & \cdots & A_{nn} \end{pmatrix} \begin{pmatrix} b_1 \\ b_2 \\ \vdots \\ b_n \end{pmatrix} = \frac{1}{|A|} \begin{pmatrix} \sum_{i=1}^{n} A_{i1} b_i \\ \sum_{i=1}^{n} A_{i2} b_i \\ \vdots \\ \sum_{i=1}^{n} A_{in} b_i \end{pmatrix} \end{aligned}$$

となる。すなわち、$x_j = \dfrac{1}{|A|} \sum_{i=1}^{n} A_{ij} b_i$ である。ここで、余因子による j 列目の

列ベクトルに対するラプラスの展開定理 (性質 5.4.1) を使えば、

$$x_j = \frac{1}{|A|}\sum_{i=1}^{n} A_{ij} b_i = \frac{1}{|A|}\begin{vmatrix} a_{11} & \cdots & b_1 & \cdots & a_{1n} \\ a_{21} & \cdots & b_2 & \cdots & a_{2n} \\ \vdots & \ddots & \vdots & \ddots & \vdots \\ a_{n1} & \cdots & b_n & \cdots & a_{nn} \end{vmatrix}$$

j 列目

と表せることに注意しよう。この式は、連立 1 次方程式の解を求める公式として知られている。

定理 6.2.1 (クラメル (Cramer) の公式) 連立 1 次方程式 (6.6) 式の係数からできる行列 A が正則ならば、連立 1 次方程式の解は次のようになる。

j 列

$$x_j = \frac{\begin{vmatrix} a_{11} & \cdots & b_1 & \cdots & a_{1n} \\ a_{21} & \cdots & b_2 & \cdots & a_{2n} \\ \vdots & \ddots & \vdots & \ddots & \vdots \\ a_{n1} & \cdots & b_n & \cdots & a_{nn} \end{vmatrix}}{\begin{vmatrix} a_{11} & \cdots & a_{1i} & \cdots & a_{1n} \\ a_{21} & \cdots & a_{2i} & \cdots & a_{2n} \\ \vdots & \ddots & \vdots & \ddots & \vdots \\ a_{n1} & \cdots & a_{ni} & \cdots & a_{nn} \end{vmatrix}} \quad (j = 1, 2, \cdots, n) \qquad (6.14)$$

例 6.2.1 2×2 行列 $A = \begin{pmatrix} 1 & 2 \\ 2 & 1 \end{pmatrix}$ を係数行列とする連立 1 次方程式、

$$\begin{pmatrix} 1 & 2 \\ 2 & 1 \end{pmatrix}\begin{pmatrix} x_1 \\ x_2 \end{pmatrix} = \begin{pmatrix} 2 \\ 3 \end{pmatrix}$$

の解をクラメルの公式を使って解いてみよう。(6.14) 式を使えば、

$$x_1 = \frac{\begin{vmatrix} 2 & 2 \\ 3 & 1 \end{vmatrix}}{\begin{vmatrix} 1 & 2 \\ 2 & 1 \end{vmatrix}} = \frac{2-6}{1-4} = \frac{4}{3}$$

となる。同じように、

$$x_2 = \frac{\begin{vmatrix} 1 & 2 \\ 2 & 3 \end{vmatrix}}{\begin{vmatrix} 1 & 2 \\ 2 & 1 \end{vmatrix}} = \frac{3-4}{1-4} = \frac{1}{3}$$

となり、連立 1 次方程式の解 $x_1 = \dfrac{4}{3}, x_2 = \dfrac{1}{3}$ が求まる。

練習問題

6.1　158 ページからの (1)、(2)、(3) の操作で用いた行列は、すべて正則行列であることを示しなさい。

6.2　つぎの行列の逆行列を求めなさい。

(1) $\begin{pmatrix} 1 & 2 & 3 \\ 3 & 1 & 2 \\ 2 & 3 & 1 \end{pmatrix}$　(2) $\begin{pmatrix} 0 & 1 & 2 \\ 2 & 0 & 1 \\ 1 & 2 & 0 \end{pmatrix}$　(3) $\begin{pmatrix} 0 & 1 & 1 \\ 1 & 0 & 1 \\ 1 & 1 & 0 \end{pmatrix}$

(4) $\begin{pmatrix} 1 & 1 & 1 & 1 \\ 0 & 1 & 1 & 1 \\ 0 & 0 & 1 & 1 \\ 1 & 0 & 0 & 1 \end{pmatrix}$　(5) $\begin{pmatrix} 0 & 1 & 2 & 3 \\ 3 & 0 & 1 & 2 \\ 2 & 3 & 0 & 1 \\ 1 & 2 & 3 & 0 \end{pmatrix}$　(6) $\begin{pmatrix} 0 & 1 & 1 & 1 \\ 1 & 0 & 1 & 1 \\ 1 & 1 & 0 & 1 \\ 1 & 1 & 1 & 0 \end{pmatrix}$

第 7 章　線形写像と次元

(3.14) 式で表される

$$\boldsymbol{y} = A\boldsymbol{x}$$

を考えよう。この写像で、n 次元空間 $\boldsymbol{R}^n$ のベクトル $\boldsymbol{x}$ は、m 次元空間 $\boldsymbol{R}^m$ のベクトル $\boldsymbol{y}$ に写る。このとき、行列 A が正方行列で正則であれば、逆行列が存在し、6 章のように逆行列が求まる。しかし、行列 A が正方行列でないとき、あるいは正方行列であっても正則でないとき、この関係はどのようになるのだろうか。線形写像と次元の関係を中心に、階数を定義して、その意味を見ることにしよう。

7.1　階　数

3.5 節のように、$A = \begin{pmatrix} a_{11} & a_{12} & \cdots & a_{1n} \\ a_{21} & a_{22} & \cdots & a_{2n} \\ \vdots & \vdots & \ddots & \vdots \\ a_{m1} & a_{m2} & \cdots & a_{mn} \end{pmatrix}$ とすれば、$\boldsymbol{y} = A\boldsymbol{x}$ によって、n 個のベクトル、

$$\boldsymbol{e}_1 = \begin{pmatrix} 1 \\ 0 \\ \vdots \\ 0 \end{pmatrix}, \boldsymbol{e}_2 = \begin{pmatrix} 0 \\ 1 \\ \vdots \\ 0 \end{pmatrix}, \cdots, \boldsymbol{e}_n = \begin{pmatrix} 0 \\ 0 \\ \vdots \\ 1 \end{pmatrix}$$

は、

$$\boldsymbol{a}_1 = A\boldsymbol{e}_1 = \begin{pmatrix} a_{11} \\ a_{21} \\ \vdots \\ a_{m1} \end{pmatrix}, \boldsymbol{a}_2 = A\boldsymbol{e}_2 = \begin{pmatrix} a_{12} \\ a_{22} \\ \vdots \\ a_{m2} \end{pmatrix}, \cdots, \boldsymbol{a}_n = A\boldsymbol{e}_n = \begin{pmatrix} a_{1n} \\ a_{2n} \\ \vdots \\ a_{mn} \end{pmatrix}$$

に写る。

いま、$\boldsymbol{R}^n$ のベクトル $\boldsymbol{x}$ を、$\boldsymbol{x} = x_1\boldsymbol{e}_1 + x_2\boldsymbol{e}_2 + \cdots + x_n\boldsymbol{e}_n$ と表せば、このベクトルが (3.14) 式によって写ったベクトル $\boldsymbol{y}$ は、

$$\begin{aligned} \boldsymbol{y} &= A\boldsymbol{x} = x_1A\boldsymbol{e}_1 + x_2A\boldsymbol{e}_2 + \cdots + x_nA\boldsymbol{e}_n \\ &= \sum_{i=1}^{n} x_iA\boldsymbol{e}_i = x_1\boldsymbol{a}_1 + x_2\boldsymbol{a}_2 + \cdots + x_n\boldsymbol{a}_n \in L[\boldsymbol{a}_1, \boldsymbol{a}_2, \cdots, \boldsymbol{a}_n] \end{aligned} \quad (7.1)$$

である。

ところで、(4.5.2) 節で見たように、$\boldsymbol{e}_1, \boldsymbol{e}_2, \cdots, \boldsymbol{e}_n$ が $\boldsymbol{R}^n$ の基底なので、$\dim L[\boldsymbol{e}_1, \boldsymbol{e}_2, \cdots, \boldsymbol{e}_n] = n$ である。いっぽう、行列 A の列ベクトル $\boldsymbol{a}_1, \boldsymbol{a}_2, \cdots, \boldsymbol{a}_n$ で生成される部分空間 $L[\boldsymbol{a}_1, \boldsymbol{a}_2, \cdots, \boldsymbol{a}_n]$ は $\boldsymbol{R}^m$ の部分空間なので、その次元は、$\min\{n, m\}$ 以下である。すなわち、

$$\dim L[\boldsymbol{e}_1, \boldsymbol{e}_2, \cdots, \boldsymbol{e}_n] = n, \qquad \dim L[\boldsymbol{a}_1, \boldsymbol{a}_2, \cdots, \boldsymbol{a}_n] \leq \min\{n, m\}$$

である。さらに、$m = n$ であって、$\dim L[\boldsymbol{a}_1, \boldsymbol{a}_2, \cdots, \boldsymbol{a}_n] = n$ であれば、逆行列が定義できた。

7.1.1 行列の階数

まず、部分空間 $L[\boldsymbol{a}_1, \boldsymbol{a}_2, \cdots, \boldsymbol{a}_n]$ の次元に注意しよう。行列の階数を、つぎのように定義する。

定義 7.1.1 $m \times n$ 行列 A の列ベクトル $\boldsymbol{a}_1, \boldsymbol{a}_2, \cdots, \boldsymbol{a}_n$ で生成される部分空間 $L[\boldsymbol{a}_1, \boldsymbol{a}_2, \cdots, \boldsymbol{a}_n]$ の次元を、行列 A の列階数という。また、行ベクトル

$\boldsymbol{a}^1, \boldsymbol{a}^2, \cdots, \boldsymbol{a}^m$ によって生成される部分空間 $L[\boldsymbol{a}^1, \boldsymbol{a}^2, \cdots, \boldsymbol{a}^m]$ の次元を、行列 A の行階数という。

このとき、行階数と列階数は等しいことが知られ、単に階数 (rank) という。また、行列 A の階数を $\operatorname{rank} A$ と表す。また、階数の定義から $m \times n$ 行列 A に対して、$\operatorname{rank} A \leq \min\{m, n\}$ となっている。

例 7.1.1　2×2 行列 $A = \begin{pmatrix} 1 & 2 \\ 2 & 1 \end{pmatrix}$ を考えよう。$\boldsymbol{a}_1 = \begin{pmatrix} 1 \\ 2 \end{pmatrix}, \boldsymbol{a}_2 = \begin{pmatrix} 2 \\ 1 \end{pmatrix}$ だから、例 4.3.3 から、$L[\boldsymbol{a}, \boldsymbol{b}] = \boldsymbol{R}^2$ となる。したがって、$\operatorname{rank} A = 2$ である。

行列 $A = \begin{pmatrix} 1 & 2 \\ 2 & 4 \end{pmatrix}$ では、どうなるだろうか。$\boldsymbol{a}_1 = \begin{pmatrix} 1 \\ 2 \end{pmatrix}, \boldsymbol{a}_2 = \begin{pmatrix} 2 \\ 4 \end{pmatrix}$ だから、例 4.3.3 から、$\dim L[\boldsymbol{a}, \boldsymbol{b}] = 1$ となる。したがって、$\operatorname{rank} A = 1$ である。

最後に、$A = \begin{pmatrix} 0 & 0 \\ 0 & 0 \end{pmatrix}$ を見てみよう。$\boldsymbol{a}_1 = \begin{pmatrix} 0 \\ 0 \end{pmatrix}, \boldsymbol{a}_2 = \begin{pmatrix} 0 \\ 0 \end{pmatrix}$ だから、例 4.3.3 より、$\dim L[\boldsymbol{a}, \boldsymbol{b}] = 0$ となる。したがって、$\operatorname{rank} A = 0$ である。

つぎに、$m \times n$ 行列 A の階数を一般的に求めよう。そのためには、つぎのようにすればよい。

まず、$m \times n$ 行列 A に対して、k を $k \leq \min\{m, n\}$ となる整数とする。行列 A の k 個の行と k 個の列を取り出すことによって、$k \times k$ 行列をつくる。この $k \times k$ 行列の行列式を行列 A の k 次の小行列式という[1)]。このとき、

> 行列 A の階数は、行列 A の小行列式で値が 0 でない小行列式の次数の最大値と等しい

ことが知られている。このことを使って、行列 A の階数が求まる。

---

1)　$m \times n$ 行列 A の k 次の小行列式の数は ${}_mC_k \times {}_nC_k$ である。

例 7.1.2　3×3 行列 $A = \begin{pmatrix} 2 & -1 & 3 \\ 1 & 2 & -1 \\ 3 & 1 & 2 \end{pmatrix}$ を考えてみよう。まず、

$$|A| = \begin{vmatrix} 2 & -1 & 3 \\ 1 & 2 & -1 \\ 3 & 1 & 2 \end{vmatrix} = 0$$

なので、行列 A の階数は 3 ではない。

つぎに 2 次の小行列式を考えてみよう。行列 A の 2 次の小行列式はあわせて 9 通りある[2)]。その中で、$A_1 = \begin{pmatrix} 2 & -1 \\ 1 & 2 \end{pmatrix}$ としてみよう。この小行列式では、

$$|A_1| = \begin{vmatrix} 2 & -1 \\ 1 & 2 \end{vmatrix} = 5 \neq 0$$

となる。したがって、2 次の小行列式で値が 0 でないものが存在するので、この行列 A の階数は 2 となることがわかる。

行列の階数を求めるもう 1 つの方法がある。6.2 節で見たように、連立 1 次方程式を解くときには、係数行列 A を変形した。その操作は、

(1)　i 行目の c 倍を j 行目に加える
(2)　i 行目と j 行目を入れ替える
(3)　i 行目を c 倍する

という 3 つの操作である。これらの操作は、行列 A の 2 つの行ベクトルの 1 次結合をつくることに他ならない。したがって、行ベクトルによって生成される部分空間の次元と、(1) から (3) までの操作を行ってできる行列の行ベクトルによって生成される部分空間の次元は等しい。

---

2)　${}_3C_2 \times {}_3C_2 = 9$ である。

同じような操作を、列ベクトルについても考えよう。

(1)′　i 列目の c 倍を j 列目に加える

(2)′　i 列目と j 列目を入れ替える

(3)′　i 列目を c 倍する

という 3 つの操作は、行列 A の列ベクトルの 1 次結合をつくることに他ならない。したがって、列ベクトルによって生成される部分空間の次元と、(1)′ から (3)′ までの操作を行ってできる行列の列ベクトルによって生成される部分空間の次元は等しい。

ところで、行ベクトルで生成される部分空間の次元が行階数であり、列ベクトルで生成される部分空間の次元が列階数で、それらは等しく、その次元が行列 A の階数であった。このことから、行列 A の階数を求めるには、(1) から (3) までの操作と (1)′ から (3)′ までの操作を行って、

$$\begin{pmatrix} B & O_1 \\ O_2 & O_3 \end{pmatrix}$$

の形にすればよい。ただし、B は r 次の正方行列である。また、O_1 は $r \times (n-r)$ 行列、O_2 は $(m-r) \times r$ 行列、O_3 は $m-r \times n-r$ 行列で、すべての要素が 0 となるものである。このとき、B が正則行列であれば階数は r といえる。

例 7.1.3　3×3 行列 $A = \begin{pmatrix} 2 & -1 & 3 \\ 1 & 2 & -1 \\ 3 & 1 & 2 \end{pmatrix}$ を考えよう。(1) から (3) までと、(1)′ から (3)′ までの操作を行って、つぎのように変形する。

$$A = \begin{pmatrix} 2 & -1 & 3 \\ 1 & 2 & -1 \\ 3 & 1 & 2 \end{pmatrix} \xrightarrow{(2)} \begin{pmatrix} 1 & 2 & -1 \\ 2 & -1 & 3 \\ 3 & 1 & 2 \end{pmatrix} \xrightarrow{(1)} \begin{pmatrix} 1 & 2 & -1 \\ 0 & -5 & 5 \\ 0 & -5 & 5 \end{pmatrix}$$

$$\xrightarrow{(3)} \begin{pmatrix} 1 & 2 & -1 \\ 0 & 1 & -1 \\ 0 & -5 & 5 \end{pmatrix} \xrightarrow{(1)} \begin{pmatrix} 1 & 0 & 1 \\ 0 & 1 & -1 \\ 0 & 0 & 0 \end{pmatrix}$$

$$\xrightarrow{(2)'} \begin{pmatrix} 1 & 0 & 0 \\ 0 & 1 & -1 \\ 0 & 0 & 0 \end{pmatrix} \xrightarrow{(2)'} \begin{pmatrix} 1 & 0 & 0 \\ 0 & 1 & 0 \\ 0 & 0 & 0 \end{pmatrix}$$

だから、この行列 A の階数は 2 となる。なお、ここでは $B = \begin{pmatrix} 1 & 0 \\ 0 & 1 \end{pmatrix}$ である。

7.2　像と核

$m \times n$ 行列 A によって定まる、$\boldsymbol{y} = A\boldsymbol{x}$ では、$\boldsymbol{R}^n$ のベクトルは、$\boldsymbol{R}^m$ の部分空間[3)] $L[\boldsymbol{a}_1, \boldsymbol{a}_2, \cdots, \boldsymbol{a}_n]$ に含まれるベクトルに写る。このとき、この部分空間の次元が、行列 A の階数であった。

7.2.1　線形写像と行列

(3.14) 式の写像 $\boldsymbol{y} = f(\boldsymbol{x}) = A\boldsymbol{x}$ では、つぎの性質が成り立つ。

(1)　2 つのベクトル $\boldsymbol{x}_1, \boldsymbol{x}_2 \in \boldsymbol{R}^n$ に対して、

$$f(\boldsymbol{x}_1 + \boldsymbol{x}_2) = A(\boldsymbol{x}_1 + \boldsymbol{x}_2) = A\boldsymbol{x}_1 + A\boldsymbol{x}_2 = f(\boldsymbol{x}_1) + f(\boldsymbol{x}_2)$$

となる。

(2)　ベクトル $\boldsymbol{x} \in \boldsymbol{R}^n$ とスカラー $c \in \boldsymbol{R}$ に対して

$$f(c\boldsymbol{x}) = A(c\boldsymbol{x}) = cA\boldsymbol{x} = cf(\boldsymbol{x})$$

となる。

---

3)　定義 4.2.1

一般的に、$\boldsymbol{R}^n$ から $\boldsymbol{R}^m$ への写像 f が、

2 つのベクトル $\boldsymbol{x}_1, \boldsymbol{x}_2 \in \boldsymbol{R}^n$ とスカラー $c \in \boldsymbol{R}$ に対して、

$$f(\boldsymbol{x}_1 + \boldsymbol{x}_2) = f(\boldsymbol{x}_1) + f(\boldsymbol{x}_2) \tag{7.2}$$

$$f(c\boldsymbol{x}_1) = cf(\boldsymbol{x}_1) \tag{7.3}$$

が成り立つとき、

この写像を線形写像という。すなわち、

$f(\boldsymbol{x}) = A\boldsymbol{x}$ は線形写像である。

さらに、$\boldsymbol{R}^n$ の部分空間を U としよう。このとき、$f(\boldsymbol{x}) = A\boldsymbol{x}$ によって、部分空間 U に含まれるベクトルが写るベクトルの集合を $V = f(U) = \{\boldsymbol{y} \mid \boldsymbol{y} = f(\boldsymbol{x}), \boldsymbol{x} \in U\}$ しよう。このとき、上記 (1) と (2) の性質から、V もまた $\boldsymbol{R}^m$ の部分空間となっている。この V を、部分空間 U の像という[4) 5)]。

例 7.2.1　$\boldsymbol{R}^n$ から $\boldsymbol{R}^m$ への線形写像を f とする。$f(\boldsymbol{x}_1 + \boldsymbol{x}_2) = f(\boldsymbol{x}_1) + f(\boldsymbol{x}_2)$ だから $\boldsymbol{x}_1 = \boldsymbol{0}$ とすれば $f(\boldsymbol{x}_2) = f(\boldsymbol{0}) + f(\boldsymbol{x}_2)$ となるから、$f(\boldsymbol{0}) = \boldsymbol{0}$ となる。すなわち、線形写像では零ベクトルは零ベクトルに写る。

つぎに、

ベクトル空間からベクトル空間への線形写像は $\boldsymbol{y} = A\boldsymbol{x}$ と表される、

ことを示そう。

いま、f をベクトル空間 $\boldsymbol{R}^n$ からベクトル空間 $\boldsymbol{R}^m$ への線形写像としよう。(7.2) 式と (7.3) 式が成り立つから、2 つのベクトル $\boldsymbol{x}_1, \boldsymbol{x}_2 \in \boldsymbol{R}^n$ と 2 つのスカラー $c_1, c_2 \in \boldsymbol{R}$ に対して、

$$f(c_1\boldsymbol{x}_1 + c_2\boldsymbol{x}_2) = c_1 f(\boldsymbol{x}_1) + c_2 f(\boldsymbol{x}_2) \tag{7.4}$$

---

4)　像は、関数 $f(\boldsymbol{x}) = A\boldsymbol{x}$ の値域と言うこともできる。

5)　問題 7.1

となる[6]。いま、$\boldsymbol{R}^n$ の自然基底 (例 4.1.3) を $\boldsymbol{e}_1, \boldsymbol{e}_2, \cdots, \boldsymbol{e}_n$ とすれば、$\boldsymbol{a}_1 = f(\boldsymbol{e}_1), \boldsymbol{a}_2 = f(\boldsymbol{e}_2), \cdots, \boldsymbol{a}_n = f(\boldsymbol{e}_n)$ は、$\boldsymbol{R}^m$ のベクトルである。ここで、これら n 個のベクトルを並べて、

$$A = (\boldsymbol{a}_1\ \boldsymbol{a}_2\ \cdots\ \boldsymbol{a}_n) = (f(\boldsymbol{e}_1)\ f(\boldsymbol{e}_2)\ \cdots\ f(\boldsymbol{e}_n))$$

とおこう。いっぽう、$\boldsymbol{R}^n$ のベクトル $\boldsymbol{x}$ は、自然基底 $\boldsymbol{e}_1, \boldsymbol{e}_2, \cdots, \boldsymbol{e}_n$ を用いて $\boldsymbol{x} = x_1\boldsymbol{e}_1 + x_2\boldsymbol{e}_2 + \cdots + x_n\boldsymbol{e}_n$ と表せる。したがって、線形写像の性質 (7.2) 式と (7.3) 式から、

$$\begin{aligned} f(\boldsymbol{x}) &= x_1 f(\boldsymbol{e}_1) + x_2 f(\boldsymbol{e}_2) + \cdots + x_n f(\boldsymbol{e}_n) \\ &= (f(\boldsymbol{e}_1)\ f(\boldsymbol{e}_2)\ \cdots\ f(\boldsymbol{e}_n)) \begin{pmatrix} x_1 \\ x_2 \\ \vdots \\ x_n \end{pmatrix} \\ &= (\boldsymbol{a}_1\ \boldsymbol{a}_2\ \cdots\ \boldsymbol{a}_n) \begin{pmatrix} x_1 \\ x_2 \\ \vdots \\ x_n \end{pmatrix} = A\boldsymbol{x} \end{aligned}$$

となる。したがって、線形写像 f に対して 1 つの行列 A が定まり、$f(\boldsymbol{x}) = A\boldsymbol{x}$ と表せる。反対に、$\boldsymbol{y} = A\boldsymbol{x}$ で表される写像は線形写像であったので、線形写像と行列は 1 対 1 に対応している。

例 7.2.2　n 次の正方行列を A とすれば、$\boldsymbol{y} = A\boldsymbol{x}$ は $\boldsymbol{R}^n$ から $\boldsymbol{R}^n$ への線形写像

6)　(7.2) 式と (7.3) 式が成り立つならば、$f(c_1\boldsymbol{x}_1 + c_2\boldsymbol{x}_2) = c_1 f(\boldsymbol{x}_1) + c_2 f(\boldsymbol{x}_2)$ であり、逆もまた成り立つ。したがって、(7.4) 式が成り立てば線形写像である。

である。とくに、A を単位行列とすれば、$A = I = \begin{pmatrix} 1 & 0 & \cdots & 0 \\ 0 & 1 & \cdots & 0 \\ \vdots & \vdots & \ddots & \vdots \\ 0 & 0 & \cdots & 1 \end{pmatrix}$ だから、$\boldsymbol{y} = A\boldsymbol{x} = I\boldsymbol{x} = \boldsymbol{x}$ となる。すなわち、すべてのベクトル $\boldsymbol{x}$ は、それ自身 $\boldsymbol{x}$ に写る。このことから、この写像を恒等写像という。

また、n 次の正方行列 A が正則行列であれば、$\boldsymbol{y} = A^{-1}\boldsymbol{x}$ は、$\boldsymbol{y} = A\boldsymbol{x}$ の逆写像であり、この写像も線形写像となる。

さらに、$m \times n$ 行列 A と $l \times m$ 行列 B に対して、2 つの線形写像を $\boldsymbol{y} = A\boldsymbol{x}, \boldsymbol{z} = B\boldsymbol{y}$ としよう。このとき、$\boldsymbol{z} = B\boldsymbol{y} = BA\boldsymbol{x}$ は、ベクトル $\boldsymbol{x}$ をベクトル $\boldsymbol{z}$ に写す線形写像であり、合成写像という。

7.2.2　像と核

7.2.1 節では、$m \times n$ 行列 A による写像 $\boldsymbol{y} = A\boldsymbol{x}$ と、n 次元ベクトル空間 $\boldsymbol{R}^n$ から m 次元ベクトル空間 $\boldsymbol{R}^m$ への線形写像とが 1 対 1 に対応していることを説明した。このような線形写像と階数の関係を見ることにしよう。

いま、f を n 次元ベクトル空間 $\boldsymbol{R}^n$ から m 次元ベクトル空間 $\boldsymbol{R}^m$ への線形写像とする。このとき、線形写像 f で定まる「核」という $\boldsymbol{R}^n$ の部分空間と、「像」という $\boldsymbol{R}^m$ の部分空間を定義しよう[7)]。

定義 7.2.1

(1)　$\boldsymbol{R}^n$ に属するベクトル $\boldsymbol{x}$ で、$f(\boldsymbol{x}) = \boldsymbol{0}$ となるベクトル全体を $\mathrm{Ker}\, f$ で表し、核という。すなわち、

$$\mathrm{Ker}\, f = \{\boldsymbol{x} \in \boldsymbol{R}^n \mid f(\boldsymbol{x}) = \boldsymbol{0}\}$$

である。

7)　この像と核は部分空間に対しても成り立つが、ここでは n 次元ベクトル空間 $\boldsymbol{R}^n$ から m 次元ベクトル空間 $\boldsymbol{R}^m$ への写像で説明する。

(2)　$\boldsymbol{R}^n$ に属するベクトル $\boldsymbol{x}$ に対して、$f(\boldsymbol{x})$ をベクトル $\boldsymbol{x}$ の f による像ベクトルという。f による像ベクトル全体を $\mathrm{Im}\, f$ で表し、f の像という。すなわち、

$$\mathrm{Im}\, f = \{\boldsymbol{y} \mid \boldsymbol{y} = f(\boldsymbol{x}), \boldsymbol{x} \in \boldsymbol{R}^n\}$$

である。また、部分空間 U に対して、$f(U) = \{\boldsymbol{y} \mid \boldsymbol{y} = f(\boldsymbol{x}), \boldsymbol{x} \in U\}$ を部分空間 U の像という。

このとき、像と核の関係は図 7.1 のようになっている。これらの核と像が部分空間となっていることを示そう。

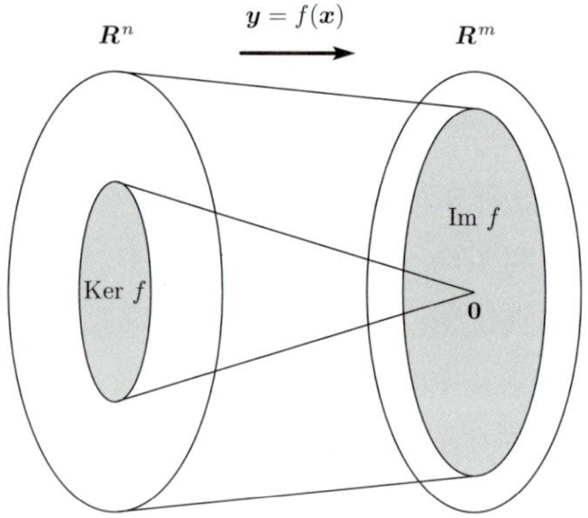

図 7.1　像と核

核 $\mathrm{Ker}\, f$ に含まれる 2 つのベクトルを $\boldsymbol{x}_1, \boldsymbol{x}_2 \in \mathrm{Ker}\, f$ とすれば、$f(\boldsymbol{x}_1) = f(\boldsymbol{x}_2) = \boldsymbol{0}$ である。このとき、2 つのスカラー c_1, c_2 に対して、線形写像の性質から、

$$f(c_1\boldsymbol{x}_1 + c_2\boldsymbol{x}_2) = c_1 f(\boldsymbol{x}_1) + c_2 f(\boldsymbol{x}_2) = c_1\boldsymbol{0} + c_2\boldsymbol{0} = \boldsymbol{0}$$

となる。すなわち、$c_1\boldsymbol{x}_1 + c_2\boldsymbol{x}_2 \in \mathrm{Ker}\, f$ である。このことから、$\mathrm{Ker}\, f$ は $\boldsymbol{R}^n$ の部分空間であることがわかる。

像 $\mathrm{Im}\, f$ ではどうなるだろうか。$\mathrm{Im}\, f$ に含まれる 2 つのベクトルを $\boldsymbol{y}_1, \boldsymbol{y}_2 \in \mathrm{Im}\, f$ としよう。$\boldsymbol{y}_1, \boldsymbol{y}_2 \in \mathrm{Im}\, f$ だから $f(\boldsymbol{x}_1) = \boldsymbol{y}_1, f(\boldsymbol{x}_2) = \boldsymbol{y}_2$ となる $\boldsymbol{x}_1, \boldsymbol{x}_2$ が $\boldsymbol{R}^n$ の中に存在する。いま、2 つのスカラーを c_1, c_2 とすれば、$U = \boldsymbol{R}^n$ がベクトル空間なので、$c_1\boldsymbol{x}_1 + c_2\boldsymbol{x}_2 \in \boldsymbol{R}^n$ である。さらに、$f(\boldsymbol{x})$ が線形写像だから、

$$f(c_1\boldsymbol{x}_1 + c_2\boldsymbol{x}_2) = c_1 f(\boldsymbol{x}_1) + c_2 f(\boldsymbol{x}_2) = c_1\boldsymbol{y}_1 + c_2\boldsymbol{y}_2$$

となる。よって、$c_1\boldsymbol{y}_1 + c_2\boldsymbol{y}_2 \in \mathrm{Im}\, f$ である。すなわち、$\mathrm{Im}\, f$ は $\boldsymbol{R}^m$ の部分空間となっている。

つぎに、

$$L[\boldsymbol{a}_1, \boldsymbol{a}_2, \cdots, \boldsymbol{a}_n] = \mathrm{Im}\, f$$

となることを示そう。

$\boldsymbol{R}^n$ の自然基底を $\boldsymbol{e}_1, \boldsymbol{e}_2, \cdots, \boldsymbol{e}_n$ としよう。このとき、線形写像 $\boldsymbol{y} = A\boldsymbol{x}$ によって、$\boldsymbol{a}_1 = f(\boldsymbol{e}_1), \boldsymbol{a}_2 = f(\boldsymbol{e}_2), \cdots, \boldsymbol{a}_n = f(\boldsymbol{e}_n)$ となる。よって、$L[\boldsymbol{a}_1, \boldsymbol{a}_2, \cdots, \boldsymbol{a}_n] \subset \mathrm{Im}\, f$ である。

いっぽう、$\boldsymbol{y} \in \mathrm{Im}\, f$ に対して、$\boldsymbol{y} = A\boldsymbol{x}$ となる $\boldsymbol{x} \in \boldsymbol{R}^n$ が存在する。この $\boldsymbol{x}$ は、自然基底を使って $\boldsymbol{x} = x_1\boldsymbol{e}_1 + x_2\boldsymbol{e}_2 + \cdots + x_n\boldsymbol{e}_n$ と表せる。したがって、(7.1) 式より、

$$\boldsymbol{y} = x_1 f(\boldsymbol{e}_1) + x_2 f(\boldsymbol{e}_2) + \cdots + x_n f(\boldsymbol{e}_n) = x_1\boldsymbol{a}_1 + x_2\boldsymbol{a}_2 + \cdots + x_n\boldsymbol{a}_n$$

だから、$\boldsymbol{y} \in L[\boldsymbol{a}_1, \boldsymbol{a}_2, \cdots, \boldsymbol{a}_n]$ となる。よって、$L[\boldsymbol{a}_1, \boldsymbol{a}_2, \cdots, \boldsymbol{a}_n] \supset \mathrm{Im}\, f$ である。これらのことから、

$$L[\boldsymbol{a}_1, \boldsymbol{a}_2, \cdots, \boldsymbol{a}_n] = \mathrm{Im}\, f$$

である。ところで、行列 A の階数 $\mathrm{rank}\, A$ は、部分空間 $L[\boldsymbol{a}_1, \boldsymbol{a}_2, \cdots, \boldsymbol{a}_n]$ の次元と定義したので、この階数は線形写像 $\boldsymbol{y} = A\boldsymbol{x}$ による像の次元 $\dim \mathrm{Im}\, f$ と等しい。

例 7.2.3　4.1.1 節の例を見てみよう。

(1) のときは、$f(\boldsymbol{x}) = \begin{pmatrix} 1 & 2 \\ 2 & 1 \end{pmatrix} \boldsymbol{x}$ である。自然基底は $\boldsymbol{e}_1 = \begin{pmatrix} 1 \\ 0 \end{pmatrix}, \boldsymbol{e}_2 = \begin{pmatrix} 0 \\ 1 \end{pmatrix}$ だから、$\boldsymbol{a} = f(\boldsymbol{e}_1) = \begin{pmatrix} 1 \\ 2 \end{pmatrix}, \boldsymbol{b} = f(\boldsymbol{e}_2) = \begin{pmatrix} 2 \\ 1 \end{pmatrix}$ となる。したがって、$\mathrm{Im}\, f = L[\boldsymbol{a}, \boldsymbol{b}]$ である。ところで、例 4.2.3 から $L[\boldsymbol{a}, \boldsymbol{b}] = \boldsymbol{R}^2$ だから、$\mathrm{Im}\, f = \boldsymbol{R}^2$ である。いっぽう、例 4.1.4 から、ベクトル $\boldsymbol{a}, \boldsymbol{b}$ が 1 次独立なので、$\boldsymbol{x} = \begin{pmatrix} x \\ y \end{pmatrix}$ とおけば、

$$f(\boldsymbol{x}) = f(x\boldsymbol{e}_1 + y\boldsymbol{e}_2) = x\boldsymbol{a} + y\boldsymbol{b} = \boldsymbol{0}$$

となる x, y は $x = y = 0$ である。したがって、$\mathrm{Ker}\, f = \{\boldsymbol{0}\}$ となる。

(2) の場合は、$f(\boldsymbol{x}) = \begin{pmatrix} 1 & 2 \\ 2 & 4 \end{pmatrix} \boldsymbol{x}$ である。ここで、$\boldsymbol{a} = f(\boldsymbol{e}_1) = \begin{pmatrix} 1 \\ 2 \end{pmatrix}$, $\boldsymbol{b} = f(\boldsymbol{e}_2) = \begin{pmatrix} 2 \\ 4 \end{pmatrix}$ とおけば、$\mathrm{Im}\, f = L[\boldsymbol{a}, \boldsymbol{b}]$ となっている。ところで、例 4.2.4 から $L[\boldsymbol{a}, \boldsymbol{b}] = \left\{ \begin{pmatrix} x \\ 2x \end{pmatrix} \middle| \, x \in \boldsymbol{R} \right\}$ となる。ここで、$u = x, v = 2x$ とおけば、u と v には $v = 2u$ の関係がある。すなわち、$\mathrm{Im}\, f$ は原点を通り傾きが 2 の直線 $v = 2u$ である。

いっぽう、$\boldsymbol{x} = \begin{pmatrix} x \\ y \end{pmatrix}$ とおけば $f(\boldsymbol{x}) = x\boldsymbol{a} + y\boldsymbol{b}$ だから、

$$x\boldsymbol{a} + y\boldsymbol{b} = \begin{pmatrix} x + 2y \\ 2x + 4y \end{pmatrix} = \boldsymbol{0}$$

となる x と y には、$x + 2y = 0$ の関係がある。したがって、$\mathrm{Ker}\, f = \left\{ \begin{pmatrix} -2y \\ y \end{pmatrix} \middle| \, y \in \boldsymbol{R} \right\}$ となる。よって、$\mathrm{Ker}\, f$ は原点を通り傾きが $-\dfrac{1}{2}$ の直線 $y = -\dfrac{1}{2}x$ である。

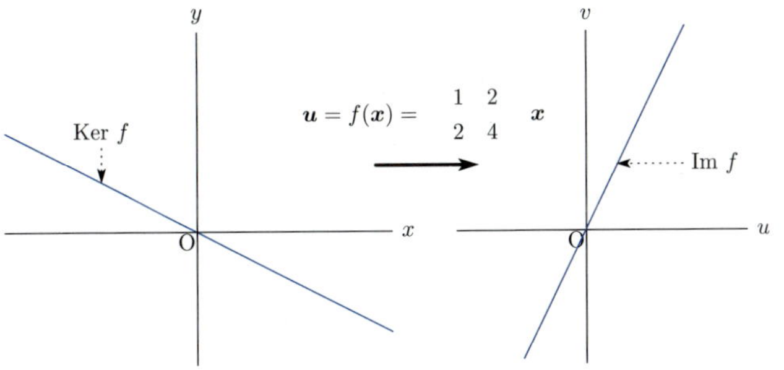

図 7.2　(2) のときの像と核

(3) の場合は、$f(\boldsymbol{x}) = \begin{pmatrix} 0 & 0 \\ 0 & 0 \end{pmatrix} \boldsymbol{x}$ である。したがって、例 4.2.5 から $\mathrm{Im}\, f = L[\boldsymbol{a}, \boldsymbol{b}] = \left\{ \begin{pmatrix} 0 \\ 0 \end{pmatrix} \right\} = \{\boldsymbol{0}\}$ となる。いっぽう、どのような $\boldsymbol{x}$ に対しても、f の定義式から $f(\boldsymbol{x}) = \boldsymbol{0}$ となる。よって、$\mathrm{Ker}\, f = \boldsymbol{R}^2$ である。

7.2.3　像の次元と核の次元

線形写像は行列を使って表せた。この線形写像に対して像と核を定義できた。例 7.2.3 をみれば、像の次元と、核の次元のあいだには、何らかの関係があるようである。この関係は、次元定理として知られている (定理 7.2.1)。この定理は部分空間に対しても成り立つが、$\boldsymbol{R}^n$ に対して示すことにしよう。

定理 7.2.1　(次元定理) f を $\boldsymbol{R}^n$ から $\boldsymbol{R}^m$ への線形写像とする。このとき、

$$\dim \mathrm{Im}\, f + \dim \mathrm{Ker}\, f = n$$

である。

証明　$\dim \mathrm{Ker}\, f = r$ としよう。$\mathrm{Ker}\, f$ の次元が r だから、

$$\mathrm{Ker}\, f = L[\boldsymbol{x}_1, \boldsymbol{x}_2, \cdots, \boldsymbol{x}_r]$$

となる r 個の1次独立なベクトル $\boldsymbol{x}_1, \boldsymbol{x}_2, \cdots, \boldsymbol{x}_r$ をとることができる。このとき、$\boldsymbol{R}^n$ の次元が n だから、4.3節のように $n-r$ 個のベクトル $\boldsymbol{x}_{r+1}, \boldsymbol{x}_{r+2}, \cdots, \boldsymbol{x}_n$ を付け加えて、

$$\boldsymbol{R}^n = L[\boldsymbol{x}_1, \boldsymbol{x}_2, \cdots, \boldsymbol{x}_r, \boldsymbol{x}_{r+1}, \boldsymbol{x}_{r+2}, \cdots, \boldsymbol{x}_n]$$

とできる。ここで、$r \leq n$ である。

したがって、$\boldsymbol{R}^n$ のベクトル $\boldsymbol{x}$ は、n 個のベクトル $\boldsymbol{x}_1, \cdots, \boldsymbol{x}_r, \boldsymbol{x}_{r+1}, \cdots, \boldsymbol{x}_n$ とスカラー $c_1, \cdots, c_r, c_{r+1}, \cdots, c_n$ を使って、

$$\boldsymbol{x} = c_1\boldsymbol{x}_1 + \cdots + c_r\boldsymbol{x}_r + c_{r+1}\boldsymbol{x}_{r+1} + \cdots + c_n\boldsymbol{x}_n$$

と表せる。いっぽう、$\boldsymbol{x}_1, \boldsymbol{x}_2, \cdots, \boldsymbol{x}_r \in \mathrm{Ker}\, f$ だから、$f(\boldsymbol{x}_1) = f(\boldsymbol{x}_2) = \cdots = f(\boldsymbol{x}_r) = \boldsymbol{0}$ である。よって、$\boldsymbol{y} = f(\boldsymbol{x}) \in \mathrm{Im}\, f$ は、

$$\begin{aligned}
\boldsymbol{y} &= f(\boldsymbol{x}) = f(c_1\boldsymbol{x}_1 + \cdots + c_r\boldsymbol{x}_r + c_{r+1}\boldsymbol{x}_{r+1} + \cdots + c_n\boldsymbol{x}_n) \\
&= c_1 f(\boldsymbol{x}_1) + \cdots + c_r f(\boldsymbol{x}_r) + c_{r+1} f(\boldsymbol{x}_{r+1}) + \cdots + c_n f(\boldsymbol{x}_n) \\
&= c_{r+1} f(\boldsymbol{x}_{r+1}) + \cdots + c_n f(\boldsymbol{x}_n)
\end{aligned}$$

となる。したがって、$\boldsymbol{y} = f(\boldsymbol{x})$ は、$n-r$ 個のベクトル $f(\boldsymbol{x}_{r+1}), f(\boldsymbol{x}_{r+2}), \cdots, f(\boldsymbol{x}_n)$ で表せる。よって、

$$\mathrm{Im}\, f = L[f(\boldsymbol{x}_{r+1}), f(\boldsymbol{x}_{r+2}), \cdots, f(\boldsymbol{x}_n)]$$

である。

ここで、もし $f(\boldsymbol{x}_{r+1}), f(\boldsymbol{x}_{r+2}), \cdots, f(\boldsymbol{x}_n)$ が1次独立であれば、$\dim \mathrm{Im}\, f = n-r$ なので、定理は成り立つ。そこで、これらのベクトルが1次独立であることを示そう。

いま、$c_{r+1} f(\boldsymbol{x}_{r+1}) + c_{r+2} f(\boldsymbol{x}_{r+2}) + \cdots + c_n f(\boldsymbol{x}_n) = \boldsymbol{0}$ としよう。f が線形写像だから、$f(c_{r+1}\boldsymbol{x}_{r+1} + c_{r+2}\boldsymbol{x}_{r+2} + \cdots + c_n\boldsymbol{x}_n) = \boldsymbol{0}$ と同じである。すなわち、

$$c_{r+1}\boldsymbol{x}_{r+1} + c_{r+2}\boldsymbol{x}_{r+2} + \cdots + c_n\boldsymbol{x}_n \in \mathrm{Ker}\, f$$

である。いっぽう、$\mathrm{Ker}\, f = L[\boldsymbol{x}_1, \boldsymbol{x}_2, \cdots, \boldsymbol{x}_r]$ だから、スカラー $c_1, c_2, \cdots, c_r$ を使って、

$$c_{r+1}\boldsymbol{x}_{r+1} + c_{r+2}\boldsymbol{x}_{r+2} + \cdots + c_n\boldsymbol{x}_n = c_1\boldsymbol{x}_1 + c_2\boldsymbol{x}_2 + \cdots + c_r\boldsymbol{x}_r$$

と表せる。ところで、n 個のベクトル $\boldsymbol{x}_1, \cdots, \boldsymbol{x}_r, \boldsymbol{x}_{r+1}, \cdots, \boldsymbol{x}_n$ は 1 次独立としたから、この関係式が成り立つのは、

$$c_1 = c_2 = \cdots = c_r = c_{r+1} = c_{r+2} = \cdots = c_n = 0$$

のときだけである。よって、$f(\boldsymbol{x}_{r+1}), f(\boldsymbol{x}_{r+2}), \cdots, f(\boldsymbol{x}_n)$ は 1 次独立である。

□

7.2.4　正則行列と次元定理

$m \times n$ 行列 A によって定まる線形写像 $\boldsymbol{y} = A\boldsymbol{x}$ を考えよう。この線形写像によるベクトル空間 $\boldsymbol{R}^n$ の像を考える。次元定理から、

$$\dim \mathrm{Im}\, f + \dim \mathrm{Ker}\, f = n$$

なので、$\mathrm{Ker}\, f = \{\boldsymbol{0}\}$ であれば、$\mathrm{Im}\, f$ は $\boldsymbol{R}^m$ の n 次元の部分空間となる。しかし、$\mathrm{Ker}\, f \neq \{\boldsymbol{0}\}$ ならば、この線形写像で $\boldsymbol{R}^n$ は n より小さい次元の部分空間と写る。たとえば、3 次元空間が平面や直線などに写ることに当たる。

いっぽう、$\mathrm{rank}\, A = \dim \mathrm{Im}\, f$ だから、行列 A の階数は、行列 A で定まる線形写像による、n 次元ベクトル空間 $\boldsymbol{R}^n$ 全体の像の次元に等しい。したがって、行列 A で定まる線形写像によって空間がどのくらい小さな空間に写るかが、行列 A の階数からわかる。

ところで、n 次正方行列 A で定まる $\boldsymbol{R}^n$ から $\boldsymbol{R}^n$ への線形写像 $\boldsymbol{y} = A\boldsymbol{x}$ を考えよう。もし、$\mathrm{Ker}\, f \neq \{\boldsymbol{0}\}$ であれば、零ベクトル以外にも $\boldsymbol{0}$ へ写るベクトルがある。このことは、次元定理から $\dim \mathrm{Im}\, f < n$ を意味する。すなわち、この線形写像に対しては逆写像が定義できない。言い換えれば、n 次正方行列 A は正則行列ではない。よって、n 次正方行列 A が正則であることと、線形写像

$\boldsymbol{y} = f(\boldsymbol{x}) = A\boldsymbol{x}$ において、$\mathrm{Im}\, f = \boldsymbol{R}^n$ または、$\mathrm{Ker}\, f = \{\boldsymbol{0}\}$ とは等しい。このことから次の定理が成り立つ。

定理 7.2.2　n 次正方行列 A によって定まる線形写像 $\boldsymbol{y} = A\boldsymbol{x}$ において、行列 A が正則であることと、$\mathrm{Im}\, f = \boldsymbol{R}^n$ または $\mathrm{Ker}\, f = \{\boldsymbol{0}\}$ となることは同値である。

行列 A の階数 $\mathrm{rank}\, A$ は、線形写像 $\boldsymbol{y} = f(\boldsymbol{x}) = A\boldsymbol{x}$ による像の次元 $\dim \mathrm{Im}\, f$ と等しい。このことから、正則行列について次の性質が成り立つ。

定理 7.2.3　n 次正方行列 A によって定まる線形写像 $\boldsymbol{y} = A\boldsymbol{x}$ で、行列 A が正則であることと、$\mathrm{rank}\, A = n$ となることは同値である。

例 7.2.4　4.1.1 節の例を見てみよう。この場合は、$\boldsymbol{R}^2$ から $\boldsymbol{R}^2$ への線形写像である。

(1) のときは、例 7.2.3 から、$\mathrm{Im}\, f = \boldsymbol{R}^2$ であり、$\mathrm{Ker}\, f = \{\boldsymbol{0}\}$ である。したがって、$\dim \mathrm{Im}\, f = 2, \dim \mathrm{Ker}\, f = 0$ となり、次元定理が成り立つ。

(2) のときは、例 7.2.3 から、

$$\mathrm{Im}\, f = L[\boldsymbol{a}, \boldsymbol{b}] = \left\{ \begin{pmatrix} x \\ 2x \end{pmatrix} \middle| x \in \boldsymbol{R} \right\}, \mathrm{Ker}\, f = \left\{ \begin{pmatrix} -2y \\ y \end{pmatrix} \middle| y \in \boldsymbol{R} \right\}$$

である。したがって、$\dim \mathrm{Im}\, f = 1, \dim \mathrm{Ker}\, f = 1$ となり、この場合も次元定理が成り立つ。

(3) のときは、例 7.2.3 から、$\mathrm{Im}\, f = L[\boldsymbol{a}, \boldsymbol{b}] = \left\{ \begin{pmatrix} 0 \\ 0 \end{pmatrix} \right\}$、および $\mathrm{Ker}\, f = \boldsymbol{R}^2$ となる。したがって、$\dim \mathrm{Im}\, f = 0, \dim \mathrm{Ker}\, f = 2$ となる。よって、次元定理が成り立つ。

7.2.5　階数の性質

最後に、階数に関する性質をまとめておこう。

定理 7.2.2 で、n 次正方行列 A が正則であることと、線形写像 $\boldsymbol{y} = f(\boldsymbol{x}) = A\boldsymbol{x}$ で、$\mathrm{Im}\, f = \boldsymbol{R}^n$ となることは同値であった。いま、B を $m \times n$ 行列とすれば、行列 BA によって定まる線形写像 $\boldsymbol{z} = BA\boldsymbol{x}$ は、行列の積の定義から 2 つの線形写像 $\boldsymbol{y} = f(\boldsymbol{x}) = A\boldsymbol{x}$ と $\boldsymbol{z} = g(\boldsymbol{y}) = B\boldsymbol{y}$ を合成したものである。したがって、n 次正方行列 A が正則であれば、線形写像 $\boldsymbol{y} = A\boldsymbol{x}$ では $\mathrm{Im}\, f = \boldsymbol{R}^n$ となっている。ここで、$gf(\boldsymbol{x}) = g(f(\boldsymbol{x}))$ と表せば、$\mathrm{Im}\, f = \boldsymbol{R}^n$ だから、$\dim \mathrm{Im}\, gf = \dim \mathrm{Im}\, g$ といえる。

同じように、C を $n \times m$ 行列とすれば、行列 AC によって定まる線形写像 $\boldsymbol{z} = AC\boldsymbol{x}$ は、行列の積の定義から 2 つの線形写像 $\boldsymbol{y} = f(\boldsymbol{x}) = C\boldsymbol{x}$ と $\boldsymbol{z} = g(\boldsymbol{y}) = A\boldsymbol{y}$ を合成したものであり、同様の議論ができる。したがって、次の性質が成り立つ。

定理 7.2.4　n 次正方行列 A が正則とする。

(1)　B を $m \times n$ 行列とすれば、$\mathrm{rank}\, BA = \mathrm{rank}\, B$ である。

(2)　C を $n \times m$ 行列とすれば、$\mathrm{rank}\, AC = \mathrm{rank}\, C$ である。

ところで、$m \times n$ 行列 A と $\boldsymbol{x} \in \boldsymbol{R}^n$ に対して、線形写像 $f(\boldsymbol{x}) = A\boldsymbol{x}$ の性質を考えた。しかし、$\boldsymbol{y} \in \boldsymbol{R}^m$ に対して、写像 g を $g(\boldsymbol{y}) = {}^t\boldsymbol{y}A$ と定義することもできる。このとき、

$$g(b_1\boldsymbol{y}_1 + b_2\boldsymbol{y}_2) = b_1 g(\boldsymbol{y}_1) + b_2 g(\boldsymbol{y}_2)$$

が成り立つので、この $g(\boldsymbol{y}) = {}^t\boldsymbol{y}A$ もまた線形写像である。したがって、線形写像 $f(\boldsymbol{x}) = A\boldsymbol{x}$ と同じように階数が定義できる。これが列階数である。したがって、階数に関する性質は列ベクトルだけでなく、行ベクトルについても同じように成り立つ。

7.2.6　階数と連立 1 次方程式

連立 1 次方程式

$$\begin{cases} 2x - y + 3z = 2 \\ x + 2y - z = 3 \\ 3x + y + 2z = 4 \end{cases}$$

を考えよう。6.2.2 節のはき出し法で解けばつぎのようになる。

$$\left[\begin{array}{ccc|c} 2 & -1 & 3 & 2 \\ 1 & 2 & -1 & 3 \\ 3 & 1 & 2 & 4 \end{array}\right] \to \left[\begin{array}{ccc|c} 0 & -5 & 5 & -4 \\ 1 & 2 & -1 & 3 \\ 0 & -5 & 5 & -5 \end{array}\right]$$

$$\to \left[\begin{array}{ccc|c} 0 & 1 & -1 & \frac{4}{5} \\ 1 & 2 & -1 & 3 \\ 0 & -5 & 5 & -5 \end{array}\right] \to \left[\begin{array}{ccc|c} 0 & 1 & -1 & \frac{4}{5} \\ 1 & 0 & 1 & \frac{7}{5} \\ 0 & 0 & 0 & -1 \end{array}\right]$$

したがって、3 行目の表す式が $0 = -1$ となり、この場合は解が存在しない「不能」となっている。しかし、

$$\begin{cases} 2x - y + 3z = 2 \\ x + 2y - z = 3 \\ 3x + y + 2z = 5 \end{cases}$$

とすれば、

$$\left[\begin{array}{ccc|c} 2 & -1 & 3 & 2 \\ 1 & 2 & -1 & 3 \\ 3 & 1 & 2 & 5 \end{array}\right] \to \left[\begin{array}{ccc|c} 0 & -5 & 5 & -4 \\ 1 & 2 & -1 & 3 \\ 0 & -5 & 5 & -4 \end{array}\right]$$

$$\to \left[\begin{array}{ccc|c} 0 & 1 & -1 & \frac{4}{5} \\ 1 & 2 & -1 & 3 \\ 0 & -5 & 5 & -4 \end{array}\right] \to \left[\begin{array}{ccc|c} 0 & 1 & -1 & \frac{4}{5} \\ 1 & 0 & 1 & \frac{7}{5} \\ 0 & 0 & 0 & 0 \end{array}\right]$$

となる。したがって、この連立 1 次方程式の解は、

$$\begin{cases} \quad\; y - z = \dfrac{4}{5} \\ x \quad\; + z = \dfrac{7}{5} \end{cases}$$

の解と等しい。よって、3 つの変数のうち 1 つ、例えば z を定めれば、残りの変数 x と y の値が定まる。すなわち、この連立 1 次方程式は解の数が複数存在する「不定」の場合である。

これら 2 つの連立方程式で係数はすべて等しく、右辺の定数が異なっていた。そこで、係数と定数からできる 3×4 行列[8]、

$$(1)\begin{pmatrix} 2 & -1 & 3 & 2 \\ 1 & 2 & -1 & 3 \\ 3 & 1 & 2 & 4 \end{pmatrix} \qquad (2)\begin{pmatrix} 2 & -1 & 3 & 2 \\ 1 & 2 & -1 & 3 \\ 3 & 1 & 2 & 5 \end{pmatrix}$$

を考えよう。このとき、係数行列 $\begin{pmatrix} 2 & -1 & 3 \\ 1 & 2 & -1 \\ 3 & 1 & 2 \end{pmatrix}$ は 3 次の正方行列であり、その階数は例 7.1.3 から 2 となることがわかった。いっぽう、(1) の階数を求めれば、$\begin{vmatrix} -1 & 3 & 2 \\ 2 & -1 & 3 \\ 1 & 2 & 4 \end{vmatrix} \neq 0$ だから、

$$\operatorname{rank}\begin{pmatrix} 2 & -1 & 3 & 2 \\ 1 & 2 & -1 & 3 \\ 3 & 1 & 2 & 4 \end{pmatrix} = 3$$

8)　この行列を拡大係数行列という。

となる。さらに、(2) については、3 次の小行列式がすべて 0 となるから、

$$\text{rank}\begin{pmatrix} 2 & -1 & 3 & 2 \\ 1 & 2 & -1 & 3 \\ 3 & 1 & 2 & 5 \end{pmatrix} = 2$$

となる。

ここまでのことをまとめてみよう。まず、連立 1 次方程式は、係数行列 A が正方行列で、正則であれば解くことができる。しかし、係数行列 A が正方行列であっても、正則でなければ、「不定」あるいは「不能」となる。ところで、連立 1 次方程式を、係数行列 A を使って、

$$A\boldsymbol{x} = \boldsymbol{b}$$

と表そう。このとき、この連立方程式を満たす $\boldsymbol{x}$ があることは、$f(\boldsymbol{x}) = A\boldsymbol{x}$ としたとき、$\boldsymbol{b} \in \text{Im}\, f$ となることと同じである。すなわち、$\boldsymbol{b} \notin \text{Im}\, f$ ならば、連立 1 次方程式は解が存在しない「不能」となる。ここで、$\boldsymbol{b} \in \text{Im}\, f$ となることは、$L[\boldsymbol{a}_1, \cdots, \boldsymbol{a_n}] = L[\boldsymbol{a}_1, \cdots, \boldsymbol{a_n}, \boldsymbol{b}]$ と等しいことに注意しよう。このことから、連立 1 次方程式が「不定」となるか「不能」となるかは、係数行列と定数項でできる行列の階数と、係数行列の階数が等しいかどうかによって判定できる。このことは、一般の連立 1 次方程式でも成り立ち、係数行列の階数と連立 1 次方程式の解のあいだには、このようなつながりがある。

練習問題

7.1 $\boldsymbol{R}^n$ の部分空間 U が、$f(\boldsymbol{x}) = A\boldsymbol{x}$ によって写る集合 V が部分 (ベクトル) 空間となっていることを示しなさい。

7.2 つぎの行列の階数を求めなさい。

$$\begin{pmatrix} a-1 & 0 & 0 \\ 0 & a-2 & 0 \\ 0 & 0 & a-3 \end{pmatrix}$$

7.3　つぎの行列でできる線形写像の像と核を求めなさい。また、この線形写像に対して次元定理が成り立つことを確かめなさい。

$$(1)\begin{pmatrix} 1 & 2 & 0 \\ 0 & 2 & 3 \\ -1 & 0 & 3 \end{pmatrix} \qquad (2)\begin{pmatrix} 2 & -1 & 3 \\ 1 & 2 & -1 \\ 3 & 1 & 2 \end{pmatrix} \qquad (3)\begin{pmatrix} 1 & 0 & 1 \\ 2 & 1 & 0 \\ 1 & 1 & -1 \end{pmatrix}$$

7.4　つぎの連立 1 次方程式が自明な解 $(x = y = z = 0)$ と異なる解を持つのはどのようなときか求めなさい。

$$(1)\begin{cases} ax + y + z &= 0 \\ x + ay + z &= 0 \\ x + y + az &= 0 \end{cases} \qquad (2)\begin{cases} 2x + y + z &= ax \\ x + 2y + z &= ay \\ x + y + 2z &= az \end{cases}$$

7.5　つぎの連立 1 次方程式が不定となるのは、どのようなときか求めなさい。

$$\begin{cases} ax + y + z &= 1 \\ x + ay + z &= 1 \\ x + y + az &= 1 \end{cases}$$

第 8 章　固有値と固有ベクトル

$m \times n$ 行列 A によって定まる線形写像 $\boldsymbol{y} = A\boldsymbol{x}$ は、n 次元空間 $\boldsymbol{R}^n$ から m 次元空間 $\boldsymbol{R}^m$ への写像である。この線形写像で、n 次元空間 $\boldsymbol{R}^n$ の像の次元は、行列 A の階数と等しい。この線形写像の持つ性質を、さらに詳しく見ることにしよう。そのために、はじめに複素ベクトル空間について触れることにする。

8.1　複素ベクトル空間と内積

これまで、ベクトルの成分やスカラーは、すべて実数としてきた。これからは実数に限らず、複素数を成分とするベクトルやスカラーを認めることにしよう。これまでの用語や性質は複素ベクトルや複素数であっても、内積の定義などを除いてほとんど成り立つ。

8.1.1　複素空間

複素数は、2 つの実数 x, y と虚数単位という i を用いて、$z = x + iy$ と表される数である。この虚数単位は、$i^2 = -1$ すなわち $x^2 + 1 = 0$ の解であり、$i = \sqrt{-1}$ である。また、x を実部、y を虚部といい、複素数 z に対して、それぞれ $\mathrm{e}\ z, \mathrm{Im}\, z$ と表す。このとき、2 つの複素数 $x + iy$ と $x' + iy'$ の和 (差) と積を、

$$
\begin{aligned}
(x + iy) \pm (x' + iy') &= (x \pm x') + i(y \pm y') \\
(x + iy) \times (x' + iy') &= (xx' - yy') + i(xy' + x'y)
\end{aligned}
$$

とする。また、複素数 $z = x + iy$ に対して、$\overline{z} = x - iy$ を z の共役複素数という。とくに、z の虚部が 0 のとき、複素数 z は実数と考えてよく、その共役複素数

はもとの複素数と等しい。さらに、

$$z\overline{z} = (x+iy)(x-iy) = x^2 + y^2 + i(xy - xy) = x^2 + y^2$$

である。この性質を使えば、$x' + iy' \neq 0$ のとき、

$$\begin{aligned}\frac{x+iy}{x'+iy'} &= \frac{(x+iy)(x'-iy')}{(x'+iy')(x'-iy')} = \frac{(xx'+yy')+i(xy'-x'y)}{x'^2+y'^2} \\ &= \frac{xx'+yy'}{x'^2+y'^2} + i\frac{xy'-x'y}{x'^2+y'^2}\end{aligned}$$

となるので、商も定義できる。このように複素数のあいだの演算を定義すれば、実数と同じように四則演算を考えることができる。これらの複素数全体を $\boldsymbol{C}$ で表す。また、虚部が 0 の複素数は実数と考えてよいから、実数全体の集合 $\boldsymbol{R}$ は、$\boldsymbol{C}$ の部分集合と考えることができる。

つぎに、複素数 $z = x + iy$ に対して、$\boldsymbol{R}^2$ の点 (x, y) を対応させよう。このとき、複素数と $\boldsymbol{R}^2$ の点 (x, y) が 1 対 1 に対応するので、複素数全体を幾何学的に平面で表せる。この平面を複素平面という。この複素平面を使えば、複素数とその共役複素数 $z = x - iy$ の関係は、図 8.1 のようになる。同じように、複素数の和は図 8.2 のように表せる。

複素平面で、原点から $z = x + iy$ に対応する点 (x, y) までの距離を、z の絶対値という。いま、複素数の絶対値を実数と同じように $|z|$ と表せば、$|z| = \sqrt{x^2 + y^2}$ である。また、$y = 0$ とすれば、$|z| = |x|$ であり、実部の絶対値に等しく、実数のときと同じとなる。さらに、$z\overline{z} = |z|^2$ となる。

このとき、実数に限定すれば成り立たないが、複素数まで含めれば成り立つつぎの性質が知られている。

定理 8.1.1 （代数学の基本定理）複素数を係数に持つ 1 変数の多項式、

$$f(x) = a_0 x^n + a_1 x^{n-1} + a_2 x^{n-2} + \cdots + a_{n-1} x + a_n$$

は、複素数の中に必ず根を持つ。

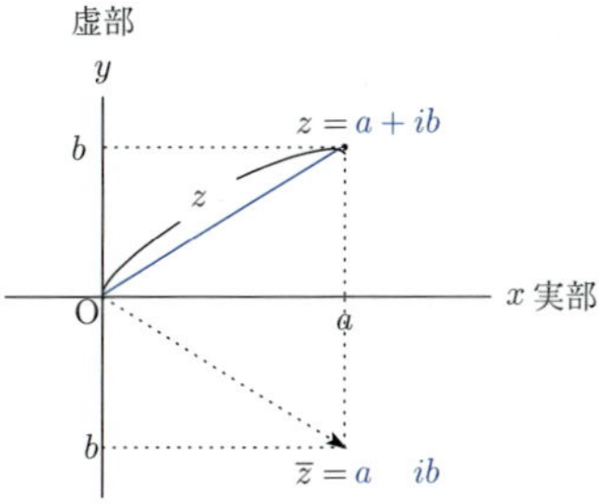

図 8.1　複素平面と共役複素数

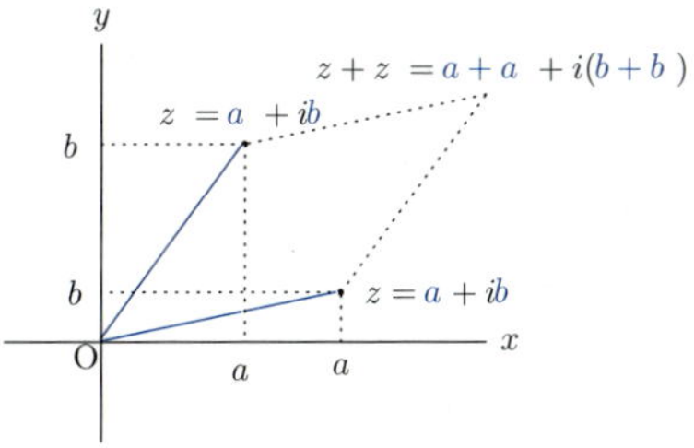

図 8.2　複素数の和

この定理から、複素数を認めれば、複素数を係数に持つ 1 変数の多項式 $f(x)$ に対して、方程式、

$$f(x) = a_0x^n + a_1x^{n-1} + a_2x^{n-2} + \cdots + a_{n-1}x + a_n = 0$$

は、$a_0 \neq 0$ のとき、重解も含めて解の数が n であり、解は実数となるときを含めて複素数の中にある。この性質は実数の世界では成り立たない。たとえば、$f(x) = x^2 + 1$ とすれば、解は $\pm i$ だから、実数の中に解はない。しかし、複素数まで解に含めれば、解は存在することになる。このことからも、複素数を考えるのである[1)]。

8.1.2　複素ベクトルと複素行列

ベクトルや行列の成分が複素数のものを考えることができる。この成分が複素数である行列を複素行列といい、$n \times 1$ の複素行列を複素ベクトルという[2)]。実数を成分とするベクトルと同じように、n 次元空間 $\boldsymbol{C}^n$ の点と、ベクトルの成分が 1 対 1 に対応するから、$\boldsymbol{C}^n$ は n 次元ベクトル全体である。このことから、$\boldsymbol{C}^n$ を複素ベクトル空間と考えることができる。したがって、スカラーを

1)　多項式を 1 次式の積 $f(x) = a(x - \alpha_1)(x - \alpha_2)\cdots(x - \alpha_n)$ と因数分解したとき、それぞれの α_i を多項式の根という $(i = 1, 2, \cdots, n)$。また、方程式 $f(x) = 0$ に対して、$f(\alpha) = 0$ となる α を方程式 $f(x) = 0$ の解という。

2)　実数を要素とするベクトルや行列は、それぞれ実ベクトル・実行列という。

実数でなく複素数とすれば、複素ベクトルや複素行列の和および、スカラー倍も実数ベクトルと同じように定義できる。そのほか、1次独立、1次従属、部分空間、次元、線形写像なども、同じように定義できる。したがって、これらに関した部分について、実ベクトルや実行列で成り立った性質は、複素ベクトルや複素行列に対しても成り立つ。

$m \times n$ 複素行列を $A = \begin{pmatrix} a_{11} & a_{12} & \cdots & a_{1n} \\ a_{21} & a_{22} & \cdots & a_{2n} \\ \vdots & \vdots & \ddots & \vdots \\ a_{m1} & a_{m2} & \cdots & a_{mn} \end{pmatrix}$ とする。この行列 A に対して、すべての要素を、その共役複素数とした $m \times n$ 複素行列を $\overline{A}$ とすれば、$\overline{A} = \begin{pmatrix} \overline{a}_{11} & \overline{a}_{12} & \cdots & \overline{a}_{1n} \\ \overline{a}_{21} & \overline{a}_{22} & \cdots & \overline{a}_{2n} \\ \vdots & \vdots & \ddots & \vdots \\ \overline{a}_{m1} & \overline{a}_{m2} & \cdots & \overline{a}_{mn} \end{pmatrix}$ である。さらに、行列 A の転置行列 ${}^tA$ に対して、$n \times m$ 複素行列 $\overline{{}^tA} = {}^t\overline{A} = \begin{pmatrix} \overline{a}_{11} & \overline{a}_{21} & \cdots & \overline{a}_{m1} \\ \overline{a}_{12} & \overline{a}_{22} & \cdots & \overline{a}_{m2} \\ \vdots & \vdots & \ddots & \vdots \\ \overline{a}_{1n} & \overline{a}_{2n} & \cdots & \overline{a}_{mn} \end{pmatrix}$ を随伴行列あるいは共役転置行列といい、この随伴行列を A^* と表す。また、A が実行列であれば、$A^* = {}^tA$ となることは明らかである。

さらに、$\overline{\overline{z}} = z$ なので、$\overline{\overline{A}} = A$ となる。また、${}^t({}^tA) = A$ なので、

$$(A^*)^* = A$$

である。また、${}^t(AB) = {}^tB\,{}^tA$ と $\overline{AB} = \overline{A}\,\overline{B}$ より、

$$(AB)^* = B^*A^*$$

となる。

8.1.3　実ベクトルの内積とその性質

$\boldsymbol{R}^n$ の 2 つのベクトル $\boldsymbol{x} = \begin{pmatrix} x_1 \\ x_2 \\ \vdots \\ x_n \end{pmatrix}, \boldsymbol{y} = \begin{pmatrix} y_1 \\ y_2 \\ \vdots \\ y_n \end{pmatrix}$ に対して、これらのベクトルの内積を (3.12) 式のように、

$$(\boldsymbol{x}, \boldsymbol{y}) = x_1y_1 + x_2y_2 + \cdots + x_ny_n = {}^t\boldsymbol{y}\boldsymbol{x}$$

と定義した。ここで、実ベクトルの内積に関する性質をまとめておこう。まず、この式からすぐに導かれる性質はつぎのようなものである。

(1)　$(\boldsymbol{x}, \boldsymbol{y}) = (\boldsymbol{y}, \boldsymbol{x})$

(2)　$(\boldsymbol{x} + \boldsymbol{x}', \boldsymbol{y}) = (\boldsymbol{x}, \boldsymbol{y}) + (\boldsymbol{x}', \boldsymbol{y})$

(3)　$(c\boldsymbol{x}, \boldsymbol{y}) = c(\boldsymbol{x}, \boldsymbol{y}) = (\boldsymbol{x}, c\boldsymbol{y})$

(4)　$(\boldsymbol{x}, \boldsymbol{x}) \geq 0$ である。ただし、$(\boldsymbol{x}, \boldsymbol{x}) = 0$ となるのは $\boldsymbol{x} = \boldsymbol{0}$ のときに限る。

いっぽう、2.1 節や 2.2 節では、ベクトルの大きさ $|\boldsymbol{x}|$ は、実平面であれば $\sqrt{x_1^2 + x_2^2}$ であり、実空間内であれば $\sqrt{x_1^2 + x_2^2 + x_3^2}$ とした。同じように、$\boldsymbol{R}^n$ のベクトル $\boldsymbol{x}$ の大きさを $||\boldsymbol{x}||$ と表し、

$$||\boldsymbol{x}||^2 = (\boldsymbol{x}, \boldsymbol{x}) = x_1x_1 + x_2x_2 + \cdots + x_nx_n = \sum_{i=1}^{n} {x_i}^2 = {}^t\boldsymbol{x}\boldsymbol{x}$$

あるいは、

$$||\boldsymbol{x}|| = \sqrt{(\boldsymbol{x}, \boldsymbol{x})} = \sqrt{{}^t\boldsymbol{x}\boldsymbol{x}}$$

と定義する。この大きさ $||\boldsymbol{x}||$ は、ノルム (norm) ともいう。

(5)　$||\boldsymbol{x}|| \geq 0$ である。ただし、$||\boldsymbol{x}|| = 0$ となるのは $\boldsymbol{x} = 0$ のときに限る。

(6)　$(c\boldsymbol{x}, c\boldsymbol{x}) = c(\boldsymbol{x}, c\boldsymbol{x}) = c^2(\boldsymbol{x}, \boldsymbol{x})$ だから、$||c\boldsymbol{x}|| = |c|\,||\boldsymbol{x}||$ である。

(7)

$$|(\boldsymbol{x}, \boldsymbol{y})| \leq ||\boldsymbol{x}|| \, ||\boldsymbol{y}||$$

である[3]。

(8)

$$||\boldsymbol{x} + \boldsymbol{y}|| \leq ||\boldsymbol{x}|| + ||\boldsymbol{y}||$$

である[4]。

2.1.6 節や 2.2.1 節でみたように、平面あるいは空間内の 2 つのベクトル $\boldsymbol{a}, \boldsymbol{b}$ が直交することと $(\boldsymbol{a}, \boldsymbol{b}) = 0$ とは同値であった。同じように、$\boldsymbol{R}^n$ の 2 つのベクトル $\boldsymbol{x}, \boldsymbol{y}$ が、

$$(\boldsymbol{x}, \boldsymbol{y}) = 0$$

をみたすとき、2 つのベクトル $\boldsymbol{x}, \boldsymbol{y}$ は直交するという。

例 8.1.1　(1) 2 つのベクトル $\boldsymbol{a} = \begin{pmatrix} x \\ x \end{pmatrix}$ と $\boldsymbol{b} = \begin{pmatrix} x \\ -x \end{pmatrix}$ に対して、$(\boldsymbol{a}, \boldsymbol{b}) = x^2 - x^2 = 0$ となるから、これらのベクトルは直交する。

(2) 2 つのベクトル $\boldsymbol{a} = \begin{pmatrix} 1 \\ 1 \\ -1 \end{pmatrix}, \boldsymbol{b} = \begin{pmatrix} 1 \\ 0 \\ 1 \end{pmatrix}$ に対して、$(\boldsymbol{a}, \boldsymbol{b}) = 1+0-1 = 0$ となるから、これら 2 つのベクトルは直交する。

8.1.4　複素ベクトルの内積

成分が実数の実ベクトルの内積を前節で考えた。つぎに、$\boldsymbol{C}^n$ に含まれる 2 つの複素ベクトル $\boldsymbol{x} = \begin{pmatrix} x_1 \\ x_2 \\ \vdots \\ x_n \end{pmatrix}, \boldsymbol{y} = \begin{pmatrix} y_1 \\ y_2 \\ \vdots \\ y_n \end{pmatrix}$ に対して、内積を、

3)　この不等式を、シュヴァルツ (Schwarz) の不等式という。

4)　この不等式は、三角不等式である。

$$(\boldsymbol{x}, \boldsymbol{y}) = x_1\overline{y}_1 + x_2\overline{y}_2 + \cdots + x_n\overline{y}_n = \sum_{i=1}^{n} x_i\overline{y}_i = \boldsymbol{y}^*\boldsymbol{x} \tag{8.1}$$

と定義する。この内積を複素内積という。この定義で、2 つのベクトル $\boldsymbol{x}, \boldsymbol{y}$ の成分がすべて実数であれば、これらのベクトルは実ベクトルと同じであり、$\overline{y}_i = y_i$ なので、(8.1) 式で定義される複素内積は、実ベクトルの内積と一致する。さらに、(8.1) 式を使って、実ベクトルと同じように、ベクトルの大きさ (あるいはノルム) を定義できる。すなわち、ベクトル $\boldsymbol{x}$ の大きさ (あるいはノルム) を $||\boldsymbol{x}||$ とすれば、

$$||x||^2 = (\boldsymbol{x}, \boldsymbol{x}) = x_1\overline{x}_1 + x_2\overline{x}_2 + \cdots + x_n\overline{x}_n = \sum_{i=1}^{n} x_i\overline{x}_i = \boldsymbol{x}^*\boldsymbol{x}$$

あるいは、

$$||\boldsymbol{x}|| = \sqrt{(\boldsymbol{x}, \boldsymbol{x})} = \sqrt{\boldsymbol{x}^*\boldsymbol{x}}$$

である[5)]。このことは、$n = 1$ とすれば、成分で $\boldsymbol{x} = (x)$ と表せるから、

$$||\boldsymbol{x}|| = \sqrt{(\boldsymbol{x}, \boldsymbol{x})} = \sqrt{x\overline{x}} = \sqrt{|x|^2} = |x|$$

となることに等しい。これが複素数の絶対値である。このように、複素ベクトルの大きさ (あるいはノルム) は、複素数 z の絶対値の一般化となっている。また、ベクトル $\boldsymbol{x}$ が実ベクトルであれば、8.1.3 節のノルムの定義と同じであり、この定義は、実平面や実空間のベクトルの大きさを一般化したものである。

内積をこのように定義すれば、2 つの複素ベクトルが直交することを、つぎのように定義する。

定義 8.1.1　$\boldsymbol{C}^n$ の 2 つの複素ベクトル $\boldsymbol{x}, \boldsymbol{y}$ に対して、$(\boldsymbol{x}, \boldsymbol{y}) = 0$ となるとき、2 つのベクトル $\boldsymbol{x}$ と $\boldsymbol{y}$ は直交するという。

この定義においても、2 つのベクトルの成分が実数ならば、実ベクトルに対する定義と等しい。

5)　$\boldsymbol{x}^* = (\overline{x}_1\ \overline{x}_2\ \cdots\ \overline{x}_n)$ となる。

例 8.1.2 (1) 2 つのベクトルを $\boldsymbol{a}=\begin{pmatrix} i \\ i \\ -i \end{pmatrix}$ と $\boldsymbol{b}=\begin{pmatrix} i \\ 0 \\ i \end{pmatrix}$ とすれば、$(\boldsymbol{a},\boldsymbol{b})=-1+0+1=0$ となるから、これら 2 つのベクトルは直交する。

(2) 2 つのベクトルを $\boldsymbol{a}=\begin{pmatrix} i \\ i \\ -1 \end{pmatrix}$ と $\boldsymbol{b}=\begin{pmatrix} 1 \\ 0 \\ i \end{pmatrix}$ としよう。このとき、$(\boldsymbol{a},\boldsymbol{b})=i+0-i=0$ となるから、これら 2 つのベクトルは直交する。

8.1.5 複素ベクトルの内積とノルムの性質

複素内積と複素ベクトルのノルムに関して、実ベクトルの内積やノルムとは異なる性質をまとめておこう。ここに述べた性質のほか、実ベクトルとその内積に対して成り立った 8.1.3 節の (1)、(3) 以外の性質は、複素内積と複素ベクトルのノルムについても同じように成り立つ。

(1) $(\boldsymbol{x},\boldsymbol{y})=x_1\overline{y}_1+x_2\overline{y}_2+\cdots+x_n\overline{y}_n$ および、$(\boldsymbol{y},\boldsymbol{x})=y_1\overline{x}_1+y_2\overline{x}_2+\cdots+y_n\overline{x}_n$ だから

$$(\boldsymbol{y},\boldsymbol{x})=\overline{(\boldsymbol{x},\boldsymbol{y})}$$

である。

(2) $(\boldsymbol{x},\boldsymbol{y})=\boldsymbol{y}^*\boldsymbol{x}$ だから、c をスカラーとすれば、

$$(c\boldsymbol{x},\boldsymbol{y})=\boldsymbol{y}^*(c\boldsymbol{x})=c(\boldsymbol{y}^*)\boldsymbol{x}=(\overline{c}\boldsymbol{y})^*\boldsymbol{x}=(\boldsymbol{x},\overline{c}\boldsymbol{y})$$

である。また、$(c\boldsymbol{x},\boldsymbol{y})=c(\boldsymbol{y}^*)\boldsymbol{x}=c(\boldsymbol{x},\boldsymbol{y})$ および、$(\boldsymbol{x},c\boldsymbol{y})=(c\boldsymbol{y})^*\boldsymbol{x}=\overline{c}(\boldsymbol{x},\boldsymbol{y})$ となる。

(3) n 次正方行列を A とすれば、(8.1) 式すなわち $(\boldsymbol{x},\boldsymbol{y})=\boldsymbol{y}^*\boldsymbol{x}$ から $(A\boldsymbol{x},\boldsymbol{y})=\boldsymbol{y}^*A\boldsymbol{x}$ である。いっぽう、随伴行列の性質から $\boldsymbol{y}^*A=(A^*\boldsymbol{y})^*$ となる。したがって、これらの性質をあわせれば、

$$(A\boldsymbol{x},\boldsymbol{y})=\boldsymbol{y}^*A\boldsymbol{x}=(A^*\boldsymbol{y})^*\boldsymbol{x}=(\boldsymbol{x},A^*\boldsymbol{y}) \tag{8.2}$$

である。

8.2　固有値と固有ベクトル

4.1.1 節の (1) の例を見てみよう。$A = \begin{pmatrix} 1 & 2 \\ 2 & 1 \end{pmatrix}$ で表される、$\boldsymbol{R}^2$ から $\boldsymbol{R}^2$ への線形写像は、

$$\boldsymbol{y} = A\boldsymbol{x} = \begin{pmatrix} 1 & 2 \\ 2 & 1 \end{pmatrix}\boldsymbol{x}$$

であった。

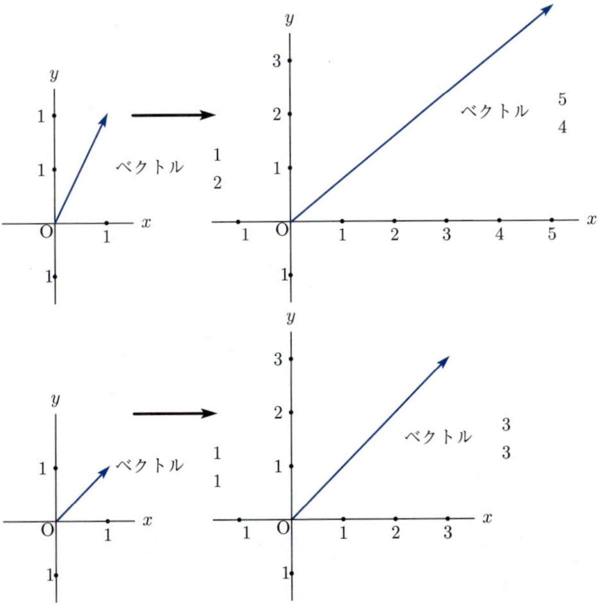

図 8.3　A によって写るベクトル

ところで、ベクトル $\boldsymbol{x}$ として、$\boldsymbol{x} = \begin{pmatrix} 1 \\ 2 \end{pmatrix}$ をとってみよう。このとき、

$$\begin{pmatrix} 1 & 2 \\ 2 & 1 \end{pmatrix} \begin{pmatrix} 1 \\ 2 \end{pmatrix} = \begin{pmatrix} 5 \\ 4 \end{pmatrix}$$

となる。すなわち、このベクトルは $\boldsymbol{y} = A\boldsymbol{x}$ によって、ベクトル $\begin{pmatrix} 5 \\ 4 \end{pmatrix}$ に写る。これら 2 つのベクトルは、図 8.3 のように、大きさも向きも異なっている。

いっぽう、ベクトル $\boldsymbol{x}$ として、$\boldsymbol{x} = \begin{pmatrix} 1 \\ 1 \end{pmatrix}$ をとってみよう。このとき、

$$\begin{pmatrix} 1 & 2 \\ 2 & 1 \end{pmatrix} \begin{pmatrix} 1 \\ 1 \end{pmatrix} = \begin{pmatrix} 3 \\ 3 \end{pmatrix}$$

となる。すなわち、このベクトルは $\boldsymbol{y} = A\boldsymbol{x}$ によって、ベクトル $\begin{pmatrix} 3 \\ 3 \end{pmatrix}$ に写る。ところで、図 8.3 のように、ベクトル $\begin{pmatrix} 1 \\ 1 \end{pmatrix}$ は、もとのベクトル $\begin{pmatrix} 1 \\ 1 \end{pmatrix}$ と同じ向きで、大きさは 3 倍となっている。すなわち、線形変換 $\boldsymbol{y} = A\boldsymbol{x}$ によって方向の変わらないベクトルである。このように、$\boldsymbol{y} = A\boldsymbol{x}$ によって方向の変わるベクトルと変わらないベクトルがあるが、これらはどのような性質を持っているかを考えよう。

一般に、n 次元空間 $\boldsymbol{R}^n$ から m 次元空間 $\boldsymbol{R}^m$ への線形写像は、$m \times n$ 行列 A によって $\boldsymbol{y} = A\boldsymbol{x}$ と表せる。このとき、この線形写像の性質は、行列 A の性質で知ることができる。ここでは、行列 A が正方行列のとき、この行列 A を特徴づける固有値と固有ベクトルを考えよう。この固有値と固有ベクトルは、行列 A を考えるときに重要なものであり、因子分析や主成分分析といった統計学を始め、産業連関表に基づく投入産出分析など、経済学でもよく用いられる。

まず、固有値と固有ベクトルの定義をしよう。

定義 8.2.1　n 次の正方行列 $A = \begin{pmatrix} a_{11} & a_{12} & \cdots & a_{1n} \\ a_{21} & a_{22} & \cdots & a_{2n} \\ \vdots & \vdots & \ddots & \vdots \\ a_{n1} & a_{n2} & \cdots & a_{nn} \end{pmatrix}$ に対して、複素数 λ と零ベクトルでないベクトル $\boldsymbol{x}$ が、

$$A\boldsymbol{x} = \lambda\boldsymbol{x} \tag{8.3}$$

を満たすとき、λ を行列 A の固有値、$\boldsymbol{x}$ を固有値 λ に対応する固有ベクトルという[6)]。

(8.3) 式を移項すれば、

$$(A - \lambda I)\boldsymbol{x} = \boldsymbol{0} \tag{8.4}$$

となる。もし、$A - \lambda I$ が正則行列であれば、逆行列 $(A - \lambda I)^{-1}$ を持つ。したがって、この逆行列 $(A - \lambda I)^{-1}$ を左から掛ければ、

$$(A - \lambda I)^{-1}(A - \lambda I)\boldsymbol{x} = (A - \lambda I)^{-1}\boldsymbol{0} = \boldsymbol{0}$$

となる。したがって、$\boldsymbol{x} = \boldsymbol{0}$ となり、(8.3) 式すなわち (8.4) 式を満たすベクトルは零ベクトルだけである。このことから、零ベクトルでない固有ベクトルが存在するためには、$A - \lambda I$ が正則行列でないこと、すなわち $|A - \lambda I| = 0$ が必要十分条件である。

定理 8.2.1　λ が n 次の正方行列 A の固有値であるための必要十分条件は、

$$|A - \lambda I| = 0 \tag{8.5}$$

である。

6)　1 つの固有値に対応する固有ベクトルは 1 つとは限らない。

定理 8.2.1 の (8.5) 式から、固有値は、

$$\begin{vmatrix} a_{11}-\lambda & a_{12} & \cdots & a_{1n} \\ a_{21} & a_{22}-\lambda & \cdots & a_{2n} \\ \vdots & \vdots & \ddots & \vdots \\ a_{n1} & a_{n2} & \cdots & a_{nn}-\lambda \end{vmatrix} = 0 \tag{8.6}$$

を満たす λ を求めればよい。

ところで、λ が n 次の正方行列 A の固有値のとき、λ に対応する固有ベクトルの集合 $\{\boldsymbol{x} \mid A\boldsymbol{x} = \lambda\boldsymbol{x}\}$ に零ベクトルを付け加えた集合は部分空間となっている[7)]。これを固有値 λ に対する固有ベクトル空間といい、$V(\lambda)$ と表す。したがって、λ に対する固有ベクトル空間に属する零ベクトルでないベクトルが、固有ベクトルである。

いっぽう、行列式は値を表すから $|A-\lambda I|$ は λ を含む多項式と考えられる。この λ に関する多項式 $|A-\lambda I|$ を固有多項式といい、$|A-\lambda I|=0$ を正方行列 A の固有方程式という[8)]。したがって、固有値は固有方程式の解である。

例 8.2.1　4.1.1 節の例を見てみよう。

(1) のときは、$A=\begin{pmatrix} 1 & 2 \\ 2 & 1 \end{pmatrix}$ だから、$|A-\lambda I|=0$ は、

$$\begin{aligned} |A-\lambda I| &= \begin{vmatrix} 1-\lambda & 2 \\ 2 & 1-\lambda \end{vmatrix} = (1-\lambda)^2-4 \\ &= \lambda^2-2\lambda-3=(\lambda-3)(\lambda+1)=0 \end{aligned} \tag{8.7}$$

となる。したがって、(8.7) 式の解は、$\lambda=3,-1$ だから、固有値は 3 と -1 である。

---

7)　問題 8.2

8)　特性多項式、特性方程式ということもある。

$\lambda = 3$ に対応する固有ベクトル $\boldsymbol{x} = \begin{pmatrix} x_1 \\ x_2 \end{pmatrix}$ を求めてみよう。(8.3) 式から、$A\boldsymbol{x} - \lambda\boldsymbol{x} = \boldsymbol{0}$ となるベクトルを求めればよい。よって、

$$\begin{pmatrix} 1-\lambda & 2 \\ 2 & 1-\lambda \end{pmatrix}\begin{pmatrix} x_1 \\ x_2 \end{pmatrix} = \begin{pmatrix} -2 & 2 \\ 2 & -2 \end{pmatrix}\begin{pmatrix} x_1 \\ x_2 \end{pmatrix} = \begin{pmatrix} -2x_1 + 2x_2 \\ 2x_1 - 2x_2 \end{pmatrix} = \boldsymbol{0}$$

を満たすベクトルである。すなわち、$x_1 = x_2$ であればよい。この関係を満たせばすべて固有ベクトルなので、$\begin{pmatrix} 1 \\ 1 \end{pmatrix}$ や $\begin{pmatrix} -1 \\ -1 \end{pmatrix}$ は固有ベクトルである。ところで、固有ベクトル全体は部分空間となるので、$\lambda = 3$ に対応する固有ベクトル全体からなる固有ベクトル空間は、

$$V(3) = \left\{ \begin{pmatrix} x \\ x \end{pmatrix} \middle| \, x \in \boldsymbol{R} \right\} = L\left[\begin{pmatrix} 1 \\ 1 \end{pmatrix}\right]$$

となる。

$\lambda = -1$ に対応する固有ベクトル $\boldsymbol{x} = \begin{pmatrix} x_1 \\ x_2 \end{pmatrix}$ はつぎのようになる。(8.3) 式より、

$$\begin{pmatrix} 1-\lambda & 2 \\ 2 & 1-\lambda \end{pmatrix}\begin{pmatrix} x_1 \\ x_2 \end{pmatrix} = \begin{pmatrix} 2 & 2 \\ 2 & 2 \end{pmatrix}\begin{pmatrix} x_1 \\ x_2 \end{pmatrix} = \begin{pmatrix} 2x_1 + 2x_2 \\ 2x_1 + 2x_2 \end{pmatrix} = \boldsymbol{0}$$

を満たすベクトルであればよい。すなわち、$x_1 = -x_2$ である。このことから、$\lambda = -1$ に対応する固有ベクトル空間は、

$$V(-1) = \left\{ \begin{pmatrix} x \\ -x \end{pmatrix} \middle| \, x \in \boldsymbol{R} \right\} = L\left[\begin{pmatrix} 1 \\ -1 \end{pmatrix}\right]$$

となる。

(2) の場合は、$A = \begin{pmatrix} 1 & 2 \\ 2 & 4 \end{pmatrix}$ だから、固有方程式は、

$$|A - \lambda I| = \begin{vmatrix} 1-\lambda & 2 \\ 2 & 4-\lambda \end{vmatrix} = (1-\lambda)(4-\lambda) - 4 = \lambda^2 - 5\lambda = \lambda(\lambda - 5) = 0 \tag{8.8}$$

となる。よって、(8.8) 式の解は $\lambda = 0, 5$ だから、固有値は 0 と 5 である。

$\lambda = 5$ に対応する固有ベクトル $\boldsymbol{x} = \begin{pmatrix} x_1 \\ x_2 \end{pmatrix}$ を求めてみよう。(8.3) 式から、

$$\begin{pmatrix} 1-\lambda & 2 \\ 2 & 4-\lambda \end{pmatrix} \begin{pmatrix} x_1 \\ x_2 \end{pmatrix} = \begin{pmatrix} -4 & 2 \\ 2 & -1 \end{pmatrix} \begin{pmatrix} x_1 \\ x_2 \end{pmatrix} = \begin{pmatrix} -4x_1 + 2x_2 \\ 2x_1 - x_2 \end{pmatrix} = \boldsymbol{0}$$

を満たすベクトルであればよい。すなわち、$2x_1 - x_2 = 0$ である。このことから、$\lambda = 5$ に対応する固有ベクトル空間は、

$$V(5) = \left\{ \begin{pmatrix} x \\ 2x \end{pmatrix} \middle| \, x \in \boldsymbol{R} \right\} = L\left[\begin{pmatrix} 1 \\ 2 \end{pmatrix} \right]$$

となる。

$\lambda = 0$ に対応する固有ベクトル $\boldsymbol{x} = \begin{pmatrix} x_1 \\ x_2 \end{pmatrix}$ はどうなるだろうか。(8.3) 式より、

$$\begin{pmatrix} 1-\lambda & 2 \\ 2 & 4-\lambda \end{pmatrix} \begin{pmatrix} x_1 \\ x_2 \end{pmatrix} = \begin{pmatrix} 1 & 2 \\ 2 & 4 \end{pmatrix} \begin{pmatrix} x_1 \\ x_2 \end{pmatrix} = \begin{pmatrix} x_1 + 2x_2 \\ 2x_1 + 4x_2 \end{pmatrix} = \boldsymbol{0}$$

を満たすベクトルであればよい。すなわち、$x_1 + 2x_2 = 0$ である。このことから、$\lambda = 0$ に対応する固有ベクトル空間は、

$$V(0) = \left\{ \left(\begin{array}{c} 2x \\ -x \end{array} \right) \middle| x \in \boldsymbol{R} \right\} = L\left[\left(\begin{array}{c} 2 \\ -1 \end{array} \right) \right]$$

となる。

(3) の場合は、$A = \begin{pmatrix} 0 & 0 \\ 0 & 0 \end{pmatrix}$ だから、固有方程式は、

$$|A - \lambda I| = \begin{vmatrix} -\lambda & 0 \\ 0 & -\lambda \end{vmatrix} = (-\lambda)^2 = \lambda^2 = 0 \tag{8.9}$$

となる。ところで、(8.9) 式の解は、$\lambda = 0$ だから、固有値は 0 のみである。

$\lambda = 0$ に対応する固有ベクトル $\boldsymbol{x} = \begin{pmatrix} x_1 \\ x_2 \end{pmatrix}$ はどうなるだろうか。(8.3) 式より、

$$\begin{pmatrix} -\lambda & 0 \\ 0 & -\lambda \end{pmatrix} \begin{pmatrix} x_1 \\ x_2 \end{pmatrix} = \begin{pmatrix} 0 & 0 \\ 0 & 0 \end{pmatrix} \begin{pmatrix} x_1 \\ x_2 \end{pmatrix} = \boldsymbol{0}$$

となる。このことから、$\lambda = 0$ に対応する固有ベクトル空間は $\boldsymbol{R}^2$ である。

例 8.2.2　$A = \begin{pmatrix} -1 & -2 \\ 2 & 3 \end{pmatrix}$ の固有値を求めてみよう。$|A - \lambda I| = 0$ は、

$$\begin{aligned} |A - \lambda I| &= \begin{vmatrix} -1-\lambda & -2 \\ 2 & 3-\lambda \end{vmatrix} = (-1-\lambda)(3-\lambda) + 4 \\ &= \lambda^2 - 2\lambda + 1 = (\lambda - 1)^2 = 0 \end{aligned} \tag{8.10}$$

となる。したがって、(8.10) 式の解は、$\lambda = 1$ だから、固有値は 1 である。

$\lambda = 1$ に対応する固有ベクトル $\boldsymbol{x} = \begin{pmatrix} x_1 \\ x_2 \end{pmatrix}$ を求めてみよう。(8.3) 式から、

$$\begin{pmatrix} -1-\lambda & -2 \\ 2 & 3-\lambda \end{pmatrix} \begin{pmatrix} x_1 \\ x_2 \end{pmatrix} = \begin{pmatrix} -2 & -2 \\ 2 & 2 \end{pmatrix} \begin{pmatrix} x_1 \\ x_2 \end{pmatrix}$$
$$= \begin{pmatrix} -2x_1 - 2x_2 \\ 2x_1 + 2x_2 \end{pmatrix} = \mathbf{0}$$

を満たすベクトルである。すなわち、$x_1 = -x_2$ であればよい。この関係を満たせばすべて固有ベクトルなので、$\lambda = 1$ に対応する固有ベクトル全体からなる固有ベクトル空間は、

$$V(1) = \left\{ \begin{pmatrix} x \\ -x \end{pmatrix} \middle| x \in \boldsymbol{R} \right\} = L\left[\begin{pmatrix} 1 \\ -1 \end{pmatrix} \right]$$

となる。

例 8.2.3　3×3 行列 $A = \begin{pmatrix} 0 & 0 & 1 \\ 0 & 1 & 0 \\ 1 & 0 & 0 \end{pmatrix}$ の固有値と固有ベクトルを求めよう。

固有方程式は、

$$|A - \lambda I| = \begin{vmatrix} -\lambda & 0 & 1 \\ 0 & 1-\lambda & 0 \\ 1 & 0 & -\lambda \end{vmatrix} = (1-\lambda)\lambda^2 - (1-\lambda) = -(\lambda-1)^2(\lambda+1) = 0$$

となる。よって、固有値は $\lambda = \pm 1$ である。これら 2 つの固有値の中で、重解である $\lambda = 1$ に対応する固有ベクトルを求めてみよう。

(8.3) 式より、

$$\begin{pmatrix} -\lambda & 0 & 1 \\ 0 & 1-\lambda & 0 \\ 1 & 0 & -\lambda \end{pmatrix}\begin{pmatrix} x_1 \\ x_2 \\ x_3 \end{pmatrix} = \begin{pmatrix} -1 & 0 & 1 \\ 0 & 0 & 0 \\ 1 & 0 & -1 \end{pmatrix}\begin{pmatrix} x_1 \\ x_2 \\ x_3 \end{pmatrix}$$

$$= \begin{pmatrix} -x_1 + x_3 \\ 0 \\ x_1 - x_3 \end{pmatrix} = \mathbf{0}$$

となっていればよい。したがって、$x_1 - x_3 = 0$ だから、固有ベクトルは $\begin{pmatrix} x_1 \\ x_2 \\ x_1 \end{pmatrix} = x_1 \begin{pmatrix} 1 \\ 0 \\ 1 \end{pmatrix} + x_2 \begin{pmatrix} 0 \\ 1 \\ 0 \end{pmatrix}$ と表せる。したがって、$\lambda = 1$ に対応する固有ベクトル空間は、

$$V(1) = \left\{ \begin{pmatrix} x \\ y \\ x \end{pmatrix} \middle| \, x, y \in \boldsymbol{R} \right\} = L\left[\begin{pmatrix} 1 \\ 0 \\ 1 \end{pmatrix}, \begin{pmatrix} 0 \\ 1 \\ 0 \end{pmatrix} \right]$$

となる。

8.2.1　固有値と固有ベクトルの意味

例 8.2.1 の行列 $A = \begin{pmatrix} 1 & 2 \\ 2 & 1 \end{pmatrix}$ を考えよう。この行列の固有値は、3 と -1 であり、それぞれの固有値に対する固有ベクトル空間は、

$$V(3) = L\left[\begin{pmatrix} 1 \\ 1 \end{pmatrix} \right], \quad V(-1) = L\left[\begin{pmatrix} 1 \\ -1 \end{pmatrix} \right]$$

であった。

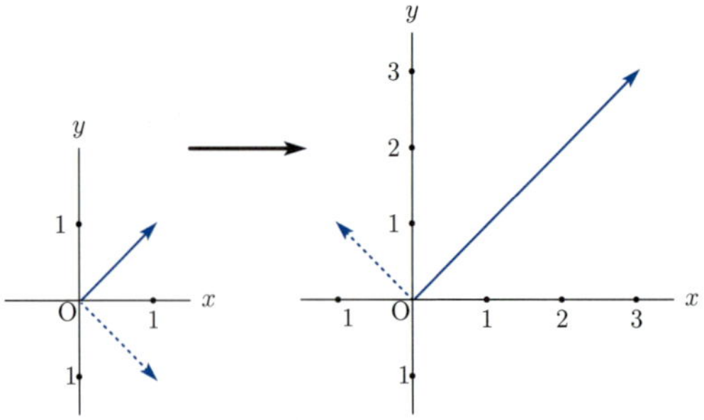

図 8.4　A の固有ベクトル

ところで、$V(3)$ に含まれるベクトルを $\boldsymbol{a}$ とすれば、$\boldsymbol{a} = \begin{pmatrix} a \\ a \end{pmatrix}$ である。このベクトルに対して、

$$A\boldsymbol{a} = \begin{pmatrix} 1 & 2 \\ 2 & 1 \end{pmatrix} \begin{pmatrix} a \\ a \end{pmatrix} = \begin{pmatrix} 3a \\ 3a \end{pmatrix} = 3 \begin{pmatrix} a \\ a \end{pmatrix} = 3\boldsymbol{a}$$

だから、図 8.4 の実線のように対応し、$A\boldsymbol{a} \in V(3)$ となる。このことから、線形写像 $\boldsymbol{y} = A\boldsymbol{x}$ による部分空間 $V(3)$ の像は $V(3)$ となる。ただ、ベクトル $\boldsymbol{a}$ が $3\boldsymbol{a}$ に写るように、大きさが 3 倍となっている。言い換えれば線形写像 $\boldsymbol{y} = A\boldsymbol{x}$ によって、$V(\lambda)$ に含まれるベクトルは、λ 倍されることになる[9)]。

同じように、固有ベクトル空間 $V(-1)$ のベクトル $\boldsymbol{b}$ は、$\boldsymbol{b} = \begin{pmatrix} b \\ -b \end{pmatrix}$ だから、

$$A\boldsymbol{b} = \begin{pmatrix} 1 & 2 \\ 2 & 1 \end{pmatrix} \begin{pmatrix} b \\ -b \end{pmatrix} = \begin{pmatrix} -b \\ b \end{pmatrix} = - \begin{pmatrix} b \\ -b \end{pmatrix} = -\boldsymbol{b}$$

となり、図 8.4 の点線のように対応し、$A\boldsymbol{b} \in V(-1)$ である。このことから、線形写像 $\boldsymbol{y} = A\boldsymbol{x}$ によって、部分空間 $V(-1)$ のベクトルは $V(-1)$ に写る。すなわち、部分空間 $V(-1)$ の像は $V(-1)$ である。ただ、固有ベクトル $\boldsymbol{b}$ は、その

9)　問題 8.3

大きさが -1 倍になっているベクトル、すなわち大きさが同じで向きが反対のベクトルに写る。

このことは、固有値と固有ベクトルを定義した (8.3) 式からも明らかである。言い換えれば、固有ベクトル空間は、$\lambda \neq 0$ のとき、線形写像 $\boldsymbol{y} = A\boldsymbol{x}$ による像がもとの部分空間と等しくなる部分空間であり、固有値の値によって、その拡大率あるいは縮小率が定まる。また、固有値が負であれば向きが反対になることを意味している。

ところで、例 8.2.1(2) の行列 $A = \begin{pmatrix} 1 & 2 \\ 2 & 4 \end{pmatrix}$ の固有値は 0 と 5 であり、$\lambda = 0$ に対応する固有ベクトル空間は $V(0) = \left\{ \begin{pmatrix} 2x \\ -x \end{pmatrix} \middle| \, x \in \boldsymbol{R} \right\}$ であった。このとき、固有ベクトル空間 $V(0)$ のベクトル $\boldsymbol{c}$ は、$\boldsymbol{c} = \begin{pmatrix} 2c \\ -c \end{pmatrix}$ だから、

$$A\boldsymbol{c} = \begin{pmatrix} 1 & 2 \\ 2 & 4 \end{pmatrix} \begin{pmatrix} 2c \\ -c \end{pmatrix} = \begin{pmatrix} 0 \\ 0 \end{pmatrix} = \boldsymbol{0} \in V(0)$$

となる。したがって、部分空間 $V(0)$ の像は $\{\boldsymbol{0}\} \subset V(0)$ となる。

8.2.2　対称行列の固有値

固有値に関する性質で、必要なものをまとめておこう。

定義 8.2.2　n 次の正方行列 $A = \begin{pmatrix} a_{11} & a_{12} & \cdots & a_{1n} \\ a_{21} & a_{22} & \cdots & a_{2n} \\ \vdots & \vdots & \ddots & \vdots \\ a_{n1} & a_{n2} & \cdots & a_{nn} \end{pmatrix}$ が、${}^tA = A$

すなわち、

$$\begin{pmatrix} a_{11} & a_{21} & \cdots & a_{n1} \\ a_{12} & a_{22} & \cdots & a_{n2} \\ \vdots & \vdots & \ddots & \vdots \\ a_{1n} & a_{2n} & \cdots & a_{nn} \end{pmatrix} = \begin{pmatrix} a_{11} & a_{12} & \cdots & a_{1n} \\ a_{21} & a_{22} & \cdots & a_{2n} \\ \vdots & \vdots & \ddots & \vdots \\ a_{n1} & a_{n2} & \cdots & a_{nn} \end{pmatrix}$$

を満たすとき、対称行列という。

対称行列であるためには、すべての i と j に対して、$a_{ij} = a_{ji}$ となっていることである。また、成分がすべて実数の対称行列を実対称行列という。このような実対称行列は経済学ではよく用いられる。この実対称行列の固有値と固有ベクトルに関して次の性質が成り立つ。

定理 8.2.2　n 次の実対称行列を A とする。

(1)　固有値は実数であり、固有ベクトルは $\boldsymbol{R}^n$ からとることができる[10]。

(2)　A の異なる固有値 λ と μ に対する固有ベクトル $\boldsymbol{x}, \boldsymbol{y}$ は直交する $(\boldsymbol{x}, \boldsymbol{y} \in \boldsymbol{R}^n)$。

証明　(1) 実対称行列 A では $a_{ij} = a_{ji}$ である。成分が実数だから $\overline{a_{ij}} = a_{ij}$ なので、行列 A を複素行列と見れば、$\overline{a_{ij}} = a_{ij}$ となっている。したがって、$A^* = A$ である[11]。ここで、A の固有値を λ とし、λ に対する固有ベクトルを $\boldsymbol{x}$ とする。すなわち、$A\boldsymbol{x} = \lambda\boldsymbol{x}$ である。いっぽう、$A^* = A$ なので $A^*\boldsymbol{x} = \lambda\boldsymbol{x}$ でもある。

内積の定義から、$(\boldsymbol{x}, \boldsymbol{y}) = \boldsymbol{y}^*\boldsymbol{x}$ だから、複素ベクトルの内積の性質 ((8.2) 式) より、

$$\lambda(\boldsymbol{x}, \boldsymbol{x}) = (\lambda\boldsymbol{x}, \boldsymbol{x}) = (A\boldsymbol{x}, \boldsymbol{x}) = (\boldsymbol{x}, A^*\boldsymbol{x}) = (\boldsymbol{x}, \lambda\boldsymbol{x}) = \overline{\lambda}(\boldsymbol{x}, \boldsymbol{x})$$

10)　すなわち、実ベクトルである。

11)　A が実対称行列だから、${}^tA = A$ であり $\overline{A} = A$ となっている。よって、A^* は随伴行列であり、$A^* = {}^t(\overline{A}) = \overline{{}^tA}$ である。

である。ここで、固有ベクトルは零ベクトルではないので、$(\boldsymbol{x}, \boldsymbol{x}) \neq 0$ だから、$\lambda = \overline{\lambda}$ となる。このことは、λ が実数であることを示している。また、λ が実数だから、$A - \lambda I$ が実行列となる。よって、λ に対する固有ベクトルとして $\boldsymbol{R}^n$ のベクトルをとることができる。

(2) λ, μ を A の互いに異なる固有値とし、$\boldsymbol{x}, \boldsymbol{y}$ をこれらの固有値に対する固有ベクトルとする。すなわち、$A\boldsymbol{x} = \lambda\boldsymbol{x}, A\boldsymbol{y} = \mu\boldsymbol{y}$ とする。このとき、2 つの固有ベクトル $\boldsymbol{x}, \boldsymbol{y}$ の内積を考える。$A^* = A$ だから、複素ベクトルの内積の性質 (8.2) 式より、

$$\lambda(\boldsymbol{x}, \boldsymbol{y}) = (\lambda\boldsymbol{x}, \boldsymbol{y}) = (A\boldsymbol{x}, \boldsymbol{y}) = (\boldsymbol{x}, A^*\boldsymbol{y}) = (\boldsymbol{x}, \mu\boldsymbol{y}) = \overline{\mu}(\boldsymbol{x}, \boldsymbol{y})$$

となる。このとき、(1) より固有値 μ は実数だから、$\mu = \overline{\mu}$ である。したがって、

$$\lambda(\boldsymbol{x}, \boldsymbol{y}) = \mu(\boldsymbol{x}, \boldsymbol{y})$$

となる。ところで、$\lambda \neq \mu$ と仮定したから、$(\boldsymbol{x}, \boldsymbol{y}) = 0$ でなければならない。このことから、異なる固有値に対する固有ベクトル $\boldsymbol{x}, \boldsymbol{y}$ は直交する。 □

8.3　直交行列と対角化

固有値と固有ベクトルを使って、正方行列の対角化を考えてみよう。

n 次の正方行列 $A = (a_{ij})$ で、$i \neq j$ であれば $a_{ij} = 0$ となるとき、この行列 A を対角行列という。すなわち、対角成分を除いてすべて 0 の行列、

$$\begin{pmatrix} a_{11} & 0 & \cdots & 0 \\ 0 & a_{22} & \cdots & 0 \\ \vdots & \vdots & \ddots & \vdots \\ 0 & 0 & \cdots & a_{nn} \end{pmatrix}$$

のことである。したがって、単位行列は対角行列である。

定義 8.3.1　n 次の正方行列 A が、${}^tAA = I$ をみたすとき、行列 A を直交行列という[12) 13)]。

n 次の実対称行列を A とすれば、定理 8.2.2 から、その固有値は実数であり、異なる固有値に対する固有ベクトルは直交することがいえた。いっぽう、n 次の正方行列 A の固有多項式 $|A - \lambda I|$ は n 次多項式である。したがって、定理 8.1.1 から、固有方程式 $|A - \lambda I| = 0$ の解の数は重解を含めて n 個ある。

いま、実対称行列 A の固有値を $\lambda_1, \lambda_2, \cdots, \lambda_n$ とし、これらの固有値はすべて異なるとしよう。これらの固有値に対する固有ベクトルを、

$$\boldsymbol{x}_1 = \begin{pmatrix} x_{11} \\ x_{12} \\ \vdots \\ x_{1n} \end{pmatrix}, \boldsymbol{x}_2 = \begin{pmatrix} x_{21} \\ x_{22} \\ \vdots \\ x_{2n} \end{pmatrix}, \cdots, \boldsymbol{x}_n = \begin{pmatrix} x_{n1} \\ x_{n2} \\ \vdots \\ x_{nn} \end{pmatrix}$$

とする。固有値と固有ベクトルの定義から、$A\boldsymbol{x}_i = \lambda_i \boldsymbol{x}_i$ である $(i = 1, 2, \cdots, n)$。また、定理 8.2.2 から $i \neq j$ なら

$$(\boldsymbol{x}_i, \boldsymbol{x}_j) = {}^t\boldsymbol{x}_j \boldsymbol{x}_i = 0 \tag{8.11}$$

となっている。ところで、固有ベクトル $\boldsymbol{x}_1, \boldsymbol{x}_2, \cdots, \boldsymbol{x}_n$ は固有ベクトル空間に含まれるベクトルであればよいから、ノルム (大きさ) が 1 のベクトルをとることにしよう。すなわち、

$$||\boldsymbol{x}_i||^2 = (\boldsymbol{x}_i, \boldsymbol{x}_i) = 1 \tag{8.12}$$

とする。

ここで、これらノルムが 1 の固有ベクトル $\boldsymbol{x}_1, \boldsymbol{x}_2, \cdots, \boldsymbol{x}_n$ を用いて、n 次の

---

12)　n 次の正方行列 A が直交行列のとき、直交行列の性質から $A^{-1} = {}^tA$ となっている。

13)　n 次の複素正方行列 A が、$A^*A = I$ をみたすとき、行列 A をユニタリー行列という。また、$A^* = A$ をみたすときはエルミート行列という。

正方行列 X を、

$$X = (\boldsymbol{x}_1\,\boldsymbol{x}_2\,\cdots\,\boldsymbol{x}_n) = \begin{pmatrix} x_{11} & x_{21} & \cdots & x_{n1} \\ x_{12} & x_{22} & \cdots & x_{n2} \\ \vdots & \vdots & \ddots & \vdots \\ x_{1n} & x_{2n} & \cdots & x_{nn} \end{pmatrix}$$

とおこう。このとき、転置行列は、

$${}^tX = \begin{pmatrix} {}^t\boldsymbol{x}_1 \\ {}^t\boldsymbol{x}_2 \\ \vdots \\ {}^t\boldsymbol{x}_n \end{pmatrix} = \begin{pmatrix} x_{11} & x_{12} & \cdots & x_{1n} \\ x_{21} & x_{22} & \cdots & x_{2n} \\ \vdots & \vdots & \ddots & \vdots \\ x_{n1} & x_{n2} & \cdots & x_{nn} \end{pmatrix}$$

となる。よって、(8.11) 式と (8.12) 式から、

$$\begin{aligned} {}^tXX &= \begin{pmatrix} {}^t\boldsymbol{x}_1 \\ {}^t\boldsymbol{x}_2 \\ \vdots \\ {}^t\boldsymbol{x}_n \end{pmatrix} (\boldsymbol{x}_1\,\boldsymbol{x}_2\,\cdots\,\boldsymbol{x}_n) = \begin{pmatrix} {}^t\boldsymbol{x}_1\boldsymbol{x}_1 & {}^t\boldsymbol{x}_1\boldsymbol{x}_2 & \cdots & {}^t\boldsymbol{x}_1\boldsymbol{x}_n \\ {}^t\boldsymbol{x}_2\boldsymbol{x}_1 & {}^t\boldsymbol{x}_2\boldsymbol{x}_2 & \cdots & {}^t\boldsymbol{x}_2\boldsymbol{x}_n \\ \vdots & \vdots & \ddots & \vdots \\ {}^t\boldsymbol{x}_n\boldsymbol{x}_1 & {}^t\boldsymbol{x}_n\boldsymbol{x}_2 & \cdots & {}^t\boldsymbol{x}_n\boldsymbol{x}_n \end{pmatrix} \\ &= \begin{pmatrix} 1 & 0 & \cdots & 0 \\ 0 & 1 & \cdots & 0 \\ \vdots & \vdots & \ddots & \vdots \\ 0 & 0 & \cdots & 1 \end{pmatrix} = I \end{aligned}$$

となる。このことから、行列 X は直交行列であることがわかる[14)]。また、直交行列は正則行列であり、$X^{-1} = {}^tX$ となる、

14) ${}^tXX = I$ だから、直交行列は正則行列であり、${}^tX = X^{-1}$ となる。よって、$X\,{}^tX = XX^{-1} = I$ である。

いっぽう、対角行列を $\Lambda = \begin{pmatrix} \lambda_1 & 0 & \cdots & 0 \\ 0 & \lambda_2 & \cdots & 0 \\ \vdots & \vdots & \ddots & \vdots \\ 0 & 0 & \cdots & \lambda_n \end{pmatrix}$ とおけば、$A\boldsymbol{x}_i = \lambda_i \boldsymbol{x}_i$ だから $(i = 1, 2, \cdots, n)$、

$$\begin{aligned} AX &= A\begin{pmatrix} x_{11} & x_{21} & \cdots & x_{n1} \\ x_{12} & x_{22} & \cdots & x_{n2} \\ \vdots & \vdots & \ddots & \vdots \\ x_{1n} & x_{2n} & \cdots & x_{nn} \end{pmatrix} \\ &= A(\boldsymbol{x}_1\,\boldsymbol{x}_2\,\cdots\,\boldsymbol{x}_n) = (A\boldsymbol{x}_1\,A\boldsymbol{x}_2\,\cdots\,A\boldsymbol{x}_n) = (\lambda_1\boldsymbol{x}_1\,\lambda_2\boldsymbol{x}_2\,\cdots\,\lambda_n\boldsymbol{x}_n) \\ &= (\boldsymbol{x}_1\,\boldsymbol{x}_2\,\cdots\,\boldsymbol{x}_n)\begin{pmatrix} \lambda_1 & 0 & \cdots & 0 \\ 0 & \lambda_2 & \cdots & 0 \\ \vdots & \vdots & \ddots & \vdots \\ 0 & 0 & \cdots & \lambda_n \end{pmatrix} = X\Lambda \end{aligned}$$

となる。すなわち、

$$AX = X\Lambda$$

である。この両辺に、${}^tX$ を左から掛ければ、行列 X は直交行列だから、

$$ {}^tXAX = {}^tXX\Lambda = {}^tXX\Lambda = I\Lambda = \Lambda \tag{8.13}$$

となる。

ところで、直交行列では ${}^tX = X^{-1}$ なので、この (8.13) 式は、

$$X^{-1}AX = \Lambda \tag{8.14}$$

とも表せる。(8.14) 式のように、正方行列 A に対して正則行列 X を適当に選んで、$X^{-1}AX$ が対角行列にできるとき、この行列 A は対角化可能であるという。

例 8.3.1　(1) $A = \begin{pmatrix} 1 & 2 \\ 2 & 1 \end{pmatrix}$ を考えよう。固有値は、例 8.2.1 から $\lambda = 3, 1$ であった。固有値 $\lambda = 3$ に対応するノルム (大きさ) が 1 の固有ベクトルとして、$\boldsymbol{a} = \begin{pmatrix} \frac{\sqrt{2}}{2} \\ \frac{\sqrt{2}}{2} \end{pmatrix}$ をとり、固有値 $\lambda = -1$ に対応するノルム (大きさ) が 1 の固有ベクトルとして $\boldsymbol{b} = \begin{pmatrix} \frac{\sqrt{2}}{2} \\ -\frac{\sqrt{2}}{2} \end{pmatrix}$ をとろう。このとき、$X = \begin{pmatrix} \frac{\sqrt{2}}{2} & \frac{\sqrt{2}}{2} \\ \frac{\sqrt{2}}{2} & -\frac{\sqrt{2}}{2} \end{pmatrix}$ とし、$\Lambda = \begin{pmatrix} 3 & 0 \\ 0 & -1 \end{pmatrix}$ とおけば、

$$
\begin{aligned}
AX &= \begin{pmatrix} 1 & 2 \\ 2 & 1 \end{pmatrix} \begin{pmatrix} \frac{\sqrt{2}}{2} & \frac{\sqrt{2}}{2} \\ \frac{\sqrt{2}}{2} & -\frac{\sqrt{2}}{2} \end{pmatrix} = \begin{pmatrix} \frac{3\sqrt{2}}{2} & -\frac{\sqrt{2}}{2} \\ \frac{3\sqrt{2}}{2} & \frac{\sqrt{2}}{2} \end{pmatrix} \\
X\Lambda &= \begin{pmatrix} \frac{\sqrt{2}}{2} & \frac{\sqrt{2}}{2} \\ \frac{\sqrt{2}}{2} & -\frac{\sqrt{2}}{2} \end{pmatrix} \begin{pmatrix} 3 & 0 \\ 0 & -1 \end{pmatrix} = \begin{pmatrix} \frac{3\sqrt{2}}{2} & -\frac{\sqrt{2}}{2} \\ \frac{3\sqrt{2}}{2} & \frac{\sqrt{2}}{2} \end{pmatrix}
\end{aligned}
$$

となり、$AX = X\Lambda$ である。また、$\boldsymbol{a}$ と $\boldsymbol{b}$ は直交するから、X は直交行列である[15]。したがって、

$$
{}^tXAX = \begin{pmatrix} \frac{\sqrt{2}}{2} & \frac{\sqrt{2}}{2} \\ \frac{\sqrt{2}}{2} & -\frac{\sqrt{2}}{2} \end{pmatrix} \begin{pmatrix} 1 & 2 \\ 2 & 1 \end{pmatrix} \begin{pmatrix} \frac{\sqrt{2}}{2} & \frac{\sqrt{2}}{2} \\ \frac{\sqrt{2}}{2} & -\frac{\sqrt{2}}{2} \end{pmatrix} = \begin{pmatrix} 3 & 0 \\ 0 & -1 \end{pmatrix}
$$

---

15)　${}^tXX = \begin{pmatrix} \frac{\sqrt{2}}{2} & \frac{\sqrt{2}}{2} \\ \frac{\sqrt{2}}{2} & -\frac{\sqrt{2}}{2} \end{pmatrix} \begin{pmatrix} \frac{\sqrt{2}}{2} & \frac{\sqrt{2}}{2} \\ \frac{\sqrt{2}}{2} & -\frac{\sqrt{2}}{2} \end{pmatrix} = \begin{pmatrix} 1 & 0 \\ 0 & 1 \end{pmatrix}$ である。

となり、対角化可能である。

(2) $A = \begin{pmatrix} 1 & 2 \\ 2 & 4 \end{pmatrix}$ としよう。固有値は、例 8.2.1 より $\lambda = 0, 5$ であった。固有値 $\lambda = 5$ に対応するノルム(大きさ)が 1 の固有ベクトルとして $\boldsymbol{a} = \begin{pmatrix} \frac{\sqrt{5}}{5} \\ \frac{2\sqrt{5}}{5} \end{pmatrix}$ をとり、固有値 $\lambda = 0$ に対応するノルム(大きさ)が 1 の固有ベクトルとして $\boldsymbol{b} = \begin{pmatrix} \frac{2\sqrt{5}}{5} \\ -\frac{\sqrt{5}}{5} \end{pmatrix}$ をとろう。このとき、$X = \begin{pmatrix} \frac{\sqrt{5}}{5} & \frac{2\sqrt{5}}{5} \\ \frac{2\sqrt{5}}{5} & -\frac{\sqrt{5}}{5} \end{pmatrix}$ および $\Lambda = \begin{pmatrix} 5 & 0 \\ 0 & 0 \end{pmatrix}$ とおけば、

$$
\begin{aligned}
AX &= \begin{pmatrix} 1 & 2 \\ 2 & 4 \end{pmatrix} \begin{pmatrix} \frac{\sqrt{5}}{5} & \frac{2\sqrt{5}}{5} \\ \frac{2\sqrt{5}}{5} & -\frac{\sqrt{5}}{5} \end{pmatrix} = \begin{pmatrix} \sqrt{5} & 0 \\ 2\sqrt{5} & 0 \end{pmatrix} \\
X\Lambda &= \begin{pmatrix} \frac{\sqrt{5}}{5} & \frac{2\sqrt{5}}{5} \\ \frac{2\sqrt{5}}{5} & -\frac{\sqrt{5}}{5} \end{pmatrix} \begin{pmatrix} 5 & 0 \\ 0 & 0 \end{pmatrix} = \begin{pmatrix} \sqrt{5} & 0 \\ 2\sqrt{5} & 0 \end{pmatrix}
\end{aligned}
$$

となり、$AX = X\Lambda$ である。また、$\boldsymbol{a}$ と $\boldsymbol{b}$ は直交するから、(1) と同じように X は直交行列である。したがって、

$$
{}^tXAX = \begin{pmatrix} \frac{\sqrt{5}}{5} & \frac{2\sqrt{5}}{5} \\ \frac{2\sqrt{5}}{5} & -\frac{\sqrt{5}}{5} \end{pmatrix} \begin{pmatrix} 1 & 2 \\ 2 & 4 \end{pmatrix} \begin{pmatrix} \frac{\sqrt{5}}{5} & \frac{2\sqrt{5}}{5} \\ \frac{2\sqrt{5}}{5} & -\frac{\sqrt{5}}{5} \end{pmatrix} = \begin{pmatrix} 5 & 0 \\ 0 & 0 \end{pmatrix}
$$

となる。これは、正則行列でなくても対角化可能な例である。

8.4　正規直交基底

前節では、実対称行列で固有値がすべて異なれば、対角化可能であることを示した。固有値に重解があっても実対称行列であれば対角化可能であるが、そのために正規直交基底を定義しよう。

4.4 節では、部分空間の次元が r のとき、この部分空間を生成する r 個の基底が存在した。ここでは、基底のなかでも正規直交基底という基底を考えよう。

$\boldsymbol{R}^n$ の 2 つのベクトル $\boldsymbol{x}, \boldsymbol{y}$ が直交することは、$(\boldsymbol{x}, \boldsymbol{y}) = 0$ と同値である。いま、零ベクトルを含まない r 個のベクトル $\boldsymbol{x}_1, \boldsymbol{x}_2, \cdots, \boldsymbol{x}_r$ が、互いに直交するとき、すなわち r 個のベクトルからどの 2 つのベクトルをとっても直交しているとき、これら r 個のベクトルは直交系という。δ_{ij} を、

$$\delta_{ij} = \begin{cases} 1 & i = j\text{のとき} \\ 0 & i \neq j\text{のとき} \end{cases}$$

とすれば、δ_{ij} を使って、正規直交系を定義できる。

定義 8.4.1　$\boldsymbol{R}^n$ の r 個のベクトル $\boldsymbol{x}_1, \boldsymbol{x}_2, \cdots, \boldsymbol{x}_r$ が、

$$(\boldsymbol{x}_i, \boldsymbol{x}_j) = \delta_{ij}$$

を満たすとき、正規直交系という。また、部分空間 U に含まれるベクトルからなる基底が正規直交系であるとき、U の正規直交基底という。

定義 8.4.1 より、r 個のベクトル $\boldsymbol{x}_1, \boldsymbol{x}_2, \cdots, \boldsymbol{x}_r$ が正規直交系であるとき、$i = j$ のとき $(\boldsymbol{x}_i, \boldsymbol{x}_i) = ||\boldsymbol{x}_i||^2 = 1$ なので、これらのベクトルのノルム (大きさ) が 1 であり、$i \neq j$ のとき $(\boldsymbol{x}_i, \boldsymbol{x}_j) = 0$ だから、これらのベクトルが互いに直交する。言い換えれば、直交系で、すべてのベクトルのノルム (大きさ) が 1 のとき、正規直交系である。

例 8.4.1　自然基底 $\boldsymbol{e}_1 = \begin{pmatrix} 1 \\ 0 \\ \vdots \\ 0 \end{pmatrix}, \boldsymbol{e}_2 = \begin{pmatrix} 0 \\ 1 \\ \vdots \\ 0 \end{pmatrix}, \cdots, \boldsymbol{e}_n = \begin{pmatrix} 0 \\ 0 \\ \vdots \\ 1 \end{pmatrix}$ は正規直交基底である。

8.4.1　シュミットの直交化

部分空間 U の基底が $\boldsymbol{a}_1, \boldsymbol{a}_2, \cdots, \boldsymbol{a}_r$ のとき、正規直交基底を作ることがでる。その方法はシュミットの直交化として知られている。求める手順は、つぎのようなものである。

(1)　$\boldsymbol{y}_1 = \boldsymbol{a}_1$ とおく。$\boldsymbol{y}_1$ は零ベクトルではないので、$||\boldsymbol{y}_1|| \neq 0$ だから、$\boldsymbol{x}_1 = \dfrac{1}{||\boldsymbol{y}_1||}\boldsymbol{y}_1$ とする。このとき、$||\boldsymbol{x}_1|| = 1$ である。また、$\boldsymbol{x}_1 = \dfrac{1}{||\boldsymbol{y}_1||}\boldsymbol{y}_1 = \dfrac{1}{||\boldsymbol{y}_1||}\boldsymbol{a}_1$ だから、$L[\boldsymbol{x}_1] = L[\boldsymbol{a}_1]$ となっている。

(2)　$i-1$ 個のベクトル $\boldsymbol{a}_1, \boldsymbol{a}_2, \cdots, \boldsymbol{a}_{i-1}$ に対して、$i-1$ 個のベクトルからなる正規直交系 $\boldsymbol{x}_1, \boldsymbol{x}_2, \cdots, \boldsymbol{x}_{i-1}$ で、$L[\boldsymbol{x}_1, \boldsymbol{x}_2, \cdots, \boldsymbol{x}_{i-1}] = L[\boldsymbol{a}_1, \boldsymbol{a}_2, \cdots, \boldsymbol{a}_{i-1}]$ となったとしよう。ここで、

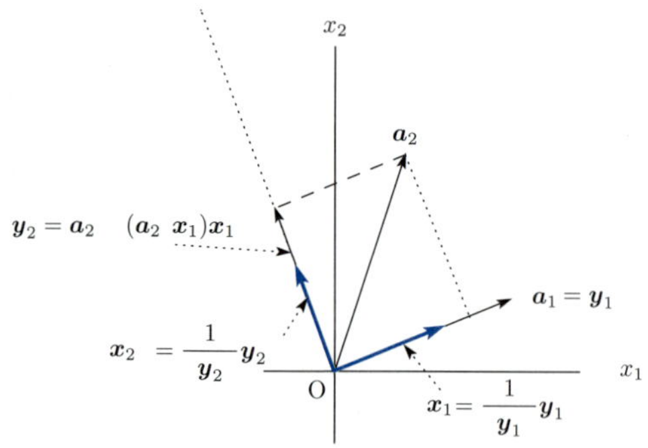

図 8.5　$\boldsymbol{a}_1$ と $\boldsymbol{a}_2$ の関係

(i)

$$\boldsymbol{y}_i = \boldsymbol{a}_i - \sum_{k=1}^{i-1} (\boldsymbol{a}_i, \boldsymbol{x}_k)\boldsymbol{x}_k \tag{8.15}$$

とおく。$i = 2$ のとき、$\boldsymbol{a}_1, \boldsymbol{a}_2$ と、$\boldsymbol{y}_1, \boldsymbol{y}_2$ および $\boldsymbol{x}_1, \boldsymbol{x}_2$ の関係を表せば、図 8.5 のようになる。

(ii)　もし、$\boldsymbol{y}_i \in L[\boldsymbol{x}_1, \boldsymbol{x}_2, \cdots, \boldsymbol{x}_{i-1}] = L[\boldsymbol{a}_1, \boldsymbol{a}_2, \cdots, \boldsymbol{a}_{i-1}]$ であればどうなるだろうか。このとき、$\boldsymbol{a}_i - \sum_{k=1}^{i-1} (\boldsymbol{a}_i, \boldsymbol{x}_k)\boldsymbol{x}_k \in L[\boldsymbol{a}_1, \boldsymbol{a}_2, \cdots, \boldsymbol{a}_{i-1}]$ だから、$\boldsymbol{a}_i \in L[\boldsymbol{a}_1, \boldsymbol{a}_2, \cdots, \boldsymbol{a}_{i-1}]$ となる。このことは、$\boldsymbol{a}_1, \boldsymbol{a}_2, \cdots, \boldsymbol{a}_i$ が 1 次従属であることになり、$\boldsymbol{a}_1, \boldsymbol{a}_2, \cdots, \boldsymbol{a}_i$ が基底であることに反する。よって、$\boldsymbol{y}_i \notin L[\boldsymbol{x}_1, \boldsymbol{x}_2, \cdots, \boldsymbol{x}_{i-1}]$ である。

また、$\boldsymbol{y}_i = \boldsymbol{0}$ とすれば、(8.15) 式から、

$$\boldsymbol{a}_i = \sum_{k=1}^{i-1} (\boldsymbol{a}_i, \boldsymbol{x}_k)\boldsymbol{x}_k \in L[\boldsymbol{a}_1, \boldsymbol{a}_2, \cdots, \boldsymbol{a}_{i-1}]$$

となり、$\boldsymbol{a}_1, \boldsymbol{a}_2, \cdots, \boldsymbol{a}_i$ が 1 次従属となる。このことは、$\boldsymbol{a}_1, \boldsymbol{a}_2, \cdots, \boldsymbol{a}_i$ が基底である、すなわち 1 次独立であることに矛盾する。よって、$\boldsymbol{y}_i \neq \boldsymbol{0}$ である。

したがって、$\boldsymbol{y}_i$ は、零ベクトルではないベクトルで、$L[\boldsymbol{x}_1, \boldsymbol{x}_2, \cdots, \boldsymbol{x}_{i-1}]$ に含まれない。そこで、

$$\boldsymbol{x}_i = \frac{1}{||\boldsymbol{y}_i||}\boldsymbol{y}_i$$

とおく。

(iii)　$\boldsymbol{x}_i$ の定義から、$||\boldsymbol{x}_i|| = 1$ である。また、$k = 1, 2, \cdots, i-1$ に対して、$(\boldsymbol{a}_i, \boldsymbol{x}_k)$ がスカラーであることに注意すれば、内積の性質

より、

$$\begin{aligned}(\boldsymbol{y}_i, \boldsymbol{x}_j) &= \left(\boldsymbol{a}_i - \sum_{k=1}^{i-1}(\boldsymbol{a}_i, \boldsymbol{x}_k)\boldsymbol{x}_k, \boldsymbol{x}_j\right) \\ &= (\boldsymbol{a}_i, \boldsymbol{x}_j) - \sum_{k=1}^{i-1}(\boldsymbol{a}_i, \boldsymbol{x}_k)(\boldsymbol{x}_k, \boldsymbol{x}_j) \\ &= (\boldsymbol{a}_i, \boldsymbol{x}_j) - (\boldsymbol{a}_i, \boldsymbol{x}_j)(\boldsymbol{x}_j, \boldsymbol{x}_j) = 0\end{aligned}$$

となる。このとき、$\boldsymbol{x}_1, \boldsymbol{x}_2, \cdots, \boldsymbol{x}_{i-1}$ が正規直交系であることを用いた。したがって、$\boldsymbol{x}_i$ の定義式から $(\boldsymbol{x}_i, \boldsymbol{x}_j) = 0$ である $(i \neq j)$。これら 2 つの性質をまとめれば、$(\boldsymbol{x}_i, \boldsymbol{x}_j) = \delta_{ij}$ となる。

このことから、ベクトル $\boldsymbol{x}_i$ は $i-1$ 個のベクトル $\boldsymbol{x}_1, \boldsymbol{x}_2, \cdots, \boldsymbol{x}_{i-1}$ と直交し、$\|\boldsymbol{x}_i\| = 1$ である。したがって、$\boldsymbol{x}_1, \boldsymbol{x}_2, \cdots, \boldsymbol{x}_i$ は正規直交系である。

(iv)　(8.15) 式より $\boldsymbol{x}_i \in L[\boldsymbol{x}_1, \boldsymbol{x}_2, \cdots, \boldsymbol{x}_{i-1}, \boldsymbol{a}_i]$ であり、$L[\boldsymbol{x}_1, \boldsymbol{x}_2, \cdots, \boldsymbol{x}_{i-1}] = L[\boldsymbol{a}_1, \boldsymbol{a}_2, \cdots, \boldsymbol{a}_{i-1}]$ だから、

$$\boldsymbol{x}_i \in L[\boldsymbol{x}_1, \boldsymbol{x}_2, \cdots, \boldsymbol{x}_{i-1}, \boldsymbol{a}_i] = L[\boldsymbol{a}_1, \boldsymbol{a}_2, \cdots, \boldsymbol{a}_i]$$

となっている。いっぽう、同じ (8.15) 式より $\boldsymbol{a}_i \in L[\boldsymbol{x}_1, \boldsymbol{x}_2, \cdots, \boldsymbol{x}_{i-1}, \boldsymbol{y}_i]$ である。したがって、$\boldsymbol{x}_i$ の定義から、

$$\boldsymbol{a}_i \in L[\boldsymbol{x}_1, \boldsymbol{x}_2, \cdots, \boldsymbol{x}_{i-1}, \boldsymbol{y}_i] = L[\boldsymbol{x}_1, \boldsymbol{x}_2, \cdots, \boldsymbol{x}_i]$$

である。これらのことから、$L[\boldsymbol{x}_1, \boldsymbol{x}_2, \cdots, \boldsymbol{x}_i] = L[\boldsymbol{a}_1, \boldsymbol{a}_2, \cdots, \boldsymbol{a}_i]$ となる。

(v)　ここで、$i < r$ ならば、(2) へ戻り、$i = r$ となるまで繰り返す。

例 8.4.2　3 つの 1 次独立なベクトル $\boldsymbol{a}_1 = \begin{pmatrix} 1 \\ 0 \\ 1 \end{pmatrix}, \boldsymbol{a}_2 = \begin{pmatrix} 0 \\ 1 \\ 1 \end{pmatrix}, \boldsymbol{a}_3 = \begin{pmatrix} 1 \\ 1 \\ 0 \end{pmatrix}$ から、シュミットの直交化を用いて、正規直交基底を求めてみよう。

$|\boldsymbol{a}_1| = \sqrt{1^2+0^2+1^2} = \sqrt{2}$ だから、

$$\boldsymbol{x}_1 = \frac{1}{\sqrt{2}}\boldsymbol{a}_1 = \begin{pmatrix} \frac{1}{\sqrt{2}} \\ 0 \\ \frac{1}{\sqrt{2}} \end{pmatrix}$$

とする。

つぎに、$(\boldsymbol{a}_2, \boldsymbol{x}_1) = \frac{1}{\sqrt{2}} \times 0 + 0 \times 1 + \frac{1}{\sqrt{2}} \times 1 = \frac{1}{\sqrt{2}}$ だから、

$$\boldsymbol{y}_2 = \boldsymbol{a}_2 - (\boldsymbol{a}_2, \boldsymbol{x}_1)\boldsymbol{x}_1 = \begin{pmatrix} 0 \\ 1 \\ 1 \end{pmatrix} - \frac{1}{\sqrt{2}} \begin{pmatrix} \frac{1}{\sqrt{2}} \\ 0 \\ \frac{1}{\sqrt{2}} \end{pmatrix} = \begin{pmatrix} -\frac{1}{2} \\ 1 \\ \frac{1}{2} \end{pmatrix}$$

となる。また、$|\boldsymbol{y}_2| = \sqrt{\left(-\frac{1}{2}\right)^2 + 1^2 + \left(\frac{1}{2}\right)^2} = \sqrt{\frac{3}{2}}$ である。したがって、

$$\boldsymbol{x}_2 = \sqrt{\frac{2}{3}}\boldsymbol{y}_2 = \begin{pmatrix} -\frac{1}{\sqrt{6}} \\ \sqrt{\frac{2}{3}} \\ \frac{1}{\sqrt{6}} \end{pmatrix}$$

とすればよい。

つぎに、$(\boldsymbol{a}_3, \boldsymbol{x}_1) = \frac{1}{\sqrt{2}}$ であり $(\boldsymbol{a}_3, \boldsymbol{x}_2) = -\frac{1}{\sqrt{6}} + \sqrt{\frac{2}{3}} = \frac{1}{\sqrt{6}}$ だから、

$$\begin{aligned} \boldsymbol{y}_3 &= \boldsymbol{a}_3 - (\boldsymbol{a}_3, \boldsymbol{x}_1)\boldsymbol{x}_1 - (\boldsymbol{a}_3, \boldsymbol{x}_2)\boldsymbol{x}_2 \\ &= \begin{pmatrix} 1 \\ 1 \\ 0 \end{pmatrix} - \frac{1}{\sqrt{2}} \begin{pmatrix} \frac{1}{\sqrt{2}} \\ 0 \\ \frac{1}{\sqrt{2}} \end{pmatrix} - \frac{1}{\sqrt{6}} \begin{pmatrix} -\frac{1}{\sqrt{6}} \\ \sqrt{\frac{2}{3}} \\ \frac{1}{\sqrt{6}} \end{pmatrix} \end{aligned}$$

$$= \begin{pmatrix} 1 \\ 1 \\ 0 \end{pmatrix} - \begin{pmatrix} \frac{1}{2} \\ 0 \\ \frac{1}{2} \end{pmatrix} - \begin{pmatrix} -\frac{1}{6} \\ \frac{1}{3} \\ \frac{1}{6} \end{pmatrix} = \begin{pmatrix} \frac{2}{3} \\ \frac{2}{3} \\ -\frac{2}{3} \end{pmatrix}$$

となる。ここで、$|\boldsymbol{y}_3| = \sqrt{\left(-\frac{2}{3}\right)^2 + \left(\frac{2}{3}\right)^2 + \left(\frac{2}{3}\right)^2} = \frac{2}{\sqrt{3}}$ なので、

$$\boldsymbol{x}_3 = \frac{\sqrt{3}}{2}\boldsymbol{y}_3 = \begin{pmatrix} \frac{1}{\sqrt{3}} \\ \frac{1}{\sqrt{3}} \\ -\frac{1}{\sqrt{3}} \end{pmatrix}$$

とする。したがって、シュミットの方法で正規化すれば、

$$\boldsymbol{x}_1 = \begin{pmatrix} \frac{1}{\sqrt{2}} \\ 0 \\ \frac{1}{\sqrt{2}} \end{pmatrix}, \boldsymbol{x}_2 = \begin{pmatrix} -\frac{1}{\sqrt{6}} \\ \sqrt{\frac{2}{3}} \\ \frac{1}{\sqrt{6}} \end{pmatrix}, \boldsymbol{x}_3 = \begin{pmatrix} \frac{1}{\sqrt{3}} \\ \frac{1}{\sqrt{3}} \\ -\frac{1}{\sqrt{3}} \end{pmatrix}$$

が正規直交基底となる。

8.4.2　対称行列の対角化

n 次の実対称行列 A の対角化を考える。そのために、実対称行列 A は、直交行列 X_1 をうまく見つければ、$n-1$ 次の実対称行列 A_1 を使って、

$${}^tX_1AX_1 = \begin{pmatrix} \lambda_1 & 0 & \cdots & 0 \\ 0 & & & \\ \vdots & & A_1 & \\ 0 & & & \end{pmatrix}$$

と表せることを示そう。

いま、n 次の実対称行列 A の固有値の 1 つを λ_1 とし、λ_1 に対応する固有ベクトルの 1 つを $\boldsymbol{x}_1$ とおく。ここで、V_1 を $\boldsymbol{x}_1$ と直交するベクトルでできる部分空間とする[16)]。いま、V_1 に含まれるベクトルと $\boldsymbol{x}_1$ は直交するから、正規直交基底 $\boldsymbol{e}_1, \boldsymbol{e}_2, \cdots, \boldsymbol{e}_n$ を、$L[\boldsymbol{e}_1] = L[\boldsymbol{x}_1]$ および $L[\boldsymbol{e}_2, \cdots, \boldsymbol{e}_n] = V_1$ となるようにとることができる[17)]。ただし、$\boldsymbol{e}_1, \boldsymbol{e}_2, \cdots, \boldsymbol{e}_n$ は自然基底とは限らない。

このとき、$\boldsymbol{e}_1$ は λ_1 に対する固有ベクトルだから、8.2 節でみたように、$A\boldsymbol{e}_1 = \lambda_1 \boldsymbol{e}_1$ である。ここで、

$$X_1 = (\boldsymbol{e}_1\ \boldsymbol{e}_2 \cdots \boldsymbol{e}_n)$$

とおけば、$\boldsymbol{e}_1, \boldsymbol{e}_2, \cdots, \boldsymbol{e}_n$ が正規直交基底だから、8.3 節と同じように ${}^tX_1 X_1 = I$ となる。すなわち、X_1 は直交行列である。さらに、

$$AX_1 = A(\boldsymbol{e}_1\ \boldsymbol{e}_2\ \cdots\ \boldsymbol{e}_n) = (A\boldsymbol{e}_1\ A\boldsymbol{e}_2\ \cdots\ A\boldsymbol{e}_n) = (\lambda_1\boldsymbol{e}_1\ A\boldsymbol{e}_2\ \cdots\ A\boldsymbol{e}_n) \tag{8.16}$$

である。ところで、$A\boldsymbol{e}_2, \cdots, A\boldsymbol{e}_n$ は、$\boldsymbol{y} = A\boldsymbol{x}$ によって $\boldsymbol{R}^n$ から $\boldsymbol{R}^n$ へ写った $\boldsymbol{e}_2, \cdots, \boldsymbol{e}_n$ の像なので、正規直交基底 $\boldsymbol{e}_1, \boldsymbol{e}_2, \cdots, \boldsymbol{e}_n$ の 1 次結合で表せる。すなわち、$j = 2, 3, \cdots, n$ に対して、

$$A\boldsymbol{e}_j = \sum_{i=1}^{n} a'_{ij}\boldsymbol{e}_i$$

となる。このことから、

$$\begin{aligned} AX_1 &= A(\boldsymbol{e}_1\ \boldsymbol{e}_2 \cdots \boldsymbol{e}_n) = (A\boldsymbol{e}_1\ A\boldsymbol{e}_2 \cdots A\boldsymbol{e}_n) \\ &= (\lambda_1\boldsymbol{e}_1\ A\boldsymbol{e}_2\ \cdots\ A\boldsymbol{e}_n) = (\boldsymbol{e}_1\ \boldsymbol{e}_2\ \cdots\ \boldsymbol{e}_n)\begin{pmatrix} \lambda_1 & a'_{12} & \cdots & a'_{1n} \\ 0 & a'_{22} & \cdots & a'_{2n} \\ \vdots & \vdots & \vdots & \vdots \\ 0 & a'_{n2} & \cdots & a'_{nn} \end{pmatrix} \end{aligned}$$

16)　この V_1 を直交補空間といい、$\dim V_1 = n-1$ である。

17)　$\boldsymbol{e}_1, \cdots, \boldsymbol{e}_n$ は直交系だから、$\boldsymbol{e}_2, \cdots, \boldsymbol{e}_n$ は $\boldsymbol{e}_1$ と直交するベクトルであり、$\boldsymbol{e}_2, \cdots, \boldsymbol{e}_n \in V_1$ となっている。

となる。ここで、$\boldsymbol{a}'_1 = (a'_{12} \cdots a'_{1n})$ とし、

$$A_1 = \begin{pmatrix} a'_{22} & \cdots & a'_{2n} \\ \vdots & \vdots & \vdots \\ a'_{n2} & \cdots & a'_{nn} \end{pmatrix}$$

とおこう。このとき、(8.16) 式は、

$$AX_1 = (\boldsymbol{e}_1\, \boldsymbol{e}_2 \cdots \boldsymbol{e}_n) \begin{pmatrix} \lambda_1 & \boldsymbol{a}'_1 \\ \boldsymbol{0} & A_1 \end{pmatrix} = X_1 \begin{pmatrix} \lambda_1 & \boldsymbol{a}'_1 \\ \boldsymbol{0} & A_1 \end{pmatrix}$$

と表せる。

ここで、X_1 が直交行列だから、${}^tX_1X_1 = I$ なので、${}^tX_1$ を左からかければ、${}^tX_1AX_1 = \begin{pmatrix} \lambda_1 & \boldsymbol{a}'_1 \\ \boldsymbol{0} & A_1 \end{pmatrix}$ である。いっぽう、A が実対称行列だから、${}^t({}^tX_1AX_1)$ $= {}^tX_1{}^tAX_1 = {}^tX_1AX_1$ である。よって、${}^tX_1AX_1 = \begin{pmatrix} \lambda_1 & \boldsymbol{a}'_1 \\ \boldsymbol{0} & A_1 \end{pmatrix}$ もまた実対称行列である。したがって、$\boldsymbol{a}'_1 = {}^t\boldsymbol{0}$ であり、A_1 は $n-1$ 次の実対称行列となっていなければならない。すなわち、

$$ {}^tX_1AX_1 = \begin{pmatrix} \lambda_1 & {}^t\boldsymbol{0} \\ \boldsymbol{0} & A_1 \end{pmatrix} \tag{8.17}$$

であり、$n-1$ 次の正方行列 A_1 もまた、実対称行列である。

(8.17) 式を使って、実対称行列は対角化可能であることを示そう。

定理 8.4.1　n 次正方行列 A が実対称行列であることと、直交行列 X と対角行列 Λ が存在して、$A = {}^tX\Lambda X$ と表せることは同値である。

証明　数学的帰納法を用いる。まず、1 次の実対称行列は対角行列である。

つぎに、$n-1$ 次の実対称行列 A' に対して適当な直交行列 X' を選べば、${}^tX'A'X'$ が対角行列とできるとしよう。

このとき、n 次の実対称行列 A に対して、適当な X_1 をとれば、(8.17) 式のように、

$$
{}^tX_1AX_1 = \begin{pmatrix} \lambda_1 & {}^t\mathbf{0} \\ \mathbf{0} & A_1 \end{pmatrix}
$$

とできる。ここで、A_1 は $n-1$ 次の実対称行列である。

ところで、帰納法の仮定から、$n-1$ 次の実対称行列 A_1 に対しては、直交行列 X_1' を適当にとれば ${}^tX_1'A_1X_1'$ が対角行列とできる。このとき、

$$
\widehat{X}_1 = \begin{pmatrix} 1 & {}^t\mathbf{0} \\ \mathbf{0} & X_1' \end{pmatrix}
$$

とおこう。この行列は、X_1' が直交行列なので、

$$
{}^t\widehat{X}_1\widehat{X}_1 = \begin{pmatrix} 1 & {}^t\mathbf{0} \\ \mathbf{0} & {}^tX_1' \end{pmatrix}\begin{pmatrix} 1 & {}^t\mathbf{0} \\ \mathbf{0} & X_1' \end{pmatrix} = \begin{pmatrix} 1 & {}^t\mathbf{0} \\ \mathbf{0} & {}^tX_1'X_1' \end{pmatrix} = \begin{pmatrix} 1 & {}^t\mathbf{0} \\ \mathbf{0} & I_{n-1} \end{pmatrix}
$$

となる。すなわち、$\widehat{X}_1$ も直交行列である。ここで、I_{n-1} は $n-1$ 次の単位行列とする。さらに、

$$
\begin{aligned}
{}^t\widehat{X}_1\begin{pmatrix} \lambda_1 & {}^t\mathbf{0} \\ \mathbf{0} & A_1 \end{pmatrix}\widehat{X}_1 &= \begin{pmatrix} 1 & {}^t\mathbf{0} \\ \mathbf{0} & {}^tX_1' \end{pmatrix}\begin{pmatrix} \lambda_1 & {}^t\mathbf{0} \\ \mathbf{0} & A_1 \end{pmatrix}\begin{pmatrix} 1 & {}^t\mathbf{0} \\ \mathbf{0} & X_1' \end{pmatrix} \\
&= \begin{pmatrix} \lambda_1 & {}^t\mathbf{0} \\ \mathbf{0} & {}^tX_1'A_1{X_1}' \end{pmatrix}
\end{aligned}
$$

となる。いっぽう、帰納法の仮定から ${}^tX_1'A_1X_1'$ が対角行列だから、$\begin{pmatrix} \lambda_1 & {}^t\mathbf{0} \\ \mathbf{0} & {}^tX_1'A_1X_1' \end{pmatrix}$ もまた対角行列である。このことから、実対称行列 A は直交行列 $X = X_1\hat{X}_1$ と対角行列 Λ に対して ${}^tXAX = \Lambda$ となり、対角化可能である。

反対に、n 次正方行列 A が、直交行列 X と対角行列 Λ によって $A = {}^tX\Lambda X$ と表せたとする。このとき、実対称行列であることは ${}^tA = {}^t({}^tX\Lambda X) = {}^tX{}^t\Lambda X = {}^tX\Lambda X$ となるから明らかである。 □

8.5 ジョルダンの標準形

n 次の正方行列 A の固有値を $\lambda_1, \lambda_2, \cdots, \lambda_m$ とし $(m \leq n)$、これらの固有値に対する固有ベクトルをそれぞれ $\boldsymbol{x}_1, \boldsymbol{x}_2, \cdots, \boldsymbol{x}_m$ とする。このとき、つぎのことが成り立つ。

定理 8.5.1 正方行列 A の異なる固有値に対する固有ベクトルは、1 次独立である。

証明 正方行列 A の固有値を $\lambda_1, \lambda_2, \cdots, \lambda_m$ とし $(m \leq n)$、これらの固有値に対する固有ベクトルをそれぞれ $\boldsymbol{x}_1, \boldsymbol{x}_2, \cdots, \boldsymbol{x}_m$ とする。これらのベクトルが 1 次従属だとしよう。いま、$\boldsymbol{x}_1, \boldsymbol{x}_2, \cdots, \boldsymbol{x}_i$ は 1 次独立であり $\boldsymbol{x}_1, \boldsymbol{x}_2, \cdots, \boldsymbol{x}_{i+1}$ が 1 次従属になる最小の i をとる $(1 \leq i \leq m)$。このとき、$\boldsymbol{x}_1, \boldsymbol{x}_2, \cdots, \boldsymbol{x}_{i+1}$ が 1 次従属なので、少なくとも 1 つは 0 でない適当な $c_1, c_2, \cdots, c_i$ に対して、

$$\boldsymbol{x}_{i+1} = c_1\boldsymbol{x}_1 + c_2\boldsymbol{x}_2 + \cdots + c_i\boldsymbol{x}_i \tag{8.18}$$

と表せる。ところで、$A\boldsymbol{x}_j = \lambda_j\boldsymbol{x}_j$ だから $(j = 1, 2, \cdots, m)$

$$\begin{aligned}
\lambda_{i+1}\boldsymbol{x}_{i+1} &= A\boldsymbol{x}_{i+1} \\
&= A(c_1\boldsymbol{x}_1 + c_2\boldsymbol{x}_2 + \cdots + c_i\boldsymbol{x}_i) \\
&= c_1A\boldsymbol{x}_1 + c_2A\boldsymbol{x}_2 + \cdots + c_iA\boldsymbol{x}_i \\
&= c_1\lambda_1\boldsymbol{x}_1 + c_2\lambda_2\boldsymbol{x}_2 + \cdots + c_i\lambda_i\boldsymbol{x}_i
\end{aligned}$$

である。いっぽう、(8.18) 式より、

$$\lambda_{i+1}\boldsymbol{x}_{i+1} = c_1\lambda_{i+1}\boldsymbol{x}_1 + c_2\lambda_{i+1}\boldsymbol{x}_2 + \cdots + c_i\lambda_{i+1}\boldsymbol{x}_i$$

である。ところで、$\boldsymbol{x}_1, \boldsymbol{x}_2, \cdots, \boldsymbol{x}_i$ は 1 次独立だから、これら 2 つの式を比べれば、$c_j\lambda_j = c_j\lambda_{i+1}$ となる $(j = 1, 2, \cdots, i)$。ところで、(8.18) 式では少なくとも 1 つの c_j が 0 ではない ($c_j \neq 0$ としよう) ので、その j に対して $\lambda_j = \lambda_{i+1}$ となる。このことは、λ_j と λ_{i+1} が異なる固有値としたことに反する。よって、相異なる固有値に対するベクトルは 1 次独立である。 □

8.4.2 節では、実対称行列は直交行列を用いて対角化可能であることを示した。ところで、実対称行列でなければどのようになるだろうか。いま、n 次の正方行列 A で固有値がすべて異なるときには、つぎの性質が知られている。

定理 8.5.2　n 次の正方行列 A の固有値がすべて互いに異なれば、行列 A は対角化可能である。

証明　n 次の正方行列 A の固有値を $\lambda_1, \lambda_2, \cdots, \lambda_n$ とし、これらの固有値に対する零ベクトルでない固有ベクトルを $\boldsymbol{x}_1, \boldsymbol{x}_2, \cdots, \boldsymbol{x}_n$ とする。$A\boldsymbol{x}_j = \lambda_j\boldsymbol{x}_j$ だから $(j = 1, 2, \cdots, n)$、$X = (\boldsymbol{x}_1\ \boldsymbol{x}_2\ \cdots\ \boldsymbol{x}_n)$ とおけば、

$$
\begin{aligned}
AX &= A(\boldsymbol{x}_1\ \boldsymbol{x}_2\ \cdots\ \boldsymbol{x}_n) = (A\boldsymbol{x}_1\ A\boldsymbol{x}_2\ \cdots\ A\boldsymbol{x}_n) = (\lambda_1\boldsymbol{x}_1\ \lambda_2\boldsymbol{x}_2\ \cdots\ \lambda_n\boldsymbol{x}_n) \\
&= (\boldsymbol{x}_1\ \boldsymbol{x}_2\ \cdots\ \boldsymbol{x}_n)\begin{pmatrix} \lambda_1 & 0 & \cdots & 0 \\ 0 & \lambda_2 & \cdots & 0 \\ \vdots & \vdots & \ddots & \vdots \\ 0 & 0 & \cdots & \lambda_n \end{pmatrix} = X\Lambda
\end{aligned}
$$

となる。すなわち、

$$AX = X\Lambda$$

である。いっぽう、行列 A の固有値がすべて異なるから、定理 8.5.1 より固有ベクトル $\boldsymbol{x}_1, \boldsymbol{x}_2, \cdots, \boldsymbol{x}_n$ は 1 次独立である。したがって、n 次の正方行列 X は正則である。よって、$AX = X\Lambda$ の両辺に $\boldsymbol{X}^{-1}$ を左から掛ければ、

$$X^{-1}AX = X^{-1}X\Lambda = \Lambda$$

となり、対角化可能である。 □

実対称行列や、固有値がすべて異なる正方行列に対しては、固有ベクトルを用いて対角化可能である。しかし、一般には必ずしも対角化可能とはいえない。証明は省くが、一般的には、ジョルダンの標準形になるという性質が知られている。

例 8.2.2 の行列 $A = \begin{pmatrix} -1 & -2 \\ 2 & 3 \end{pmatrix}$ を考えてみよう。固有値は $\lambda = 1$ であり、この固有値に対応する固有ベクトル空間は、$V(1) = \left\{ \begin{pmatrix} x \\ -x \end{pmatrix} \middle| \, x \in \boldsymbol{R} \right\}$ であった。固有値 $\lambda = 1$ に対応する固有ベクトルとして、$\boldsymbol{a} = \begin{pmatrix} 1 \\ -1 \end{pmatrix}$ をとろう。さらに、このベクトルと独立なベクトルとして $\boldsymbol{b} = \begin{pmatrix} \frac{1}{2} \\ -1 \end{pmatrix}$ をとる。このとき、$X = \begin{pmatrix} 1 & \frac{1}{2} \\ -1 & -1 \end{pmatrix}$ とし、$B = \begin{pmatrix} 1 & 1 \\ 0 & 1 \end{pmatrix}$ とおけば、

$$\begin{aligned} AX &= \begin{pmatrix} -1 & -2 \\ 2 & 3 \end{pmatrix} \begin{pmatrix} 1 & \frac{1}{2} \\ -1 & -1 \end{pmatrix} = \begin{pmatrix} 1 & \frac{3}{2} \\ -1 & -2 \end{pmatrix}, \\ XB &= \begin{pmatrix} 1 & \frac{1}{2} \\ -1 & -1 \end{pmatrix} \begin{pmatrix} 1 & 1 \\ 0 & 1 \end{pmatrix} = \begin{pmatrix} 1 & \frac{3}{2} \\ -1 & -2 \end{pmatrix} \end{aligned}$$

となり、$AX = XB$ である。また、$\boldsymbol{a}$ と $\boldsymbol{b}$ は 1 次独立なベクトルだから、X は正則行列である。したがって、

$$X^{-1}AX = \begin{pmatrix} 1 & 1 \\ 0 & 1 \end{pmatrix}$$

となる。この行列は対角化できないが、このような形にはできる[18)]。これを一般化したものがジョルダンの標準形である。

---

18) 問題 8.9

定理 8.5.3　n 次の正方行列 A に対して、n 次の正方行列 X を適当にとれば、

$$X^{-1}AX = \begin{pmatrix} A(\lambda_1, k_1) & 0 & \cdots & 0 \\ 0 & A(\lambda_2, k_2) & \cdots & 0 \\ \vdots & \vdots & \ddots & \vdots \\ 0 & 0 & \cdots & A(\lambda_m, k_m) \end{pmatrix}$$

とできる。ただし、$A(\lambda_i, k_i)$ は k_i 次の正方行列で、$A(\lambda_i, k_i) = \begin{pmatrix} \lambda_i & 1 & 0 & \cdots & 0 \\ 0 & \lambda_i & 1 & \cdots & 0 \\ \vdots & \vdots & \ddots & \ddots & \vdots \\ 0 & 0 & 0 & \ddots & 1 \\ 0 & 0 & 0 & \cdots & \lambda_i \end{pmatrix}$ とする。ただし、$\lambda_1, \cdots, \lambda_m$ は、正方行列 A の固有値であり $(m \leq n)$[19)]、$k_1 + k_2 + \cdots + k_m = n$ とする。

練習問題

8.1　実ベクトルに関する性質のうち、(1) から (4) と (7), (8) の性質が成り立つことを示しなさい。

8.2　固有値 λ に対する固有ベクトル全体に零ベクトルを付け加えた集合は、部分空間となっていることを示しなさい。

8.3　n 次正方行列 A の固有値を λ とし、この固有値に対する固有空間を $V(\lambda)$ とする。このとき、線形写像 $\boldsymbol{y} = A\boldsymbol{x}$ によって、$V(\lambda)$ のベクトルは、λ 倍されることを示しなさい。

19)　$\lambda_1, \cdots, \lambda_m$ は、すべて異なっているとは限らない。

8.4　$\boldsymbol{x}_1 = \begin{pmatrix} \frac{1}{\sqrt{2}} \\ 0 \\ \frac{1}{\sqrt{2}} \end{pmatrix}, \boldsymbol{x}_2 = \begin{pmatrix} -\frac{1}{\sqrt{6}} \\ \sqrt{\frac{2}{3}} \\ \frac{1}{\sqrt{6}} \end{pmatrix}, \boldsymbol{x}_3 = \begin{pmatrix} \frac{1}{\sqrt{3}} \\ \frac{1}{\sqrt{3}} \\ -\frac{1}{\sqrt{3}} \end{pmatrix}$ が正規直交基底となることを示しなさい。

8.5　直交補空間が部分空間となることを示しなさい。

8.6　例 8.2.3 で $\lambda = -1$ に対応する固有空間を求めなさい。

8.7　例 8.2.3 の 3×3 行列 $A = \begin{pmatrix} 0 & 0 & 1 \\ 0 & 1 & 0 \\ 1 & 0 & 0 \end{pmatrix}$ を対角化しなさい。(この場合は直交行列で対角化できる。)

8.8　つぎの行列の固有値と固有ベクトルを求めなさい。また、この行列を対角化しなさい。

$$\begin{pmatrix} 0 & 1 & -1 \\ 1 & 1 & 1 \\ -1 & 1 & 0 \end{pmatrix}$$

8.9　行列 $A = \begin{pmatrix} -1 & -2 \\ 2 & 3 \end{pmatrix}$ は対角化できないことを示しなさい。

練習問題解答

第3章

3.1 $A=(a_{ij})\,,B=(b_{ij})\,,C=(c_{ij})$ とおく $(i=1,2,\cdots,n, j=1,2,\cdots,m)$。

(1) $A+B=\begin{pmatrix} a_{11}+b_{11} & a_{12}+b_{12} & \cdots & a_{1n}+b_{1n} \\ a_{21}+b_{21} & a_{22}+b_{22} & \cdots & a_{2n}+b_{2n} \\ \vdots & \vdots & \ddots & \vdots \\ a_{m1}+b_{m1} & a_{m2}+b_{m2} & \cdots & a_{mn}+b_{mn} \end{pmatrix}=B+A$

(2) $(A+B)+C=(a_{ij}+b_{ij}+c_{ij})=A+(B+C)$

(3) $\alpha(A+B)=(\alpha(a_{ij}+b_{ij}))=\alpha A+\alpha B$

(4) $(\alpha+\beta)A=((\alpha+\beta)a_{ij})=\alpha A+\beta A$

(5) $\alpha(\beta A)=\alpha\,(\beta a_{ij})=(\alpha\beta a_{ij})=(\alpha\beta)A$ より、成り立つことがわかる。

3.2 $\boldsymbol{y}=A\boldsymbol{x}, \boldsymbol{z}=B\boldsymbol{y}$ だから、$y_j=\sum_{i=1}^{n}a_{ji}x_i, z_k=\sum_{j=1}^{m}b_{kj}y_j$ となる。

$z_k=\sum_{j=1}^{m}b_{kj}\sum_{i=1}^{n}a_{ji}x_i=\sum_{i=1}^{n}\left(\sum_{j=1}^{m}a_{ji}b_{kj}\right)x_i$ だから、

$$\begin{pmatrix} z_1 \\ z_2 \\ \vdots \\ z_l \end{pmatrix}=\begin{pmatrix} \sum_{j=1}^{m}a_{j1}b_{1j} & \sum_{j=1}^{m}a_{j2}b_{1j} & \cdots & \sum_{j=1}^{m}a_{jn}b_{1j} \\ \sum_{j=1}^{m}a_{j1}b_{2j} & \sum_{j=1}^{m}a_{j2}b_{2j} & \cdots & \sum_{j=1}^{m}a_{jn}b_{2j} \\ \vdots & \vdots & \ddots & \vdots \\ \sum_{j=1}^{m}a_{j1}b_{lj} & \sum_{j=1}^{m}a_{j2}b_{lj} & \cdots & \sum_{j=1}^{m}a_{jn}b_{lj} \end{pmatrix}\begin{pmatrix} x_1 \\ x_2 \\ \vdots \\ x_n \end{pmatrix}$$

となる。ここで、j を k で置き換えれば (3.25) 式となる。

3.3 $A=(a_{ij}), B=(b_{jk}), C=(b_{kl})$ とおき成分で考える。

(1) $(AB)C = A(BC)$ の (i,j) 成分は、それぞれ $\sum_{l=1}^{M}\left(\sum_{k=1}^{m} a_{ik}b_{kl}\right)c_{lj} = \sum_{k=1}^{m} a_{ik}\left(\sum_{l=1}^{M} b_{kl}c_{lj}\right)$ となっているから成り立つ。(A は $n\times m$ 行列、B は $m\times M$ 行列、C は $M\times N$ 行列とする。)

(2) $A(B+C) = AB+AC$ の (i,j) 成分は、それぞれ $\sum_{k=1}^{m} a_{ik}(b_{kj}+c_{kj}) = \sum_{k=1}^{m} a_{ik}b_{kj} + \sum_{k=1}^{m} a_{ik}c_{kj}$ となっているから成り立つ。(A は $m\times n$ 行列、B、C は $n\times l$ 行列とする。)

(3) $(A+B)C = AC+BC$ の (i,j) 成分は、それぞれ $\sum_{k=1}^{m}(a_{ik}+b_{ik})c_{kj} = \sum_{k=1}^{m} a_{ik}c_{kj} + \sum_{k=1}^{m} b_{ik}c_{kj}$ となっているから成り立つ。(A、B は $m\times n$ 行列、C は $n\times l$ 行列とする。)

(4) $(\alpha A)B = A(\alpha B) = \alpha(AB)$ の (i,j) 成分がそれぞれ $\sum_{k=1}^{m}(\alpha a_{ik})b_{kj} = \sum_{k=1}^{m} a_{ik}(\alpha b_{kj}) = \alpha\sum_{k=1}^{m} a_{ik}b_{kj}$ となっているから成り立つ。(A は $m\times n$ 行列、B は $n\times l$ 行列とする。)

3.4 $A=(a_{ij}), O=(b_{ij})=(0)$ とおき成分で考える。(1) $A+O=O+A=A$ の (i,j) 成分は、それぞれ $a_{ij}+0=0+a_{ij}=a_{ij}$ となっているから成り立つ。

(2) $AO=O$ の (i,j) 成分は、それぞれ $\sum_{k=1}^{m} a_{ik}b_{kj} = \sum_{k=1}^{m} a_{ik}\times 0 = 0$ となっているから成り立つ。

(3) $OA=O$ の (i,j) 成分は、それぞれ $\sum_{k=1}^{m} b_{ik}a_{kj} = \sum_{k=1}^{m} 0\times a_{kj} = 0$ となっているから成り立つ。

3.5 $A=(a_{ij}), B=(b_{ij})$ とおけば、${}^tA=(a_{ji}), {}^tB=(b_{ji})$ だから成分で考える。

(1) ${}^t({}^tA) = A$ は、${}^tA = (a_{ji})$ だから、この行列を転置すれば $A = (a_{ij})$ となる。

(2) ${}^t(A+B) = {}^tA + {}^tB$ は、$A+B = (a_{ij}+b_{ij})$ なので、${}^t(A+B) = (a_{ji}+b_{ji})$ となり、これは ${}^tA + {}^tB$ の (i,j) 成分である。

(3) ${}^t(cA) = c\,{}^tA$ は、$cA = (ca_{ij})$ だから、この行列を転置すれば ${}^t(cA) = (ca_{ji})$ となり、これは $c\,{}^tA$ の (i,j) 成分である。

(4) ${}^t(AB) = {}^tB\,{}^tA$ では、AB の (i,j) 成分が $\sum_{k=1}^{m} a_{ik}b_{kj}$ なので、${}^t(AB)$ の (i,j) 成分は $\sum_{k=1}^{m} a_{jk}b_{ki}$ となる。いっぽう、${}^tA = (a_{ji}), {}^tB = (b_{ji})$ だから、${}^tB$ の (i,k) 成分が b_{ki} で ${}^tA$ の (k,j) 成分が a_{jk} なので、${}^tB\,{}^tA$ の (i,j) 成分は $\sum_{k=1}^{m} b_{ki}a_{jk}$ となる。よって (4) が成り立つ。

第4章

4.1 $\boldsymbol{a}, \boldsymbol{b}$ を U に含まれるベクトルとする。定義 4.2.1 で、$d = 0$ とすれば (1) となり、$c = d = 1$ とすれば (2) となる。反対に、(1) と (2) が成り立つとする。(1) より、任意の実数 c, d に対して、$c\boldsymbol{a} \in U, d\boldsymbol{b} \in U$ である。さらに、$c\boldsymbol{a}, d\boldsymbol{b}$ に対して (2) が成り立つから、$c\boldsymbol{a} + d\boldsymbol{b} \in U$ となり定義 4.2.1 が成り立つ。

4.2 任意の実数 a, b に対して、$a\boldsymbol{0} + b\boldsymbol{0} = \boldsymbol{0}$ だから集合 $\{\boldsymbol{0}\}$ は部分空間である。

4.3 $\boldsymbol{a}_1, \boldsymbol{a}_2, \cdots, \boldsymbol{a}_r \in \boldsymbol{R}^n$ で、$\boldsymbol{R}^n$ がベクトル空間だから、任意の実数 $c_1, c_2, \cdots, c_r$ に対して、$c_1\boldsymbol{a}_1 + c_2\boldsymbol{a}_2 + \cdots + c_r\boldsymbol{a}_r \in \boldsymbol{R}^n$ となっている。いっぽう、$L[\boldsymbol{a}_1, \boldsymbol{a}_2, \cdots, \boldsymbol{a}_r]$ の要素が $c_1\boldsymbol{a}_1 + c_2\boldsymbol{a}_2 + \cdots + c_r\boldsymbol{a}_r$ だから、$L[\boldsymbol{a}_1, \boldsymbol{a}_2, \cdots, \boldsymbol{a}_r] \subset \boldsymbol{R}^n$ である。

4.4 (1) $B=(b_{ij})$ に対して $(i=1,2,\cdots,n, j=1,2,\cdots,m)$、

$$B\boldsymbol{y}=\begin{pmatrix} b_{11} & b_{12} & \cdots & b_{1n} \\ b_{21} & b_{22} & \cdots & b_{2n} \\ \vdots & \vdots & \ddots & \vdots \\ b_{n1} & b_{n2} & \cdots & b_{nn} \end{pmatrix}\begin{pmatrix} y_1 \\ y_2 \\ \vdots \\ y_n \end{pmatrix}=\begin{pmatrix} \sum_{l=1}^{n} y_l b_{1l} \\ \sum_{l=1}^{n} y_l b_{2l} \\ \vdots \\ \sum_{l=1}^{n} y_l b_{nl} \end{pmatrix}=\begin{pmatrix} x_1 \\ x_2 \\ \vdots \\ x_n \end{pmatrix}$$

となっているから、$\boldsymbol{x}=B\boldsymbol{y}$ である。

(2) $\boldsymbol{e}_i=b_{1i}\boldsymbol{a}_1+b_{2i}\boldsymbol{a}_2+\cdots+b_{ni}\boldsymbol{a}_n=\sum_{k=1}^{n} b_{ki}\boldsymbol{a}_k$ だから、

$$\begin{aligned} AB &= (\boldsymbol{a}_1,\boldsymbol{a}_2,\cdots,\boldsymbol{a}_n)\begin{pmatrix} b_{11} & b_{12} & \cdots & b_{1n} \\ b_{21} & b_{22} & \cdots & b_{2n} \\ \vdots & \vdots & \ddots & \vdots \\ b_{n1} & b_{n2} & \cdots & b_{nn} \end{pmatrix} \\ &= \left(\sum_{k=1}^{n}\boldsymbol{a}_k b_{k1}, \sum_{k=1}^{n}\boldsymbol{a}_k b_{k2}, \cdots, \sum_{k=1}^{n}\boldsymbol{a}_k b_{kn}\right)=(\boldsymbol{e}_1,\boldsymbol{e}_2,\cdots,\boldsymbol{e}_n)=I \end{aligned}$$

である。したがって、

$$AB=\begin{pmatrix} \sum_{k=1}^{n} a_{1k}b_{k1} & \sum_{k=1}^{n} a_{1k}b_{k2} & \cdots & \sum_{k=1}^{n} a_{1k}b_{kn} \\ \sum_{k=1}^{n} a_{2k}b_{k1} & \sum_{k=1}^{n} a_{2k}b_{k2} & \cdots & \sum_{k=1}^{n} a_{2k}b_{kn} \\ \vdots & \vdots & \ddots & \vdots \\ \sum_{k=1}^{n} a_{nk}b_{k1} & \sum_{k=1}^{n} a_{nk}b_{k2} & \cdots & \sum_{k=1}^{n} a_{nk}b_{kn} \end{pmatrix}=\begin{pmatrix} 1 & 0 & \cdots & 0 \\ 0 & 1 & \cdots & 0 \\ \vdots & \vdots & \ddots & \vdots \\ 0 & 0 & \cdots & 1 \end{pmatrix}$$

である。$\boldsymbol{y}=A\boldsymbol{x}$ であり、(1) から $\boldsymbol{x}=B\boldsymbol{y}$ なので、$\boldsymbol{y}=A\boldsymbol{x}=AB\boldsymbol{y}, \boldsymbol{x}=B\boldsymbol{y}=BA\boldsymbol{x}$ だから、$BA=I$ となる。

4.5 $(x,y,z),(x',y',z') \in U$ とすれば、$x+y+z=0, x+2y+3z=0$ かつ $x'+y'+z'=0, x'+2y'+3z'=0$ となっている。ところで、a,b を任意の実数とすれば、$a(x,y,z)+b(x',y',z')=(ax+bx', ay+by', az+bz')$ となっている。このとき、

$$\begin{aligned}(ax+bx')+(ay+by')+(az+bz') &= 0\\(ax+bx')+2(ay+by')+3(az+bz') &= 0\end{aligned}$$

だから、$a(x,y,z)+b(x',y',z') \in U$ となる。このことから、U は部分空間となる。

4.6 実数 c_1, c_2, c_3 に対して、

$$\begin{aligned}c_1\boldsymbol{a}_1+c_2\boldsymbol{a}_2+c_3\boldsymbol{a}_3 &= c_1\begin{pmatrix}1\\1\\0\end{pmatrix}+c_2\begin{pmatrix}0\\1\\1\end{pmatrix}+c_3\begin{pmatrix}1\\0\\1\end{pmatrix}\\&= \begin{pmatrix}c_1+c_3\\c_2+c_1\\c_3+c_2\end{pmatrix}=\begin{pmatrix}0\\0\\0\end{pmatrix}\end{aligned}$$

とおく。$c_1+c_2=c_2+c_3=c_3+c_1=0$ だから $c_1=c_2=c_3=0$ となり、これら3つのベクトルは1次独立である。

第5章

5.1 (1)

$$\begin{aligned}S &= |\overrightarrow{PQ}|\,|\overrightarrow{PR}|\sin\theta = |\overrightarrow{PQ}|\,|\overrightarrow{PR}|\sqrt{1-\cos^2\theta}\\&= |\overrightarrow{PQ}|\,|\overrightarrow{PR}|\sqrt{1-\frac{(ac+bd)^2}{(a^2+b^2)(c^2+d^2)}}\\&= |\overrightarrow{PQ}|\,|\overrightarrow{PR}|\sqrt{\frac{(a^2+b^2)(c^2+d^2)-(ac+bd)^2}{(a^2+b^2)(c^2+d^2)}}\end{aligned}$$

$$
\begin{aligned}
&= |\overrightarrow{PQ}|\,|\overrightarrow{PR}|\sqrt{\frac{(ad-bc)^2}{(a^2+b^2)(c^2+d^2)}} \\
&= \sqrt{a^2+b^2}\sqrt{c^2+d^2}\sqrt{\frac{(ad-bc)^2}{(a^2+b^2)(c^2+d^2)}} = |ad-bc|
\end{aligned}
$$

(2)

$$
\begin{aligned}
S &= |\overrightarrow{PQ}|\,|\overrightarrow{PR}|\sin\theta = |\overrightarrow{PQ}|\,|\overrightarrow{PR}|\sqrt{1-\cos^2\theta} \\
&= |\overrightarrow{PQ}|\,|\overrightarrow{PR}|\sqrt{1-\frac{(ad+be+cf)^2}{(a^2+b^2+c^2)(d^2+e^2+f^2)}} \\
&= |\overrightarrow{PQ}|\,|\overrightarrow{PR}|\sqrt{\frac{(a^2+b^2+c^2)(d^2+e^2+f^2)-(ad+be+cf)^2}{(a^2+b^2+c^2)(d^2+e^2+f^2)}} \\
&= |\overrightarrow{PQ}|\,|\overrightarrow{PR}|\sqrt{\frac{(bf-ce)^2+(af-cd)^2+(ae-bd)^2}{(a^2+b^2+c^2)(d^2+e^2+f^2)}} \\
&= \sqrt{a^2+b^2+c^2}\sqrt{d^2+e^2+f^2}\sqrt{\frac{(bf-ce)^2+(af-cd)^2+(ae-bd)^2}{(a^2+b^2+c^2)(d^2+e^2+f^2)}} \\
&= \sqrt{(bf-ce)^2+(af-cd)^2+(ae-bd)^2}
\end{aligned}
$$

(3)

$$
\begin{aligned}
V &= |\overrightarrow{PQ}\times\overrightarrow{PR}|\,|\overrightarrow{PS}|\,|\cos\psi| = |\overrightarrow{PQ}\times\overrightarrow{PR}|\,|\overrightarrow{PS}|\times\frac{|(\overrightarrow{PQ}\times\overrightarrow{PR},\,\overrightarrow{PS})|}{|\overrightarrow{PQ}\times\overrightarrow{PR}|\,|\overrightarrow{PS}|} \\
&= |(\overrightarrow{PQ}\times\overrightarrow{PR},\,\overrightarrow{PS})| = |g(bf-ce)+h(cd-af)+i(ae-bd)| \\
&= \left| g\begin{vmatrix} b & e \\ c & f \end{vmatrix} + h\begin{vmatrix} c & f \\ a & d \end{vmatrix} + i\begin{vmatrix} a & d \\ b & e \end{vmatrix} \right|
\end{aligned}
$$

5.2 $n=2$ のとき、

$$
\begin{aligned}
\begin{vmatrix} a_{11} & a_{12} \\ a_{21} & a_{22} \end{vmatrix} &= \sum_{(i_1,i_2)\in\mathfrak{S}_2} \operatorname{sgn}(i_1,i_2)a_{1i_1}a_{2i_2} \\
&= \operatorname{sgn}(1,2)a_{11}a_{22} + \operatorname{sgn}(2,1)a_{12}a_{21} = a_{11}a_{22} - a_{12}a_{21}
\end{aligned}
$$

$n=3$ のとき、

$$\begin{vmatrix} a_{11} & a_{12} & a_{13} \\ a_{21} & a_{22} & a_{23} \\ a_{31} & a_{32} & a_{33} \end{vmatrix} = \sum_{(i_1,i_2,i_3)\in\mathfrak{S}_3} \mathrm{sgn}(i_1,i_2,i_3)a_{1i_1}a_{2i_2}a_{3i_3}$$

$$= \mathrm{sgn}(1,2,3)a_{11}a_{22}a_{33} + \mathrm{sgn}(1,3,2)a_{11}a_{23}a_{32} + \mathrm{sgn}(2,1,3)a_{12}a_{21}a_{33}$$

$$+ \mathrm{sgn}(2,3,1)a_{12}a_{23}a_{31} + \mathrm{sgn}(3,1,2)a_{13}a_{21}a_{32} + \mathrm{sgn}(3,2,1)a_{13}a_{22}a_{31}$$

$$= a_{13}a_{21}a_{32} + a_{12}a_{23}a_{31} + a_{11}a_{22}a_{33} - a_{13}a_{22}a_{31} - a_{11}a_{23}a_{32} - a_{12}a_{21}a_{33}$$

5.3 (1) $(3,2,1) \to (1,2,3)$ だから奇置換。

(2) $(4,3,2,1) \to (1,3,2,4) \to (1,2,3,4)$ だから偶置換。

(3) $(5,4,3,2,1) \to (1,4,3,2,5) \to (1,2,3,4,5)$ だから偶置換。

(4) $(3,2,1,4) \to (1,2,3,4)$ だから奇置換。

(5) $(4,3,2,1,5) \to (1,3,2,4,5) \to (1,2,3,4,5)$ だから偶置換。

5.4 性質 5.3.1

$$\begin{vmatrix} a_{21} & a_{22} & a_{23} \\ a_{11} & a_{12} & a_{13} \\ a_{31} & a_{32} & a_{33} \end{vmatrix} = \begin{cases} a_{23}a_{11}a_{32} + a_{22}a_{13}a_{31} + a_{21}a_{12}a_{33} \\ -a_{23}a_{12}a_{31} - a_{21}a_{13}a_{32} - a_{22}a_{11}a_{33} \end{cases}$$

$$= \begin{cases} -(a_{13}a_{21}a_{32} + a_{12}a_{23}a_{31} + a_{11}a_{22}a_{33} \\ -a_{13}a_{22}a_{31} - a_{11}a_{23}a_{32} - a_{12}a_{21}a_{33}) \end{cases}$$

$$= -\begin{vmatrix} a_{11} & a_{12} & a_{13} \\ a_{21} & a_{22} & a_{23} \\ a_{31} & a_{32} & a_{33} \end{vmatrix}$$

性質 5.3.2

$$\begin{vmatrix} a_{11} & a_{12} & a_{13} \\ a_{21}+b_{21} & a_{22}+b_{22} & a_{23}+b_{23} \\ a_{31} & a_{32} & a_{33} \end{vmatrix}$$

$$= a_{13}(a_{21}+b_{21})a_{32} + a_{12}(a_{23}+b_{23})a_{31} + a_{11}(a_{22}+b_{22})a_{33}$$

$$-a_{13}(a_{22}+b_{22})a_{31} - a_{11}(a_{23}+b_{23})a_{32} - a_{12}(a_{21}+b_{21})a_{33}$$

$$= a_{13}a_{21}a_{32} + a_{12}a_{23}a_{31} + a_{11}a_{22}a_{33} - a_{13}a_{22}a_{31} - a_{11}a_{23}a_{32} - a_{12}a_{21}a_{33}$$
$$+a_{13}b_{21}a_{32} + a_{12}b_{23}a_{31} + a_{11}b_{22}a_{33} - a_{13}b_{22}a_{31} - a_{11}b_{23}a_{32} - a_{12}b_{21}a_{33}$$
$$= \begin{vmatrix} a_{11} & a_{12} & a_{13} \\ a_{21} & a_{22} & a_{23} \\ a_{31} & a_{32} & a_{33} \end{vmatrix} + \begin{vmatrix} a_{11} & a_{12} & a_{13} \\ b_{21} & b_{22} & b_{23} \\ a_{31} & a_{32} & a_{33} \end{vmatrix}$$

性質 5.3.3

$$\begin{vmatrix} a_{11} & a_{12} & a_{13} \\ ca_{21} & ca_{22} & ca_{23} \\ a_{31} & a_{32} & a_{33} \end{vmatrix} = \left\{ \begin{array}{l} a_{13}(ca_{21})a_{32} + a_{12}(ca_{23})a_{31} + a_{11}(ca_{22})a_{33} \\ -a_{13}(ca_{22})a_{31} - a_{11}(ca_{23})a_{32} - a_{12}(ca_{21})a_{33} \end{array} \right.$$
$$= \left\{ \begin{array}{l} c(a_{13}a_{21}a_{32} + a_{12}a_{23}a_{31} + a_{11}a_{22}a_{33} \\ -a_{13}a_{22}a_{31} - a_{11}a_{23}a_{32} - a_{12}a_{21}a_{33}) \end{array} \right.$$
$$= c\begin{vmatrix} a_{11} & a_{12} & a_{13} \\ a_{21} & a_{22} & a_{23} \\ a_{31} & a_{32} & a_{33} \end{vmatrix}$$

性質 5.3.4

$$|{}^tA| = \begin{vmatrix} a_{11} & a_{21} & a_{31} \\ a_{12} & a_{22} & ca_{32} \\ a_{13} & a_{23} & a_{33} \end{vmatrix} = \left\{ \begin{array}{l} a_{31}a_{12}a_{23} + a_{21}a_{32}a_{13} + a_{11}a_{22}a_{33} \\ -a_{31}a_{22}a_{13} - a_{11}a_{32}a_{23} - a_{21}a_{12}a_{33} \end{array} \right.$$
$$= \begin{vmatrix} a_{11} & a_{12} & a_{13} \\ a_{21} & a_{22} & a_{23} \\ a_{31} & a_{32} & a_{33} \end{vmatrix}$$

5.5

$$\text{性質 5.3.1}\quad \begin{array}{r} \\ \\ i\,\text{行目} \\ \\ j\,\text{行目} \\ \\ \\ \end{array}\begin{vmatrix} {}^t\boldsymbol{a}^1 \\ \vdots \\ {}^t\boldsymbol{a}^i \\ \vdots \\ {}^t\boldsymbol{a}^j \\ \vdots \\ {}^t\boldsymbol{a}^n \end{vmatrix} = (-1)\begin{vmatrix} {}^t\boldsymbol{a}^1 \\ \vdots \\ {}^t\boldsymbol{a}^j \\ \vdots \\ {}^t\boldsymbol{a}^i \\ \vdots \\ {}^t\boldsymbol{a}^n \end{vmatrix}$$

$$\text{性質 5.3.2}\quad \begin{vmatrix} {}^t\boldsymbol{a}^1 \\ \vdots \\ {}^t\boldsymbol{a}^i + {}^t\boldsymbol{b}^i \\ \vdots \\ {}^t\boldsymbol{a}^n \end{vmatrix} = \begin{vmatrix} {}^t\boldsymbol{a}^1 \\ \vdots \\ {}^t\boldsymbol{a}^i \\ \vdots \\ {}^t\boldsymbol{a}^n \end{vmatrix} + \begin{vmatrix} {}^t\boldsymbol{a}^1 \\ \vdots \\ {}^t\boldsymbol{b}^i \\ \vdots \\ {}^t\boldsymbol{a}^n \end{vmatrix}$$

$$\text{性質 5.3.3}\quad \begin{vmatrix} {}^t\boldsymbol{a}^1 \\ \vdots \\ c\,{}^t\boldsymbol{a}^i \\ \vdots \\ {}^t\boldsymbol{a}^n \end{vmatrix} = c\begin{vmatrix} {}^t\boldsymbol{a}^1 \\ \vdots \\ {}^t\boldsymbol{a}^i \\ \vdots \\ {}^t\boldsymbol{a}^n \end{vmatrix}$$

5.6 (1) $\begin{vmatrix} 1 & 2 \\ 2 & 1 \end{vmatrix} = -3$ (2) $\begin{vmatrix} 1 & 2 & 3 \\ 3 & 1 & 2 \\ 2 & 3 & 1 \end{vmatrix} = 18$ (3) $\begin{vmatrix} 0 & 1 & 2 \\ 2 & 0 & 1 \\ 1 & 2 & 0 \end{vmatrix} = 9$

(4) $\begin{vmatrix} 0 & 1 & 1 \\ 1 & 0 & 1 \\ 1 & 1 & 0 \end{vmatrix} = 2$ (5) $\begin{vmatrix} 1 & 1 & 1 & 1 \\ 0 & 1 & 1 & 1 \\ 0 & 0 & 1 & 1 \\ 1 & 0 & 0 & 1 \end{vmatrix} = 1$ (6) $\begin{vmatrix} 0 & 1 & 2 & 3 \\ 3 & 0 & 1 & 2 \\ 2 & 3 & 0 & 1 \\ 1 & 2 & 3 & 0 \end{vmatrix} = -96$

(7) $\begin{vmatrix} 0 & 1 & 1 & 1 \\ 1 & 0 & 1 & 1 \\ 1 & 1 & 0 & 1 \\ 1 & 1 & 1 & 0 \end{vmatrix} = -3$

5.7 (1) $A(a,b,c) = \begin{vmatrix} 1 & a & a^2 \\ 1 & b & b^2 \\ 1 & c & c^2 \end{vmatrix}$ とおくと、$A(a,a,c) = 0$ だから $A(a,b,c)$ は $a-b$ で割り切れる。同じように、$A(a,b,a) = A(a,b,b) = 0$ なので、$A(a,b,c)$ は $(a-b)(b-c)(c-a)$ で割り切れる。いっぽう、$A(a,b,c)$ は a,b,c の 3 次多項式だから、$A(a,b,c) = \alpha(a-b)(b-c)(c-a)$ と置ける。ところで、$A(a,b,c)$ の bc^2 の係数は 1 で、$(a-b)(b-c)(c-a)$ の bc^2 の係数は 1 だから、$\alpha = 1$ となる。よって、$\begin{vmatrix} 1 & a & a^2 \\ 1 & b & b^2 \\ 1 & c & c^2 \end{vmatrix} = (a-b)(b-c)(c-a)$ となる。

(2) $\begin{vmatrix} 2a+b+c & b & c \\ a & a+2b+c & c \\ a & b & a+b+2c \end{vmatrix}$

$$= \begin{vmatrix} a+b+c & -a-b-c & 0 \\ a & a+2b+c & c \\ a & b & a+b+2c \end{vmatrix}$$

$$= (a+b+c)\begin{vmatrix} 1 & -1 & 0 \\ a & a+2b+c & c \\ a & b & a+b+2c \end{vmatrix}$$

$$= (a+b+c)\begin{vmatrix} 1 & 0 & 0 \\ a & 2a+2b+c & c \\ a & a+b & a+b+2c \end{vmatrix}$$

$$= (a+b+c)\begin{vmatrix} 2a+2b+c & c \\ a+b & a+b+2c \end{vmatrix}$$

$$= (a+b+c)\begin{vmatrix} 2a+2b+c & c \\ -a-b-c & a+b+c \end{vmatrix}$$

$$= (a+b+c)^2\begin{vmatrix} 2a+2b+c & c \\ -1 & 1 \end{vmatrix} = (a+b+c)^2\begin{vmatrix} 2a+2b+2c & c \\ 0 & 1 \end{vmatrix}$$

$$= 2(a+b+c)^3$$

5.8 まず、$|A| = a_{11}|A'|, |B| = b_{11}|B'|$ となることに注意しよう。いっぽう、

$$AB = \begin{pmatrix} a_{11} & a_{12} \cdots a_{1n} \\ 0 & \\ \vdots & A' \\ 0 & \end{pmatrix}\begin{pmatrix} b_{11} & b_{12} \cdots b_{1n} \\ 0 & \\ \vdots & B' \\ 0 & \end{pmatrix}$$

$$= \begin{pmatrix} a_{11}b_{11} & a^*_{12} \cdots a^*_{1n} \\ 0 & \\ \vdots & A'B' \\ 0 & \end{pmatrix}$$

から、$|AB| = a_{11}b_{11}|A'B'|$ となる。ただし、$a^*_{1i} = a_{11}b_{1i} + \sum_{k=1}^{n-1} a_{1k+1}b'_{k\,i}$ である $(i = 2, \cdots, n, B' = (b'_{ij}))$。よって、仮定から $|AB| = |A||B|$ となる。

5.9 $D(x,y) = \{f_{xy}(x,y)\}^2 - f_{xx}(x,y)f_{yy}(x,y) = -\begin{vmatrix} f_{xx}(x,y) & f_{xy}(x,y) \\ f_{xy}(x,y) & f_{yy}(x,y) \end{vmatrix}$ と表せるから、$f_x(a,b) = f_y(a,b) = 0$ となる点 (a,b) で関数 $z = f(x,y)$ が極大値あるいは極小値をとる条件はつぎのように表せる。$\begin{vmatrix} f_{xx}(a,b) & f_{xy}(a,b) \\ f_{xy}(a,b) & f_{yy}(a,b) \end{vmatrix} > 0$ で $f_{xx}(a,b) > 0$ ならば、関数 $z = f(x,y)$ は点 (a,b) で極小値となる。いっぽ

う、$\begin{vmatrix} f_{xx}(a,b) & f_{xy}(a,b) \\ f_{xy}(a,b) & f_{yy}(a,b) \end{vmatrix} > 0$ で $f_{xx}(a,b) < 0$ ならば、関数 $z = f(x,y)$ は点 (a,b) で極大値となる。

5.10 (1) $\begin{cases} \dfrac{\partial x}{\partial u} = v, & \dfrac{\partial x}{\partial v} = u \\ \dfrac{\partial y}{\partial u} = 0, & \dfrac{\partial y}{\partial v} = 1 \end{cases}$ だから、$J = \begin{vmatrix} v & u \\ 0 & 1 \end{vmatrix} = v$ となる。

(2) $\begin{cases} \dfrac{\partial x}{\partial u} = \dfrac{1}{2}, & \dfrac{\partial x}{\partial v} = \dfrac{1}{2} \\ \dfrac{\partial y}{\partial u} = \dfrac{1}{2}, & \dfrac{\partial y}{\partial v} = -\dfrac{1}{2} \end{cases}$ だから、$J = \begin{vmatrix} \dfrac{1}{2} & \dfrac{1}{2} \\ \dfrac{1}{2} & -\dfrac{1}{2} \end{vmatrix} = -\dfrac{1}{2}$ となる。

第 6 章

6.1 数学的帰納法を用いる。$n = 2$ のときは、それぞれ $\begin{pmatrix} 1 & c \\ 0 & 1 \end{pmatrix}$, $\begin{pmatrix} 0 & 1 \\ 1 & 0 \end{pmatrix}$, $\begin{pmatrix} 1 & 0 \\ 0 & c \end{pmatrix}$ だから正則である。$n-1$ まで成り立つとする。

$$(1)\ A = \begin{pmatrix} 1 & 0 \cdots 0 \cdots 0 \\ 0 & \\ \vdots & A' \\ 0 & \end{pmatrix}$$

または、$A = \begin{pmatrix} 1 & 0 \cdots c \cdots 0 \\ 0 & \\ \vdots & I \\ 0 & \end{pmatrix}$ の形をしている。ただし、A' は $n-1$ 次行列で (1) の形をしたものであり、帰納法の仮定から正則である。したがって、いずれにしても正則である。

$$(2)\ A = \begin{pmatrix} 1 & 0 \cdots 0 \cdots 0 \\ 0 & \\ \vdots & A' \\ 0 & \end{pmatrix}$$

または、$\begin{array}{c} \\ \\ \\ i \\ \\ \\ \end{array}\overset{\qquad\qquad\qquad i}{\begin{pmatrix} 0 & 0 & \cdots & 1 & \cdots & 0 \\ 0 & 1 & \cdots & 0 & \cdots & 0 \\ \vdots & \vdots & \ddots & \vdots & \ddots & \vdots \\ 1 & 0 & \cdots & 0 & \cdots & 0 \\ \vdots & \vdots & \ddots & \vdots & \ddots & \vdots \\ 0 & 0 & \cdots & 0 & \cdots & 1 \end{pmatrix}}$(ただし、$(i,i),(i,1),(1,i),(1,1)$ 要素以外は単位行列と等しい) の形をしている。ただし、A' は $n-1$ 次行列で (2) の形をしたものであり、帰納法の仮定から正則である。2 番目の行列は n 行と n 列を除けば (2) の形をしているので正則である。したがって、いずれにしても正則である。

$$(3)\ A = \begin{pmatrix} 1 & 0 \cdots 0 \cdots 0 \\ 0 & \\ \vdots & A' \\ 0 & \end{pmatrix}$$

または、$A=\begin{pmatrix} c & 0 \cdots 0 \cdots 0 \\ 0 & \\ \vdots & I \\ 0 & \end{pmatrix}$ の形をしている。ただし、A' は $n-1$ 次行列で (3) の形をしたものであり、帰納法の仮定から正則である。したがって、いずれにしても正則である。

6.2 (1)

$$\left[\begin{array}{ccc|ccc} 1 & 2 & 3 & 1 & 0 & 0 \\ 3 & 1 & 2 & 0 & 1 & 0 \\ 2 & 3 & 1 & 0 & 0 & 1 \end{array}\right] \to \left[\begin{array}{ccc|ccc} 1 & 2 & 3 & 1 & 0 & 0 \\ 0 & -5 & -7 & -3 & 1 & 0 \\ 0 & -1 & -5 & -2 & 0 & 1 \end{array}\right]$$

$$\to \left[\begin{array}{ccc|ccc} 1 & 2 & 3 & 1 & 0 & 0 \\ 0 & 1 & \frac{7}{5} & \frac{3}{5} & -\frac{1}{5} & 0 \\ 0 & -1 & -5 & -2 & 0 & 1 \end{array}\right] \to \left[\begin{array}{ccc|ccc} 1 & 0 & \frac{1}{5} & -\frac{1}{5} & \frac{2}{5} & 0 \\ 0 & 1 & \frac{7}{5} & \frac{3}{5} & -\frac{1}{5} & 0 \\ 0 & 0 & -\frac{18}{5} & -\frac{7}{5} & -\frac{1}{5} & 1 \end{array}\right]$$

$$\to \left[\begin{array}{ccc|ccc} 1 & 0 & \frac{1}{5} & -\frac{1}{5} & \frac{2}{5} & 0 \\ 0 & 1 & \frac{7}{5} & \frac{3}{5} & -\frac{1}{5} & 0 \\ 0 & 0 & 1 & \frac{7}{18} & \frac{1}{18} & -\frac{5}{18} \end{array}\right] \to \left[\begin{array}{ccc|ccc} 1 & 0 & 0 & -\frac{5}{18} & \frac{7}{18} & \frac{1}{18} \\ 0 & 1 & 0 & \frac{1}{18} & -\frac{5}{18} & \frac{7}{18} \\ 0 & 0 & 1 & \frac{7}{18} & \frac{1}{18} & -\frac{5}{18} \end{array}\right]$$

余因子を求めてみよう。$|A| = \begin{vmatrix} 1 & 2 & 3 \\ 3 & 1 & 2 \\ 2 & 3 & 1 \end{vmatrix} = 18$ であり、

$$(A_{ji}) = \begin{pmatrix} A_{11} & A_{21} & A_{31} \\ A_{12} & A_{22} & A_{32} \\ A_{13} & A_{23} & A_{33} \end{pmatrix} = \begin{pmatrix} -5 & 7 & 1 \\ 1 & -5 & 7 \\ 7 & 1 & -5 \end{pmatrix}$$

だから、逆行列は $A^{-1} = \frac{1}{18}(A_{ji}) = \frac{1}{18}\begin{pmatrix} -5 & 7 & 1 \\ 1 & -5 & 7 \\ 7 & 1 & -5 \end{pmatrix}$ である。

(2) $\frac{1}{9}\begin{pmatrix} -2 & 4 & 1 \\ 1 & -2 & 4 \\ 4 & 1 & -2 \end{pmatrix}$ (3) $\frac{1}{2}\begin{pmatrix} -1 & 1 & 1 \\ 1 & -1 & 1 \\ 1 & 1 & -1 \end{pmatrix}$

(4) $\frac{1}{2}\begin{pmatrix} 1 & -2 & -1 & 0 \\ 0 & -1 & -1 & -1 \\ 1 & -1 & -1 & -2 \\ -1 & 1 & 0 & 1 \end{pmatrix}$ (5) $\frac{1}{96}\begin{pmatrix} -20 & 28 & 4 & 4 \\ 4 & -20 & 28 & 4 \\ 4 & 4 & -20 & 28 \\ 28 & 4 & 4 & -20 \end{pmatrix}$

(6) $\frac{1}{3}\begin{pmatrix} -2 & 1 & 1 & 1 \\ 1 & -2 & 1 & 1 \\ 1 & 1 & -2 & 1 \\ 1 & 1 & 1 & -2 \end{pmatrix}$

第7章

7.1 V に含まれる 2 つのベクトルを $\boldsymbol{y}_1, \boldsymbol{y}_2$ とすれば、V が U の像だから、$f(\boldsymbol{x}_i) = \boldsymbol{y}_i$ となる $\boldsymbol{x}_1, \boldsymbol{x}_2$ が U に存在する $(i = 1, 2,)$。ところで、U が部分空間だから、任意の定数 c_1, c_2 に対して $c_1\boldsymbol{x}_1 + c_2\boldsymbol{x}_2 \in U$ である。したがって、$f(\boldsymbol{x}) = A\boldsymbol{x}$ が線形写像だから、$f(c_1\boldsymbol{x}_1 + c_2\boldsymbol{x}_2) = c_1 f(\boldsymbol{x}_1) + c_2 f(\boldsymbol{x}_2) = c_1\boldsymbol{y}_1 + c_2\boldsymbol{y}_2$ となる。すなわち、$c_1\boldsymbol{y}_1 + c_2\boldsymbol{y}_2$ は部分空間 U の像 V に含まれる。したがって、V は部分空間となっている。

7.2 $a \neq 1, 2, 3$ のとき、$\begin{vmatrix} a-1 & 0 & 0 \\ 0 & a-2 & 0 \\ 0 & 0 & a-3 \end{vmatrix} = (a-1)(a-2)(a-3) \neq 0$ だから、階数は 3 である。

$a = 1$ のとき、行列は $\begin{pmatrix} 0 & 0 & 0 \\ 0 & -1 & 0 \\ 0 & 0 & -2 \end{pmatrix}$ であり、$\begin{vmatrix} -1 & 0 \\ 0 & -2 \end{vmatrix} = 2 \neq 0$ だから、この行列の階数は 2 である。また、$a = 2$,$a = 3$ のときも同様となる。

7.3 (1)$A\boldsymbol{x} = \begin{pmatrix} 1 & 2 & 0 \\ 0 & 2 & 3 \\ -1 & 0 & 3 \end{pmatrix}\begin{pmatrix} x_1 \\ x_2 \\ x_3 \end{pmatrix} = \begin{pmatrix} x_1 + 2x_2 \\ 2x_2 + 3x_3 \\ -x_1 + 3x_3 \end{pmatrix} = \boldsymbol{0}$ から、$x_3 =$

$\frac{1}{3}x_1, x_2 = -\frac{1}{2}x_1$ だから、核は $L\left[\begin{pmatrix} 1 \\ -\frac{1}{2} \\ \frac{1}{3} \end{pmatrix}\right]$ である。よって、核の次元は 1 である。

いっぽう、$\begin{pmatrix} y_1 \\ y_2 \\ y_3 \end{pmatrix} = A\boldsymbol{x} = \begin{pmatrix} 1 & 2 & 0 \\ 0 & 2 & 3 \\ -1 & 0 & 3 \end{pmatrix}\begin{pmatrix} x_1 \\ x_2 \\ x_3 \end{pmatrix} = \begin{pmatrix} x_1 + 2x_2 \\ 2x_2 + 3x_3 \\ -x_1 + 3x_3 \end{pmatrix}$ とおけば、

$$\begin{aligned} y_1 &= x_1 + 2x_2 \\ y_2 &= 2x_2 + 3x_3 \\ y_3 &= -x_1 + 3x_3 \end{aligned}$$

より、$y_2 - y_1 = y_3$ となる。したがって、$\begin{pmatrix} y_1 \\ y_2 \\ y_2 - y_1 \end{pmatrix} = y_1\begin{pmatrix} 1 \\ 0 \\ -1 \end{pmatrix} + y_2\begin{pmatrix} 0 \\ 1 \\ 1 \end{pmatrix}$ と表せるから、像は $L\left[\begin{pmatrix} 1 \\ 0 \\ -1 \end{pmatrix}, \begin{pmatrix} 0 \\ 1 \\ 1 \end{pmatrix}\right]$ である。よって、像の次元は 2 であり、次元定理が成り立つ。

(2)$A\boldsymbol{x} = \begin{pmatrix} 2 & -1 & 3 \\ 1 & 2 & -1 \\ 3 & 1 & 2 \end{pmatrix}\begin{pmatrix} x_1 \\ x_2 \\ x_3 \end{pmatrix} = \begin{pmatrix} 2x_1 - x_2 + 3x_3 \\ x_1 + 2x_2 - x_3 \\ 3x_1 + x_2 + 2x_3 \end{pmatrix} = \mathbf{0}$ とおけば、

$x_1 = -x_2, x_3 = x_2$ だから、核は $L\left[\begin{pmatrix} -1 \\ 1 \\ 1 \end{pmatrix}\right]$ である。よって、核の次元は 1 である。

$$\begin{pmatrix} y_1 \\ y_2 \\ y_3 \end{pmatrix} = A\boldsymbol{x} = \begin{pmatrix} 2 & -1 & 3 \\ 1 & 2 & -1 \\ 3 & 1 & 2 \end{pmatrix}\begin{pmatrix} x_1 \\ x_2 \\ x_3 \end{pmatrix} = \begin{pmatrix} 2x_1 - x_2 + 3x_3 \\ x_1 + 2x_2 - x_3 \\ 3x_1 + x_2 + 2x_3 \end{pmatrix}$$ とおけば、

$$\begin{aligned} y_1 &= 2x_1 - x_2 + 3x_3 \\ y_2 &= x_1 + 2x_2 - x_3 \\ y_3 &= 3x_1 + x_2 + 2x_3 \end{aligned}$$

より、$y_3 - y_2 = y_1$ となる。したがって、$\begin{pmatrix} y_3 - y_2 \\ y_2 \\ y_3 \end{pmatrix} = y_2\begin{pmatrix} -1 \\ 1 \\ 0 \end{pmatrix} + y_3\begin{pmatrix} 1 \\ 0 \\ 1 \end{pmatrix}$

と表せるから、像は $L\left[\begin{pmatrix} -1 \\ 1 \\ 0 \end{pmatrix}, \begin{pmatrix} 1 \\ 0 \\ 1 \end{pmatrix}\right]$ である。よって、像の次元は 2 であり、次元定理が成り立つ。

(3) $A\boldsymbol{x} = \begin{pmatrix} 1 & 0 & 1 \\ 2 & 1 & 0 \\ 1 & 1 & -1 \end{pmatrix}\begin{pmatrix} x_1 \\ x_2 \\ x_3 \end{pmatrix} = \begin{pmatrix} x_1 + x_3 \\ 2x_1 + x_2 \\ x_1 + x_2 - x_3 \end{pmatrix} = \mathbf{0}$ とおけば、

$x_3 = -x_1, x_2 = -2x_1$ だから、核は $L\left[\begin{pmatrix} 1 \\ -2 \\ -1 \end{pmatrix}\right]$ である。

いっぽう、$\begin{pmatrix} y_1 \\ y_2 \\ y_3 \end{pmatrix} = A\boldsymbol{x} = \begin{pmatrix} 1 & 0 & 1 \\ 2 & 1 & 0 \\ 1 & 1 & -1 \end{pmatrix}\begin{pmatrix} x_1 \\ x_2 \\ x_3 \end{pmatrix} = \begin{pmatrix} x_1 + x_3 \\ 2x_1 + x_2 \\ x_1 + x_2 - x_3 \end{pmatrix}$

とおけば、

$$\begin{aligned} y_1 &= x_1 + x_3 \\ y_2 &= 2x_1 + x_2 \\ y_3 &= x_1 + x_2 - x_3 \end{aligned}$$

より、$y_1 + y_3 = y_2$ となる。したがって、$\begin{pmatrix} y_1 \\ y_1 + y_3 \\ y_3 \end{pmatrix} = y_1 \begin{pmatrix} 1 \\ 1 \\ 0 \end{pmatrix} + y_3 \begin{pmatrix} 0 \\ 1 \\ 1 \end{pmatrix}$ と表せるから、像は $L\left[\begin{pmatrix} 1 \\ 1 \\ 0 \end{pmatrix}, \begin{pmatrix} 0 \\ 1 \\ 1 \end{pmatrix}\right]$ である。よって、像の次元が 2 だから、次元定理が成り立つ。

7.4 (1) 連立 1 次方程式の係数行列は $A = \begin{pmatrix} a & 1 & 1 \\ 1 & a & 1 \\ 1 & 1 & a \end{pmatrix}$ より、連立 1 次方程式は $A\begin{pmatrix} x \\ y \\ z \end{pmatrix} = \begin{pmatrix} 0 \\ 0 \\ 0 \end{pmatrix}$ と表せる。$|A| \neq 0$ ならば逆行列 A^{-1} が存在するので、連立 1 次方程式が自明な解 $(x = y = z = 0)$ と異なる解を持つのは、$|A| = 0$ となる場合である。したがって、

$$|A| = \begin{vmatrix} a & 1 & 1 \\ 1 & a & 1 \\ 1 & 1 & a \end{vmatrix} = a^3 - 3a + 2 = (a-1)(a^2 + a - 2) = (a-1)^2(a+2) = 0$$

より、$a = 1$ と $a = -2$ のときである。

(2) 連立 1 次方程式の係数行列を $A = \begin{pmatrix} 2-a & 1 & 1 \\ 1 & 2-a & 1 \\ 1 & 1 & 2-a \end{pmatrix}$ とすれば、

$A\begin{pmatrix} x \\ y \\ z \end{pmatrix} = \begin{pmatrix} 0 \\ 0 \\ 0 \end{pmatrix}$ と表せる。よって、自明な解 $(x = y = z = 0)$ と異なる解を持つのは、$|A| = 0$ となる場合である。したがって、

$$|A| = \begin{vmatrix} 2-a & 1 & 1 \\ 1 & 2-a & 1 \\ 1 & 1 & 2-a \end{vmatrix} = -(a-1)^2(a-4) = 0$$

より、$a = 1$ と $a = 4$ のときである。

7.5 $A = \begin{pmatrix} a & 1 & 1 \\ 1 & a & 1 \\ 1 & 1 & a \end{pmatrix}$ とおけば、$|A| = \begin{vmatrix} a & 1 & 1 \\ 1 & a & 1 \\ 1 & 1 & a \end{vmatrix} = a^3 - 3a + 1 = (a-1)^2(a+2)$ なので、$a \neq 1, a \neq -2$ のとき、$\mathrm{rank}A = 3$ である。したがって、A^{-1} が存在するので、唯一の解が 1 つ求まる。

$a = 1$ のとき、$\mathrm{rank}A = 1$ である。いっぽう、$A' = \begin{pmatrix} 1 & 1 & 1 & 1 \\ 1 & 1 & 1 & 1 \\ 1 & 1 & 1 & 1 \end{pmatrix}$ とおけば、$\mathrm{rank}A' = 1$ である。よって、この場合は不定である。

$a = -2$ のとき、$\begin{vmatrix} -2 & 1 \\ 1 & -2 \end{vmatrix} = 3$ から $\mathrm{rank}A = 2$ となる。一方、$A' = \begin{pmatrix} -2 & 1 & 1 & 1 \\ 1 & -2 & 1 & 1 \\ 1 & 1 & -2 & 1 \end{pmatrix}$ とおけば、$\begin{vmatrix} 1 & 1 & 1 \\ -2 & 1 & 1 \\ 1 & -2 & 1 \end{vmatrix} = 9$ なので、$\mathrm{rank}A' = 3$ である。よって、この場合は不能であり、解は存在しない。

第 8 章

8.1 (1) $(\boldsymbol{x}, \boldsymbol{y}) = x_1y_1 + x_2y_2 + \cdots + x_ny_n = y_1x_1 + y_2x_2 + \cdots + y_nx_n = (\boldsymbol{y}, \boldsymbol{x})$

$$\begin{aligned}\textbf{(2)}\ (\boldsymbol{x}+\boldsymbol{x}',\boldsymbol{y}) &= (x_1+x_1')y_1+(x_2+x_2')y_2+\cdots+(x_n+x_n')y_n\\ &= x_1y_1+x_2y_2+\cdots+x_ny_n+x_1'y_1+x_2'y_2+\cdots+x_n'y_n\\ &= (\boldsymbol{x},\boldsymbol{y})+(\boldsymbol{x}',\boldsymbol{y})\end{aligned}$$

$$\begin{aligned}\textbf{(3)}\qquad (c\boldsymbol{x},\boldsymbol{y}) &= cx_1y_1+cx_2y_2+\cdots+cx_ny_n\\ &= c(x_1y_1+x_2y_2+\cdots+x_ny_n)=c(\boldsymbol{x},\boldsymbol{y})\\ &= x_1\times cy_1+x_2\times cy_2+\cdots+x_n\times cy_n=(\boldsymbol{x},c\boldsymbol{y})\end{aligned}$$

(4) $(\boldsymbol{x},\boldsymbol{x})=x_1x_1+x_2x_2+\cdots+x_nx_n=x_1^2+x_2^2+\cdots+x_n^2\geq 0$ である。ただし、$(\boldsymbol{x},\boldsymbol{x})=0$ となるのは、すべての i に対して $x_i^2=0$ となるとき、すなわち $\boldsymbol{x}=\boldsymbol{0}$ のときに限る。

(7) 実数 t に対して、ベクトル $t\boldsymbol{x}+\boldsymbol{y}$ を考える。このとき、$||\boldsymbol{x}||\neq 0$ であれば、$||\boldsymbol{x}||^2>0$ だから、実数 t が何であっても

$$\begin{aligned}||t\boldsymbol{x}+\boldsymbol{y}||^2 &= (t\boldsymbol{x}+\boldsymbol{y},t\boldsymbol{x}+\boldsymbol{y})=(\boldsymbol{x},\boldsymbol{x})t^2+2(\boldsymbol{x},\boldsymbol{y})t+(\boldsymbol{y},\boldsymbol{y})\\ &= ||\boldsymbol{x}||^2t^2+2(\boldsymbol{x},\boldsymbol{y})t+||\boldsymbol{y}||^2\ \geq\ 0\end{aligned}$$

となる。この t に関する 2 次式が t の値にかかわらず成り立つためには、2 次方程式 $||\boldsymbol{x}||^2t^2+2(\boldsymbol{x},\boldsymbol{y})t+||\boldsymbol{y}||^2=0$ が、2 つの異なる実解を持たなければよい。したがって、この 2 次方程式の判別式が負、すなわち $(\boldsymbol{x},\boldsymbol{y})^2-||\boldsymbol{x}||^2||\boldsymbol{y}||^2\leq 0$ でなければならない。したがって、$|(\boldsymbol{x},\boldsymbol{y})|\leq||\boldsymbol{x}||\,||\boldsymbol{y}||$ である。

(8)(7) の性質から、

$$\begin{aligned}||\boldsymbol{x}+\boldsymbol{y}||^2 &= (\boldsymbol{x}+\boldsymbol{y},\boldsymbol{x}+\boldsymbol{y})=||\boldsymbol{x}||^2+2(\boldsymbol{x},\boldsymbol{y})+||\boldsymbol{y}||^2\\ &\leq ||\boldsymbol{x}||^2+2||\boldsymbol{x}||\,||\boldsymbol{y}||+||\boldsymbol{y}||^2=(||\boldsymbol{x}||+||\boldsymbol{y}||)^2\end{aligned}$$

となる。したがって、$||\boldsymbol{x}+\boldsymbol{y}||\geq 0$ だから $||\boldsymbol{x}+\boldsymbol{y}||\leq||\boldsymbol{x}||+||\boldsymbol{y}||$ である。

8.2 固有値 λ に対する固有ベクトル全体に零ベクトルを付け加えた集合を U とする。U に含まれる 2 つのベクトル $\boldsymbol{x},\boldsymbol{y}$ は、固有値 λ に対する固有ベクトル

だから、$A\boldsymbol{x} = \lambda\boldsymbol{x}$, $A\boldsymbol{y} = \lambda\boldsymbol{y}$ となっている。このとき、a, b を任意のスカラーとしたとき、$a\boldsymbol{x} + b\boldsymbol{y} \in U$ となっていれば、U が部分空間であることがわかる。ところで、線形写像の性質から、

$$A(a\boldsymbol{x} + b\boldsymbol{y}) = aA\boldsymbol{x} + bA\boldsymbol{y} = a\lambda\boldsymbol{x} + b\lambda\boldsymbol{y} = \lambda(a\boldsymbol{x} + b\boldsymbol{y})$$

となる。よって、$a\boldsymbol{x} + b\boldsymbol{y} \in U$ である。

8.3 $\boldsymbol{x} \in V(\lambda)$ とすれば、$\boldsymbol{x}$ は固有ベクトルなので、$A\boldsymbol{x} = \lambda\boldsymbol{x}$ となる。したがって、$\boldsymbol{y} = A\boldsymbol{x} = \lambda\boldsymbol{x}$ だから、$\boldsymbol{y}$ は $\boldsymbol{x}$ の λ 倍となっている。

$$\mathbf{8.4}\ (\boldsymbol{x}_1, \boldsymbol{x}_2) = \left(\begin{pmatrix} \frac{1}{\sqrt{2}} \\ 0 \\ \frac{1}{\sqrt{2}} \end{pmatrix}, \begin{pmatrix} -\frac{1}{\sqrt{6}} \\ \sqrt{\frac{2}{3}} \\ \frac{1}{\sqrt{6}} \end{pmatrix} \right) = -\frac{1}{2\sqrt{3}} + \frac{1}{2\sqrt{3}} = 0,$$

$$(\boldsymbol{x}_1, \boldsymbol{x}_3) = \left(\begin{pmatrix} \frac{1}{\sqrt{2}} \\ 0 \\ \frac{1}{\sqrt{2}} \end{pmatrix}, \begin{pmatrix} \frac{1}{\sqrt{3}} \\ \frac{1}{\sqrt{3}} \\ -\frac{1}{\sqrt{3}} \end{pmatrix} \right) = \frac{1}{\sqrt{6}} - \frac{1}{\sqrt{6}} = 0,$$

$$(\boldsymbol{x}_2, \boldsymbol{x}_3) = \left(\begin{pmatrix} -\frac{1}{\sqrt{6}} \\ \sqrt{\frac{2}{3}} \\ \frac{1}{\sqrt{6}} \end{pmatrix}, \begin{pmatrix} \frac{1}{\sqrt{3}} \\ \frac{1}{\sqrt{3}} \\ -\frac{1}{\sqrt{3}} \end{pmatrix} \right) = -\frac{1}{3\sqrt{2}} + \frac{\sqrt{2}}{3} - \frac{1}{3\sqrt{2}} = 0,$$

$$(\boldsymbol{x}_1, \boldsymbol{x}_1) = \left(\begin{pmatrix} \frac{1}{\sqrt{2}} \\ 0 \\ \frac{1}{\sqrt{2}} \end{pmatrix}, \begin{pmatrix} \frac{1}{\sqrt{2}} \\ 0 \\ \frac{1}{\sqrt{2}} \end{pmatrix} \right) = \frac{1}{2} + \frac{1}{2} = 1,$$

$$(\boldsymbol{x}_2, \boldsymbol{x}_2) = \left(\begin{pmatrix} -\frac{1}{\sqrt{6}} \\ \sqrt{\frac{2}{3}} \\ \frac{1}{\sqrt{6}} \end{pmatrix}, \begin{pmatrix} -\frac{1}{\sqrt{6}} \\ \sqrt{\frac{2}{3}} \\ \frac{1}{\sqrt{6}} \end{pmatrix} \right) = \frac{1}{6} + \frac{2}{3} + \frac{1}{6} = 1,$$

$$(\boldsymbol{x}_3, \boldsymbol{x}_3) = \left(\begin{pmatrix} \frac{1}{\sqrt{3}} \\ \frac{1}{\sqrt{3}} \\ -\frac{1}{\sqrt{3}} \end{pmatrix}, \begin{pmatrix} \frac{1}{\sqrt{3}} \\ \frac{1}{\sqrt{3}} \\ -\frac{1}{\sqrt{3}} \end{pmatrix} \right) = \frac{1}{3} + \frac{1}{3} + \frac{1}{3} = 1$$

8.5 U を部分空間とすれば、直交補空間 V は $V = \{\boldsymbol{x} \mid \forall \boldsymbol{y} \in U$ に対して、$(\boldsymbol{x}, \boldsymbol{y}) = 0\}$ となる。V に含まれる 2 つのベクトル $\boldsymbol{u}, \boldsymbol{v}$ と、任意のスカラー a, b に対して、$a\boldsymbol{u} + b\boldsymbol{v} \in V$ となっていればよい。$\boldsymbol{u}, \boldsymbol{v} \in V$ だから、U に含まれるすべてのベクトル $\boldsymbol{y}$ に対して、$(\boldsymbol{u}, \boldsymbol{y}) = (\boldsymbol{v}, \boldsymbol{y}) = 0$ となっている。したがって、$(a\boldsymbol{u} + b\boldsymbol{v}, \boldsymbol{y}) = a(\boldsymbol{u}, \boldsymbol{y}) + b(\boldsymbol{v}, \boldsymbol{y}) = 0$ が U に含まれるすべてのベクトル $\boldsymbol{y}$ に対して成り立つ。よって、$a\boldsymbol{u} + b\boldsymbol{v} \in V$ だから、V は部分空間である。

8.6 $\lambda = -1$ に対応する固有ベクトルは、(8.3) 式より、

$$\begin{pmatrix} -\lambda & 0 & 1 \\ 0 & 1-\lambda & 0 \\ 1 & 0 & -\lambda \end{pmatrix} \begin{pmatrix} x_1 \\ x_2 \\ x_3 \end{pmatrix} = \begin{pmatrix} 1 & 0 & 1 \\ 0 & 2 & 0 \\ 1 & 0 & 1 \end{pmatrix} \begin{pmatrix} x_1 \\ x_2 \\ x_3 \end{pmatrix}$$

$$= \begin{pmatrix} x_1 + x_3 \\ 2x_2 \\ x_1 + x_3 \end{pmatrix} = \mathbf{0}$$

となっていればよい。したがって、$x_2 = 0, x_1 + x_3 = 0$ だから、固有ベクトルは $\begin{pmatrix} x_1 \\ 0 \\ -x_1 \end{pmatrix} = x_1 \begin{pmatrix} 1 \\ 0 \\ -1 \end{pmatrix}$ と表せる。よって、$\lambda = -1$ に対応する固有ベク

トル空間は $V(-1)=L\left[\begin{pmatrix}1\\0\\-1\end{pmatrix}\right]$ となる。

8.7 $\lambda=1$ に対する固有ベクトル空間は8.2.3より $V(1)=L\left[\begin{pmatrix}1\\0\\1\end{pmatrix},\begin{pmatrix}0\\1\\0\end{pmatrix}\right]$ であり、問題 8.6 より、$\lambda=-1$ に対応する固有ベクトル空間は $V(-1)=L\left[\begin{pmatrix}1\\0\\-1\end{pmatrix}\right]$ である。また、$V(1)$ に含まれるベクトル $\begin{pmatrix}1\\0\\1\end{pmatrix},\begin{pmatrix}0\\1\\0\end{pmatrix}$ は直交する。よって、$X=\begin{pmatrix}1&0&1\\0&1&0\\1&0&-1\end{pmatrix}$ とおけば、

$$AX=\begin{pmatrix}0&0&1\\0&1&0\\1&0&0\end{pmatrix}\begin{pmatrix}1&0&1\\0&1&0\\1&0&-1\end{pmatrix}=\begin{pmatrix}1&0&-1\\0&1&0\\1&0&1\end{pmatrix}$$

$$X\begin{pmatrix}1&0&0\\0&1&0\\0&0&-1\end{pmatrix}=\begin{pmatrix}1&0&1\\0&1&0\\1&0&-1\end{pmatrix}\begin{pmatrix}1&0&0\\0&1&0\\0&0&-1\end{pmatrix}=\begin{pmatrix}1&0&-1\\0&1&0\\1&0&1\end{pmatrix}$$

だから、$X^{-1}AX=\begin{pmatrix}1&0&0\\0&1&0\\0&0&-1\end{pmatrix}$ となる。

8.8 固有方程式は $|A-\lambda I|=\begin{vmatrix}-\lambda&1&-1\\1&1-\lambda&1\\-1&1&-\lambda\end{vmatrix}=(1-\lambda)(\lambda^2-3)=0$ となる。よって、固有値は $\lambda=1,\pm\sqrt{3}$ である。これら3つの固有値に対応する固有ベクトルを求めてみよう。

$\lambda = 1$ のとき、$\begin{pmatrix} -1 & 1 & -1 \\ 1 & 0 & 1 \\ -1 & 1 & -1 \end{pmatrix}\begin{pmatrix} x_1 \\ x_2 \\ x_3 \end{pmatrix} = \begin{pmatrix} -x_1 + x_2 - x_3 \\ x_1 + x_3 \\ -x_1 + x_2 - x_3 \end{pmatrix} = \mathbf{0}$ であればよい。したがって、$x_1 + x_3 = 0, x_2 = x_1 + x_3 = 0$ より、固有ベクトルは $\begin{pmatrix} x_1 \\ 0 \\ -x_1 \end{pmatrix} = x_1 \begin{pmatrix} 1 \\ 0 \\ -1 \end{pmatrix}$ と表せる。したがって、$V(1) = L\left[\begin{pmatrix} 1 \\ 0 \\ -1 \end{pmatrix}\right]$ となる。$\lambda = \sqrt{3}$ のとき、$\begin{pmatrix} -\sqrt{3} & 1 & -1 \\ 1 & 1-\sqrt{3} & 1 \\ -1 & 1 & -\sqrt{3} \end{pmatrix}\begin{pmatrix} x_1 \\ x_2 \\ x_3 \end{pmatrix} = \mathbf{0}$ であればよい。

$x_1 = \frac{\sqrt{3}-1}{2}x_2, x_3 = \frac{\sqrt{3}-1}{2}x_2$ より、固有ベクトルは $\begin{pmatrix} \frac{\sqrt{3}-1}{2}x_2 \\ x_2 \\ \frac{\sqrt{3}-1}{2}x_2 \end{pmatrix}$ $= x_2 \begin{pmatrix} \frac{\sqrt{3}-1}{2} \\ 1 \\ \frac{\sqrt{3}-1}{2} \end{pmatrix}$ と表せる。したがって、$V(\sqrt{3}) = L\left[\begin{pmatrix} \sqrt{3}-1 \\ 2 \\ \sqrt{3}-1 \end{pmatrix}\right]$ となる。$\lambda = -\sqrt{3}$ のとき、$\begin{pmatrix} \sqrt{3} & 1 & -1 \\ 1 & 1+\sqrt{3} & 1 \\ -1 & 1 & \sqrt{3} \end{pmatrix}\begin{pmatrix} x_1 \\ x_2 \\ x_3 \end{pmatrix} = \mathbf{0}$ であればよい。

したがって、$x_1 = -\frac{\sqrt{3}+1}{2}x_2, x_3 = -\frac{\sqrt{3}+1}{2}x_2$ だから、固有ベクトルは $\begin{pmatrix} -\frac{\sqrt{3}+1}{2}x_2 \\ x_2 \\ -\frac{\sqrt{3}+1}{2}x_2 \end{pmatrix} = x_2 \begin{pmatrix} -\frac{\sqrt{3}+1}{2} \\ 1 \\ -\frac{\sqrt{3}+1}{2} \end{pmatrix}$ と表せる。したがって、$V(-\sqrt{3})$

$= L\left[\begin{pmatrix} \sqrt{3}+1 \\ -2 \\ \sqrt{3}+1 \end{pmatrix}\right]$ となる。よって、$X = \begin{pmatrix} 1 & \sqrt{3}-1 & \sqrt{3}+1 \\ 0 & 2 & -2 \\ -1 & \sqrt{3}-1 & \sqrt{3}+1 \end{pmatrix}$ と

おけば、$X^{-1}AX = \begin{pmatrix} 1 & 0 & 0 \\ 0 & \sqrt{3} & 0 \\ 0 & 0 & -\sqrt{3} \end{pmatrix}$ となる。

8.9 $X = \begin{pmatrix} 1 & \frac{1}{2} \\ -1 & -1 \end{pmatrix}$ とすれば、$X^{-1}AX = \begin{pmatrix} 1 & 1 \\ 0 & 1 \end{pmatrix}$ となった。ある正則行列 $Y = \begin{pmatrix} y_1 & y_2 \\ y_3 & y_4 \end{pmatrix}$ によって $Y^{-1}AY = \begin{pmatrix} a & 0 \\ 0 & b \end{pmatrix}$ となったとすれば、$A = Y\begin{pmatrix} a & 0 \\ 0 & b \end{pmatrix}Y^{-1}$ だから、

$$\begin{pmatrix} 1 & 1 \\ 0 & 1 \end{pmatrix} = X^{-1}AX = X^{-1}Y\begin{pmatrix} a & 0 \\ 0 & b \end{pmatrix}Y^{-1}X$$

すなわち、$\begin{pmatrix} 1 & 1 \\ 0 & 1 \end{pmatrix} = Y^{-1}X\begin{pmatrix} a & 0 \\ 0 & b \end{pmatrix}X^{-1}Y$ となるから、$\begin{pmatrix} 1 & 1 \\ 0 & 1 \end{pmatrix}$ もまた対角化できる。

ある正則行列 $Y = \begin{pmatrix} y_1 & y_2 \\ y_3 & y_4 \end{pmatrix}$ で $Y^{-1}\begin{pmatrix} 1 & 1 \\ 0 & 1 \end{pmatrix}Y = \begin{pmatrix} a & 0 \\ 0 & b \end{pmatrix}$ とすれば、$\begin{pmatrix} 1 & 1 \\ 0 & 1 \end{pmatrix}Y = Y\begin{pmatrix} a & 0 \\ 0 & b \end{pmatrix}$ である。よって、$\begin{pmatrix} 1 & 1 \\ 0 & 1 \end{pmatrix}\begin{pmatrix} y_1 & y_2 \\ y_3 & y_4 \end{pmatrix} =$

$\begin{pmatrix} y_1 & y_2 \\ y_3 & y_4 \end{pmatrix} \begin{pmatrix} a & 0 \\ 0 & b \end{pmatrix}$ より、

$$\begin{aligned} y_1 + y_3 &= ay_1 \\ y_3 &= ay_3 \\ y_2 + y_4 &= by_2 \\ y_4 &= by_4 \end{aligned}$$

となっていなければならない。したがって、$(1) a = 1, y_4 = 0$,$(2) a = b = 1$,$(3) y_3 = y_4 = 0$,$(4) y_3 = 0, b = 1$ のいずれかが成り立つが、どの場合にも $y_3 = y_4 = 0$ となる。すなわち、$Y = \begin{pmatrix} y_1 & y_2 \\ 0 & 0 \end{pmatrix}$ となり、Y は正則行列ではないことがわかる。よって、仮定に矛盾する。

参考文献

「経済数学」を冠したものだけでも数多く出版され，さらに「微分積分」や「線形代数」のテキストをすべてあげることは不可能に近い。最後に，いくつかの参考図書について触れておきたい。押川・阪口［1，2］は九州大学で基礎科学科目のテキストとしても使われているものであり，幾度か用いたものである。さらに，用語や用法についてはこれらの書籍のほか，［3］や［4］などの辞典類の世話になった。

いっぽう，経済学での応用を目的として「微分積分」や「線形代数」などについてまとめた経済数学のテキストも数多くあり，その中の代表的なものとして岡本，蔵田，小山［5］，西村［6］，三土［7］の3冊をあげておこう。そのほか，本書を著すに当たって，多くのテキストに目を通し，いろいろ考える参考にさせていただいた。ここには挙げることはしないが，感謝の意を表したい。

[1]　押川元重，阪口統治（1989），『基礎微分積分——改訂版』，培風館，東京。

[2]　押川元重，阪口統治（1991），『基礎線形代数——3訂版』，培風館，東京。

[3]　日本数学会編集（1985），『岩波数学辞典第3版』，岩波書店，東京。

[4]　青木和彦，上野健爾，加藤和也，神保道夫，砂田利一，高橋陽一郎，深谷賢治，俣野博，室田一雄編集（2005），『岩波数学入門辞典』，岩波書店，東京。

[5]　岡本哲治，蔵田久作，小山昭雄編（1978），『経済数学－近代経済学を学ぶために』（新装版），有斐閣ブックス，有斐閣，東京。

[6]　西村和雄（1982），『経済数学早わかり』，日本評論社，東京。

[7]　三土修平（1996），『初歩からの経済数学——第2版』，日本評論社，東京。

索　引

ア 行

カ 行

サ 行

タ 行

ナ 行

ハ 行

マ 行

ヤ 行

ラ・ワ 行

《著者紹介》

中井　達（なかい・とおる）

1952年　生まれ。
1975年　京都大学理学部卒業。
1981年　大阪大学大学院基礎工学研究科退学。
1985年　工学博士（大阪大学）。
大阪府立大学総合科学部助手，神戸大学教養部助教授，九州大学経済学部助教授，教授をへて，
現　在　九州大学大学院経済学研究院教授。
主　著　『不完備情報の動的決定モデル』九州大学出版会，1996年。
『政策評価——費用便益分析から包絡分析法まで』ミネルヴァ書房，2005年。
An Optimal Selection Problem with a Random Number of Applicants per Period, *Operations Research*, 34, 478-485, 1986 ; A Sequential Stochastic Assignment Problem in a Partially Observable Markov Chain, *Mathematics of Operations Research*, 11, 230-240, 1986 ; Properties of a Job Search Problem on a Partially Observable Markov Chain in a Dynamic Economy, *Computers & Mathematics with Applications*, 51, 189-198, 2006 ; Efficiency and Effectiveness, *Policy Analysis in the Era of Globalization and Localization*, Kyushu University Press, 165-193, 2006 ; A Sequential Expenditure Problem for Public Sector Based on the Outcome, *Recent Advances in Stochastic Operations Research*, World Scientific Publishing, 277-295, 2007 など。

Minerva ベイシック・エコノミクス
経済数学 線形代数編

2008年3月30日　初版第1刷発行　　検印廃止

定価はカバーに
表示しています

著　者　中　井　　達
発行者　杉　田　啓　三
印刷者　後　藤　俊　治

発行所　株式会社　ミネルヴァ書房
607-8494　京都市山科区日ノ岡堤谷町1
電話代表　(075)581-5191番
振替口座　01020-0-8076番

冨山房インターナショナル・藤沢製本

ISBN 978-4-623-05149-6
Printed in Japan